レベルアップ・シリーズ

GPSのしくみと応用技術

測位原理, 受信データの詳細から応用製作まで

トランジスタ技術編集部 編

GPS

CQ出版社

はじめに

　GPSはP(Position：位置)，V(Velocity：速度)，T(Time：時刻)が求まる極めて有効なセンサです．

　GPS受信モジュールはパソコンにUSBで接続できる機種が多く販売されています．まずはGPSシステムに触れていただければと思います．パソコンに接続すれば通信ソフトウェアやインターネット上で公開されているソフトウェアでログを取ることができ，このログはGoogle Earth（グーグル・アース）などの地図で簡単に確認できます．また，リアルタイムに地図ソフトウェアに接続すれば，簡易的なカー・ナビゲーション・システムにもなります．

　GPSは元来，米国軍需品として軍事車両や歩兵の位置把握，ミサイルや爆弾の誘導などを目的に開発されました．民生用としては2000年5月に，故意に精度誤差を与えるSA(Selective Availability)による制約が解除され，以前に比較して精度が約10倍に向上したことで爆発的に普及し始めました．

　民生用アプリケーションの代表であるカー・ナビゲーション・システムは身近なツールとなりました．携帯電話にも搭載され，マン・ナビゲーションや子供の見守りなど，動態管理端末としても活躍しています．業務用としてはトラックやタクシの動態管理，また，携帯電話基地局や地上デジタル放送の基地局では基準周波数としてGPS基準周波数発生器が使われています．

　ただ残念ながら，実用化されている用途はナビゲーション・システムのように位置を使ったアプリケーションがほとんどです．時刻を使った用途は周波数発生器や高精度時刻同期です．速度を使った用途でもごく一部の専門分野でしか使われていません．本書でGPSに少しでも興味をもっていただき，まだ実現されていない製品を生み出していただければ，とてもうれしく思います．

古野直樹

GPSのしくみと応用技術

目 次

Introduction　GPSの応用　13

1　GPSとは　13
米国が開発した全地球測位システム　13
三つのブロックで構成された巨大システム　14

2　GPSの応用　15
ナビゲーション・システム　15
地上デジタル放送システムや携帯電話システムの高精度周波数基準　15
誤差1～10cm/sの高精度速度測定　17
お年寄りや子供の監視や盗難車の追跡　18
タクシの運行状況を常に把握して迅速に配車　18
Column　電離層の状態調査への応用も　18
Column　GPSモジュール開発物語　20

3　進化するGPS受信機　20
低消費電力化　20
高感度化　20

第1章　なぜ地球上の自分の位置がわかるのか？　23

1-1　システム全体の概要　23
軍事用として生まれた地球規模の巨大システム　23
三つのブロックで構成される　24

1-2　測位のしくみ　27
2次元で考えてみる　27
衛星は地球を周回する超高精度な時計　27
受信機にGPS時刻に同期した時計を組み込むことはできない　28
受信機は四つの衛星データから緯度，経度，高度，時刻を知る　28
図1-5の補足説明　30
捕らえる衛星の数が2倍になると精度は$\sqrt{2}$倍良くなる　31

1-3　受信機が衛星の位置と距離を求めるしかけ　31
GPS衛星の働きを理解する　31
きわめて高い周波数精度の信号発生器に同期して動く　31
各衛星固有のコードで変調してから送信する　31
GPS衛星が送出するC/Aコードに秘密がある　33
GPS衛星の名前を表すコード「C/Aコード」　33

　　　　　C/Aコードで送信波を広い周波数幅に拡散させて送信　**34**
　　　　　C/Aコードの二つの面白い性質　**35**
　　　受信機はC/Aコードから衛星までの距離を割り出す ……………………… **38**
　　　　　C/Aコード復調回路の働き　**38**
　　　　　相関値が最大になるときの位相補正量を探す　**38**
　1-4　GPS衛星の軌道情報を得る ──────────────── **40**
　　　　　NAVメッセージの構成　**40**
　　　　　NAVメッセージのデータの単位　**41**
　　　　　サブフレームに格納されている時刻情報を取り出す　**42**

Appendix　**高精度高安定のGPS周波数発生器**　　　　　　　　　　　**44**

　　　　　GPSモジュールは正確な1秒パルス信号を出力する　**44**
　　　　　どのくらい高精度か　**45**
　　　　　GPS発振器の今昔　**45**
　　　　　地上デジタル送信局や携帯基地局の発振器の実際　**47**
　　　　　GPS衛星に搭載された周波数標準が精度を維持するしくみ　**48**

第2章　**GPS受信機のハードウェア**　　　　　　　　　　　　　　　　**49**

　2-1　受信機のブロック図 ──────────────────── **50**
　2-2　アンテナ ───────────────────────── **51**
　　　　パッシブ・アンテナ　**51**
　　　　アクティブ・アンテナ　**51**
　　　　配線ロスへの配慮　**52**
　　　　小型化するアンテナ　**53**
　2-3　RFブロック ──────────────────────── **53**
　L1帯の信号を抽出するBPF ………………………………………………… **53**
　　　　高性能，小型，安価と三拍子そろったSAWデバイスを採用　**53**
　RF IC …………………………………………………………………………… **54**
　　　　働き　**54**
　2-4　ベースバンド・ブロック ─────────────────── **57**
　信号処理ブロック …………………………………………………………… **58**
　　　　16個の衛星を16個の相関器で一度に捕らえる　**58**
　　　　相関器の出力にピークが出るように位相制御　**58**
　CPU …………………………………………………………………………… **59**
　ROM …………………………………………………………………………… **61**
　RAM …………………………………………………………………………… **61**
　リアルタイム・クロック（RTC） ………………………………………… **61**
　インターフェース …………………………………………………………… **61**
　通信プロトコル ……………………………………………………………… **61**

標準的なプロトコル「NMEA-0183」 61
多くの地図ソフトウェアがサポートするデータ・フォーマット 62

Appendix A GPS受信機の標準的な通信フォーマット「NMEA」 65

Appendix B 小型化するGPS受信モジュール 68
サイズが大きい初期のGPS受信機 68
自動車への利用が始まりIC化が進む 68
半導体技術の進歩によるGPSモジュールの簡素化と小型化 70
携帯電話へGPSレシーバの搭載の義務化 70
ワンチップ化するRF IC 70

第3章 受信データの中身と現在地の算出方法 75

3-1 GPS受信データの復調 75
GPS受信機の構成 75
キャリア信号とC/Aコードの関係 76
C/Aコードと航法メッセージの関係 77
航法メッセージ・データの構成 77
サブフレームの内容 79

3-2 位置算出の方法 80
測位の原理 80
計算 81
測地系による相違がある 82

3-3 航法メッセージ・データの詳細 83
サブフレーム1 83
サブフレーム2，3 83
サブフレーム4，5 88

第4章 数mm～数cmの高精度測位の方式とそのしくみ 91

1.9mmの高精度測定が可能 91

4-1 GPSを使った高精度測位のコモンセンス 92
単独測位 92
相対測位 92

4-2 スタティック方式の測位のしくみ 93
実際の計測例 96
系統誤差は打ち消せる 96
偶然誤差は平均化で改善 96
地すべり測定では約1時間ぶんのデータを利用している 97
実際の受信機 99

4-3　高精度測位特有の課題 —————————————— 99
電離層や大気の影響を除去しなければならない　99
多数の位置候補から真値を絞り込むのに20分も要する　100
電波障害が発生すると位置の再計算が必要になる　102

4-4　測位データの算出方法 —————————————— 102
位相差を求める方法 ……………………………………………… 102
最小二乗法で誤差を最小化する ……………………………… 103
誤差要因のいろいろ …………………………………………… 105
　スペース・セグメントでの誤差要因　105
　ユーザ・セグメントでの誤差要因　106
　電離層の影響　106
　マルチパスの影響　108

4-5　GPS受信機が出力する共通の位相データ・フォーマットRINEX —— 108

Appendix　GPS以外の人工衛星を使った測位システム　110
　GNSSのいろいろ　110
　進化するGPS　112

第5章　1GHz高感度フロントエンドの試作　113

5-1　低雑音増幅回路の試作 —————————————— 114
働き …………………………………………………………………… 114
求められる性能 …………………………………………………… 114
　低雑音　114
　大きなゲイン　115
　入力部のインピーダンス整合が取れていること　117
設計 ………………………………………………………………… 117
　増幅素子の選定　117
　目標性能　119
　初期設計　120
　特性の最適化　120
　試作した回路の性能　124

5-2　BPFの設計 ——————————————————— 125
働き …………………………………………………………………… 125
求められる性能 …………………………………………………… 126
BPFに必要な特性 ………………………………………………… 127
　通過帯域　127
　減衰特性　127
　反射特性　127
　挿入損失　127

設計 ······ 128
　　目標仕様　128
　　プリント・パターンで部品を作る　128
　　3拍子そろったBPFのいろいろ　128
　　LNAとBPFを内蔵したワンチップIC　129
　Column　距離2倍で受信電力は1/4，感度は－6dB　131

第6章　GPS用アンテナの試作　133

6-1　電波の強さとアンテナの要件 ──── 133
地上に届く電波の強さは理想条件下でも－132dBmと微弱　133

6-2　アンテナの基礎知識とGPS用の特徴 ──── 135
GHz用と数百MHz用のアンテナ　135
アンテナにもゲインがある　135
GPS用途に向くアンテナ　135
広指向性，軽薄短小を両立できるマイクロストリップ・アンテナ　135
GPSアンテナは円偏波用がいい　136
実際はどのようなアンテナが利用されているのか　137

6-3　GPS用薄型アンテナの試作 ──── 138
直線偏波用を作る ······ 138
銅箔パターンの形状を設計する ······ 138
　　縦と横の長さを算出する　138
　　基板の縦と横の長さは2L以上にする　140
銅箔パターンと信号源の接続方法 ······ 140
　　マイクロストリップ・ラインまたは同軸線路でつなぐ　140
　　インピーダンス整合を取る　141
試作前の特性予測と調整作業 ······ 142
　　3種類のアンテナを解析　143
アンテナ1を試作して特性を確認 ······ 147

第7章　ノートPCを使った簡易ナビゲーションの試作　151

製作に必要なもの　151

7-1　受信基板の製作 ──── 153
製作時の注意点　153
受信基板ができたら地図ソフトウェアをセットアップして電源ON　154
受信状態をチェックできるモニタ・ツールを利用　156
　Column　測位結果が得られるまでの時間　158

7-2　アンテナ一体形の受信モジュールを使用 ──── 159
アナログ部　159
ディジタル部　160

第8章　GPSモジュールを高精度クロック源として利用する方法　163

GPSモジュールは長期安定, 超高精度なクロック源　163

8-1　GPSカウンタを作る ─── 164
周波数と周期を測定できる　164

8-2　本器の性能を評価 ─── 166
10MHz発振器とマイコン内のACLKを評価　166

8-3　本器のハードウェア ─── 167
1PPS出力をもつGPSモジュールを利用する　167
1PPS信号が途絶える期間は水晶発振子 XT1 を基準とする　170
周期測定用の水晶発振子 XT2　170
カウント数の記録はSDメモリカードに　170
カウント数や周期の表示はグラフィック液晶モジュールに　170
9～15Vで動作可能　170
カウンタ・ロジック部の動作　170
実用的な周波数カウンタに仕上げる　171

8-4　本器のソフトウェア ─── 172
1PPS補償用の32.768kHzクロック源の校正　174
ACLKが1PPSで常に自動校正されるように受信状況を良くしておく　176

第9章　測位ロガーの製作とGoogleマップの活用法　179

9-1　製作したシステムの概要 ─── 179
位置情報の取得と保存, 表示と解析　179

9-2　位置情報の取得にはGPS受信機を利用 ─── 181
GPS受信機の概要　181
GPSモジュールの標準的な通信規格 NMEA – 0183　184

9-3　GPSロガーのハードウェア ─── 190
電源の配線　190
異なる電圧で動作するチップ間のインターフェース　190
GPS受信機とマイコンの接続　192
USBホスト機能を搭載　192

9-4　GPSロガーの制御ソフトウェア ─── 192
GPS受信機の制御ソフトウェア　192
測位時間, 緯度, 経度, 高度の情報を保存する　192
保存するデータ量を小さくする　192

9-5　SDカードにデータを保存するには ─── 194
FATフォーマットでデータを保存　194
ファイル・データのセクタ番号の取得　196
ファイルのデータ形式　196

データの並びが不連続にならないように　196
　　1クラスタ当たりのセクタ数に注意する　196
　　データを記録する処理の流れ　197

9-6　Googleマップ上に移動ルートをシームレス表示 ── 198
　　Googleマップでシームレスに地図を表示　198
　　バック・グラウンドでデータをダウンロードする　198
　　Ajaxはユーザ操作を待たずに必要なデータをダウンロードしておいてくれる　199

9-7　Google Maps APIを使ってみよう ── 199
　　サンプル・プログラムでGoogle Maps APIの動作を確認　202

9-8　Googleマップ上にロガーの記録を表示する ── 204
　　日本を表示　204
　　地図に線を表示　205
　　地図上にルートを表示　205
　　多点の座標で構成されるルートを描く　208

9-9　Visual Basicによるhtmlソース・コードの自動作成 ── 210
　　Visual Basicによる速度表示　210

第10章　現在地と目的地を表示する誘導システムの製作　215

　　フォックス・ハンティング・ゲーム機の製作　215

10-1　システムの構成 ── 216
　　USB接続のGPSモジュールを利用した　218
　　VisualC#でGPSモジュールからのデータをパソコンに取り込む　220
　　GPS受信機から送られてくるデータの処理　221

10-2　曲面データを平面に展開して2点間の距離を求める ── 222
　　GPSで用いる座標についての基礎知識　223
　　VisualC#を用いた座標変換　224

10-3　PCを閉じたままもち運べるように補助ディスプレイを追加 ── 227
　　128×64ドットの液晶モジュールを利用する　227
　　定番USBブリッジICとドライバ・ソフトウェアでUSB接続を実現　227
　　VisualC#でUSBブリッジICのドライバ・ソフトD2XXを使用する方法　229
　　液晶ディスプレイに図形を表示させるには　229
　　グラフィック液晶をVisualC#で操作するためのGLCDクラス　232
　　実際に使ってみた　235

Appendix　GPSモジュールのメーカとキー・ワード　236

　　GPSモジュールの主なメーカ　236
　　GPS特有のキー・ワード　236

GPSのしくみと応用技術

Introduction

GPSの応用

ナビゲーション/携帯電話から地上デジタル放送システムまで

GPS受信機は，地上2万kmを飛行する衛星が発射している電波をとらえて，地球上の自分の位置情報を出力してくれます．この電波には，非常に精度の高い時刻情報が乗せられているため，ナビゲーション・システムだけでなく地上デジタル放送システムや携帯電話システムの周波数基準としても利用されています．

「GPS」という言葉を聞くと，カー・ナビゲーションを思い浮かべる人が多いかもしれません．以前は，初めて訪れた地域を移動しながら，助手席で地図を広げて必死に進行方向を案内したものです．道を間違えることもしばしばで，そのうち運転手が怒り出したりしたものです．

小型の液晶ディスプレイに現在地付近の地図とともに自分の位置を表示してくれるカー・ナビゲーションは，今や標準的なアクセサリになり，そのような光景が見られることは減りつつあるのでしょう．

1　GPSとは

◆ 米国が開発した全地球測位システム

GPSは，Global Positioning Systemの略で，衛星を使った測位システムの一つです．測位システムの一般名称は，GNSS(Global Navigation Satellite Systems)で，「全地球測位システム」と訳されます．

GNSSは，地上約2万kmのところを飛んでいる衛星からの電波に乗せられた時刻情報を受信し計算することで，地球上における位置(緯度，経度，高さ)を知るこ

とのできるスケールの大きなシステムです(図1).

GPSは米国が開発したGNSSです．GNSSにはGPS以外に，ロシアのグローナス(GLONASS)，欧州のガリレオ(Galileo)といった測位衛星システムもあります．現状，この分野では米国のGNSS，つまりGPSが先行しています．

◆ 三つのブロックで構成された巨大システム

GPSの衛星測位システムは，次の三つのブロック(セグメントという)で構成されています．

(1) GPS衛星(スペース・セグメント)

GPS衛星は，約2万km上空の六つの軌道に4基ずつ，計24基配置され，約12時間で地球を1周しています．GPS衛星の数は保守や予備の関係で増減します．2009年1月現在は31基で運用されています．

(2) 地上管制(コントロール・セグメント)

地上管制は，GPS衛星を監視したり制御したりします．衛星の時刻や軌道が許容範囲を超えないように随時，保守を行っています．

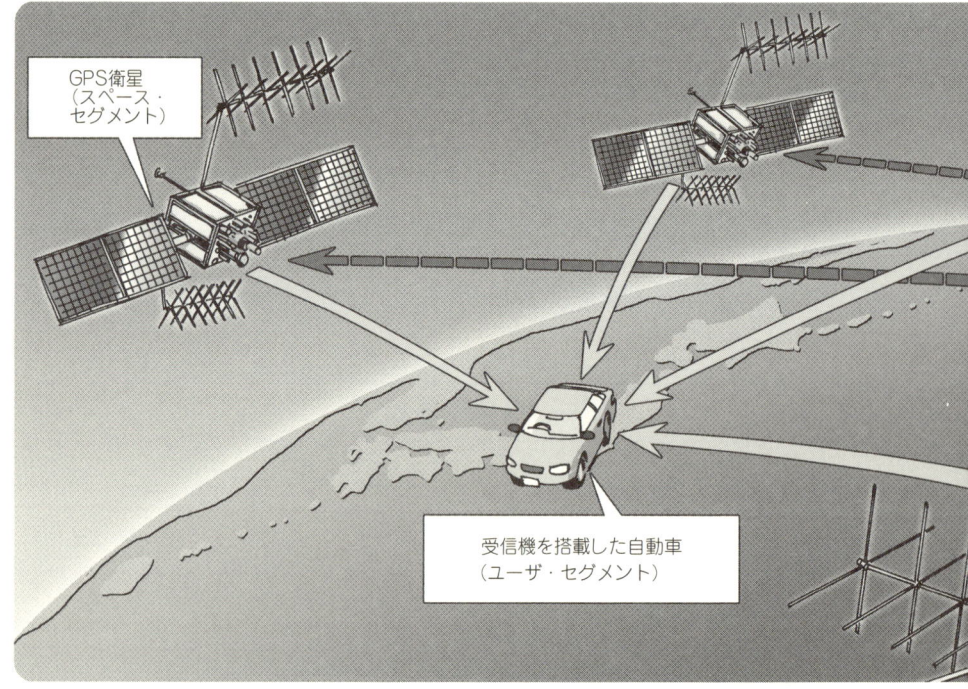

図1　GPS(Global Positioning System)は衛星と地上管制塔が連携した地球規模の巨大システム

(3) GPS受信機(ユーザ・セグメント)

　GPS受信機は，GPS衛星からの電波を受信し，位置を計算します．一般的にGPSといった場合は，この受信機を指すことが多いようです．

2　GPSの応用

◆ ナビゲーション・システム

　GPS受信機は，GPSから時刻データを受信して，緯度，経度，高度の3次元の位置データを出力します．これと地図データを組み合わせることで，ナビゲーションが可能になります．

◆ 地上デジタル放送システムや携帯電話システムの高精度周波数基準

　図2に示すように，GPSは地上デジタル放送システムを支えています．

　東京タワーの展望台の1階下に，「関係者以外立ち入り禁止」になっているフロアがあります．そこには，東京タワーの正式名称である「日本電波塔」の名のとお

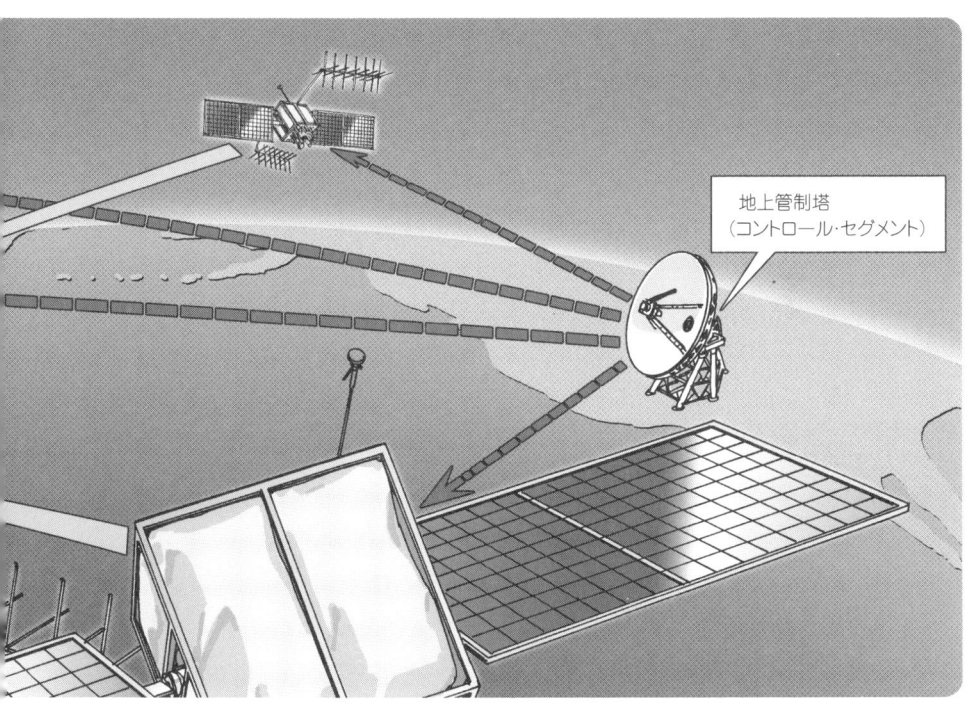

図2 GPSの応用その1…地上デジタル・テレビ放送システム
東京タワーに地上デジタル放送用の送信機といっしょに高精度な発振器が設置されている

り，各テレビの放送電波を送信する機器が設置してあります．

実は，ここにGPS受信機を搭載したシステムも併設されています．設置してあるのは，GPS基準周波数発生器と呼ばれるもので，高精度な時刻信号を出力しています．GPS基準周波数発生器は，テレビ放送の基準となる時計と放送周波数のものさしの役割を果たしています．

GPS衛星は，セシウムやルビジウムといった極めて精度の高い原子時計を搭載しています．GPS受信機は，この衛星から送られてくる電波にロックして，位置情報と合わせて，精度の高い時刻を出力します．

デジタル放送システムは，限りある電波帯域を多くのユーザで共用するために，時分割多重，周波数分割多重など，さまざまな工夫を凝らしています．信号を多重化する際，送信のタイミングや周波数の同期に使われるのが基準周波数発生器です．

GPS基準周波数発生器は，
- GPS衛星の1秒，すなわち協定世界時（UTC, Coordinated Universal Time）に，±100 nsで同期した高精度の1秒パルス

図3　GPSの応用その2…タクシの配車システム
GPSを搭載したタクシは無線を使って配車センタに常時位置を知らせている．配車センタは車の位置や空車状況を常に把握できるため，短時間の配車が可能になった

- 周波数確度が1×10^{-12}以下の10 MHz

を生成できます．

　基準周波数発生器は通常，定期的に周波数のずれを校正する必要がありますが，GPSを組み合わせることで，校正なしで長期間使い続けることができます．

　GPS基準周波数発生器は，地上デジタル放送だけではなく，携帯電話のCDMAや無線LAN，WiMAX（ワイマックス，Worldwide Interoperability for Microwave Access）といった分野にも利用されています．

◆ 誤差1〜10 cm/sの高精度速度測定

　GPS受信機を使うと速度を求めることもできます．

　GPS衛星から受信する電波のドップラー周波数や搬送波の位相差を計測するこ

とで，1秒間に1～10 cmの誤差で計測できます．

　GPS受信機からの速度を使うことを主にしているアプリケーションは，車両の計測器や，船舶の上下動を測るヒーブ計といった用途です．

＊

　以上のようにGPS受信機は位置(position)，速度(velocity)，時刻(time)を求めるセンサになります．

◆ お年寄りや子供の監視や盗難車の追跡

　GPS受信機に無線機を搭載すると，位置データをワイヤレスで知らせることができます．例えば，GPS受信機と携帯電話を組み合わせることで，子供やお年寄りの居場所を離れたところで監視したり，大切な愛車が盗まれたとき追跡できます．

　このようなサービスが使える携帯電話はGPS受信機を搭載しています．GPS受信機で測定した位置や時刻は，携帯電話の電波を使って基地局側に送られます．携帯電話の位置を知りたいときは，自宅のパソコンの前に居ながら，基地局側が取得した電波位置を確認できます．

　このアプリケーションのポイントはワイヤレス通信です．GPS受信機はあくまで受信機なので，単独では受信した位置や時刻を計算することしかできません．

◆ タクシの運行状況を常に把握して迅速に配車

　出先でタクシを呼ぶと以前よりも早く迎えにくるようになりました．従来は，配車センタの案内担当が運転手に問い合わせながら，車を手配していました．この方

Column　電離層の状態調査への応用も

　GPSの電波は，地上2万kmから電離層を通過して地表に届きます．

　電波の速度は，電離層を通過するとき，真空中の光速よりほんのわずかに(最大50 ns)遅くなります．この影響を補正するデータは電離層遅延量として，GPS衛星から地上に向けて放送されています．

　必要な補正量は，電離層の動きが活発なほど大きくなります．電離層の活動は太陽の活動，つまり黒点の数に大きく依存します．太陽の黒点の数は11年周期で増減し，現在は活動が比較的弱い時期ですが，活発な時期になると測位精度やタイミング精度に影響が現れます．

　逆の発想で，電離層を通過する際の時間遅れを観測することで，電離層の状況を推測する研究もされています．

　ユーザの位置を知るためのシステムであるGPSは，正確な時刻，正確な周波数の生成という応用だけでなく，電離層の研究にまで利用されています．

法は，タクシが電波状態が悪い場所にあると交信できなかったりして，車の位置を把握するのに時間がかかっていました．

GPS受信機とディジタル無線機を組み合わせたシステムを導入しているタクシ会社の配車センタでは，車の位置や空車状況を常に把握しており，迅速かつ最適な配車を実現しています（図3）．

＊

以上のように，GPS受信機と通信機を組み合わせたアプリケーションはさまざまです．WiMAXなどの無線通信ネットワークが自由化されればされるほど，GPSアプリケーションは増えるでしょう．

図4　GPSの応用その3…測位が可能な高精度腕時計
GPS受信機の低消費電力化が進み，バッテリ駆動の端末への利用も増えた

3　進化するGPS受信機

◆ 低消費電力化

　搭載されている半導体の進化によってGPS受信機の消費電力は小さくなってきました．毎秒データを出力する連続動作モードで，60mW以下のGPS受信機も珍しくありません．GPS受信機の低消費電力化により，バッテリ駆動端末への搭載も増えてきました(図4)．

◆ 高感度化

　従来のGPS受信機は－140dBm前後で，建物の密集している場所や高速道路の下

Column　GPSモジュール開発物語

　GPSモジュールを開発する過程で経験してきたことを少しお話しましょう．

◆開発初期

　GPSシステムは1970年代半ばに開発が始まり，1980年ごろから本格化しました．
　ほぼ同時に開発を始めたわけですが，当時は衛星の数が少なく，日本で測位できる時間帯は夜間だけでした．今のように便利なシミュレータもなかったため，夜間シフトで試作機を動かしながら実験をしていました．体力的にキツイ仕事でしたが，新しいものにチャレンジしている気持ちがあったからか，不思議に苦痛ではありませんでした．

◆S/A解除で精度はコンスタントに10m

　L1帯を使用した民生用GPSシステムの開発初期，米国防総省は測位精度が100mになると予測していましたが，いざ衛星を打ち上げて，実際に測位してみると誤差は20m以下しかなく，設計値よりも高い精度が実現されました．
　軍事上，高精度は敵に利する可能性がありますから，米国防総省は，S/A(Selective Availability：選択有用性)という技術を導入して，故意に測位精度を落とす機能をGPS衛星に搭載しました．以来，S/AはON状態で運用されていました．
　1990年8月の湾岸戦争の際，歩兵にもたせる軍用GPSレシーバの製造が間に合わず，急遽民生用のGPSレシーバを調達しなければなくなりました．そこで，S/AがOFF状態にされたのです．OFFになった間の精度に我々開発者は目を見張りました．
　結局，2000年5月にS/Aは解除され，今日では民生用レシーバでもコンスタントに10mの精度が得られるようになったのです．

など，衛星からの直接的な電波が遮断される場所では，測位しないことも普通でした．

現在では，ディジタル回路の高速化によって演算速度が上がり，－160 dBm前後のGPS受信機も増えてきました．－160 dBmというと，高速道路の下などは言うに及ばず，少々の屋内であっても測位し続けることができます．

＊

GPS受信機の低消費電力化や高感度化は，新しいアプリケーションを生み出しています．カー・ナビゲーションやPND(パーソナル・ナビゲーション・デバイス)，GPS携帯電話はすでに一般的になり，ドライブ・レコーダ，ディジタル・カメラ，腕時計，ゲーム端末への用途も増えています．

◆物理の勉強を一からやり直す

筆者はGPSレシーバを開発する過程でいろいろな勉強をしました．

▶ケプラーの式

GPS衛星からは，位置を算出する際に使うケプラー(Johannes Kepler, 1571-1630)の式に組み入れるパラメータ(エフェメリス・データ)が放送されています．エフェメリス・データは，位置演算に使用する衛星の精確な位置を示す軌道データで，放送した衛星番号の衛星だけが使用する衛星固有のものです．

▶特殊相対性理論

衛星から地表まで電波が届くまでの時間(位相制御量)に対しては，特殊相対性理論による補正をかけます．

局所的に見ると地表では，ニュートン力学が成り立つように観測されますが，厳密には観測者は地球の自転により回転座標系にいます．この回転座標系から衛星を見ているために，特殊相対性理論の効果が現れるのです．

GPS衛星に乗っている時計は，地上での時間のきざみが少し長くなるように調整されています．衛星は高度2万kmの軌道を飛んでいます．地表とその高度での重力の差や，衛星の飛行速度による相対性理論に基づく効果が実際に生じて，地表よりも時計の進みが速くなるのです．その分の補正が，地上であえて狂わせて時計を調整する(地上で4.45×10^{-10}だけクロックを遅くしている)理由です．

この理論はとても難しく，十分理解しているとは言い難いのですが，今までは雲の上の理論だったものが，自分の作っているレシーバに使われ，正しく補正されているということに驚いたのと同時に，少しは身近なものになった気がしたものです．興味のある方は専門書をご覧ください．

GPSのしくみと応用技術

第1章

なぜ地球上の自分の位置がわかるのか？
世界標準時と位置がわかる地球規模の巨大システム「GPS」のしかけ

GPSシステムの構成や運用のしくみは，とてもエレガントで洗練されたものです．本章と第2章では，できるだけ平易な形で，GPSによる測位の原理や実際の受信機の動きなどについて解説します．

1-1　システム全体の概要

◆ 軍事用として生まれた地球規模の巨大システム

　GPS関連の民生市場が世界で最初に立ち上がったのは日本だと思います．その

図1-1　GPS衛星の外観

きっかけは，90年代中ごろから本格化したカー・ナビゲーションであり，さらにそれに続く携帯電話への搭載です．これらの民生市場の立ち上がりとともに，GPSはとても身近な存在となり，GPS関連の書籍も多く出版されています．

GPS(Global Positioning System)は，米国が運用する軍事用の測位システムです．

湾岸戦争のリアルな映像にあったように，もともとは艦船，戦闘機，軍事車両，さらにはミサイルなどのナビゲーションを行う目的で開発された人工衛星(**図1-1**)が送信する電波を使った航法システムです．

古くは，ロラン，オメガ，NNSSといったシステム(後出の**図1-4**参照)が，軍事用/船舶用の電波航法システムとして運用されていました．これらの技術や測位原理を踏襲しつつ，さらに高い次元に進化させた，現在もっとも優れた電波航法システムと言えると思います．

◆ 三つのブロックで構成される

身近なところでは，携帯電話などの小形の受信機にしかGPSの存在を見ることができませんが，その名のとおりグローバルでとても大規模なシステムです．

GPSは次の三つの要素で構成されています．

(1) スペース・セグメント(space segment)：衛星系
(2) コントロール・セグメント(control segment)：地上でGPS衛星をモニタし，GPS衛星が送信するデータを作る制御部分
(3) ユーザ・セグメント(user segment)：カー・ナビゲーションや携帯電話などのユーザ部

カー・ナビゲーションは何気なく位置情報を表示しているように見えますが，その裏側で，上記(1)～(3)の三つのセグメントが，高度に洗練された形で連携して位置を求めています．

まずはそれぞれのセグメントについて解説します．

① スペース・セグメント

図1-2と**表1-1**(USCGホームページ http://www.uscg.mil/から引用)に示すように，6面の軌道面A～Fそれぞれに4個以上の衛星が配備されており，2009年1月現在で31個の衛星が稼動しています．

高度20183 kmを11時間58分で周回しており，地球の自転を加味すると，同じところに23時間56分後に戻ってきます．

GPS衛星は，L1帯(1575.42 MHz)とL2帯(1227.6 MHz)と呼ばれる二つの周波数で航法用の信号を送信しています．L2帯の信号は長らく軍事用の信号しか送信されていませんでしたが，GPSの近代化計画のなかで，このL2帯の民生開放が決定

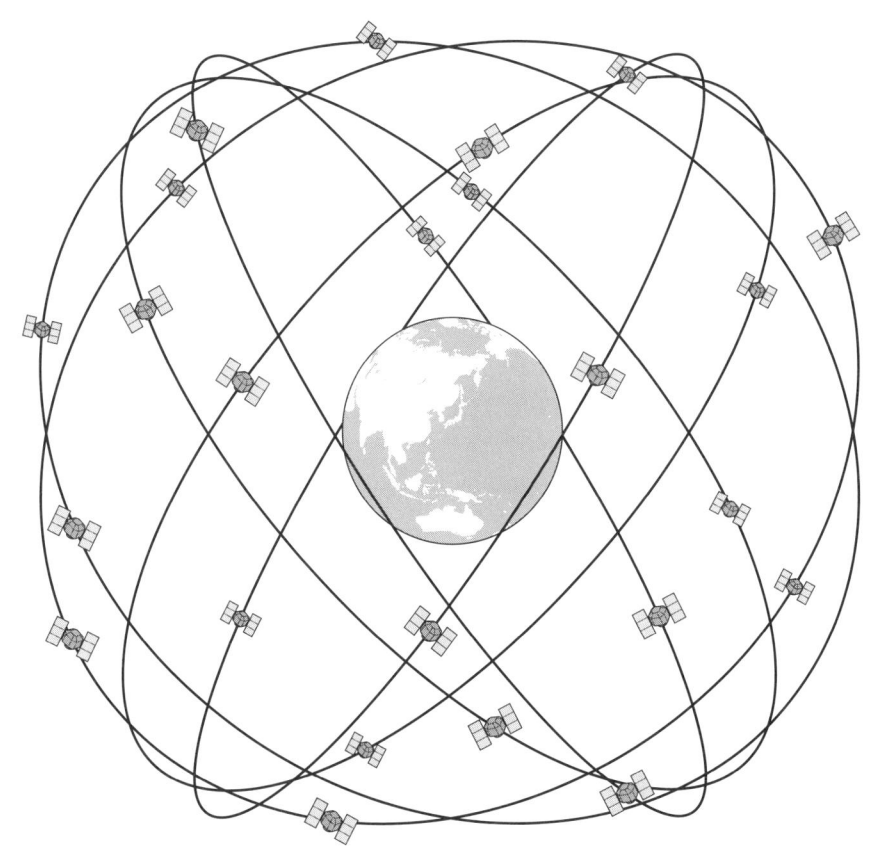

図1-2　GPS衛星は6個の軌道面に4基以上配備されている

され，2005年以降打ち上げが開始されたBlock‐ⅡR‐M衛星から，第2民間周波数信号(L2C)を送信する機能を保持しています．本章では，入門編ということもあるので，この民間に開放されるL2C信号については触れず，主としてL1帯の信号受信による測位について解説します．

② コントロール・セグメント

　スペース・セグメントやユーザ・セグメントは脚光を浴びる存在ですが，舞台裏を支えるコントロール・セグメントは，実はGPS航法システムの要です．

　コントロール・セグメントは地上にあって，衛星の運行を管制するとともに，図1-3に示す世界各地5か所のモニタ局で衛星の動きを観測し，観測データをコロラ

表1-1　GPS衛星の運用状況(2009年1月現在)

軌道面 (PLANE)	軌道における 位置 (SLOT)	シリアル番号 (SVN)	C/Aコード (PRN)	衛星の型式 (BLOCK - TYPE)	搭載している 発振器の種類 (CLOCK)
A	1	39	9	II - A	ルビジウム
A	2	52	31	IIR - M(最新型)	ルビジウム
A	3	38	8	II - A	セシウム
A	4	27	27	II - A	セシウム
A	5	25	25	II - A	ルビジウム
B	1	56	16	II - R	ルビジウム
B	2	30	30	II - A	セシウム
B	3	44	28	II - R	ルビジウム
B	4	35	5	II - A	ルビジウム
B	4	58	12	IIR - M	ルビジウム
C	1	36	6	II - A	ルビジウム
C	1	57	29	IIR - M	ルビジウム
C	2	33	3	II - A	セシウム
C	3	59	19	II - R	ルビジウム
C	4	53	17	IIR - M	ルビジウム
C	5	37	7	II - A	ルビジウム
D	1	61	2	II - R	ルビジウム
D	2	46	11	II - R	ルビジウム
D	3	45	21	II - R	ルビジウム
D	4	34	4	II - A	ルビジウム
D	6	24	24	II - A	セシウム
E	1	51	20	II - R	ルビジウム
E	2	47	22	II - R	ルビジウム
E	3	40	10	II - A	セシウム
E	4	54	18	II - R	ルビジウム
E	5	23	32	II - A	ルビジウム
F	1	41	14	II - R	ルビジウム
F	2	55	15	IIR - M	ルビジウム
F	3	43	13	II - R	ルビジウム
F	4	60	23	II - R	ルビジウム
F	5	26	26	II - A	ルビジウム

ド・スプリングスのマスタ・コントロール局に集めています．さらに，衛星の軌道や原子時計の誤差を計算して，衛星に送信しています．衛星はこれを受けて，後述のNAVメッセージに反映して送信します．

③ ユーザ・セグメント

　第2章Appendix B「小型化するGPS受信モジュール」を参照してください．

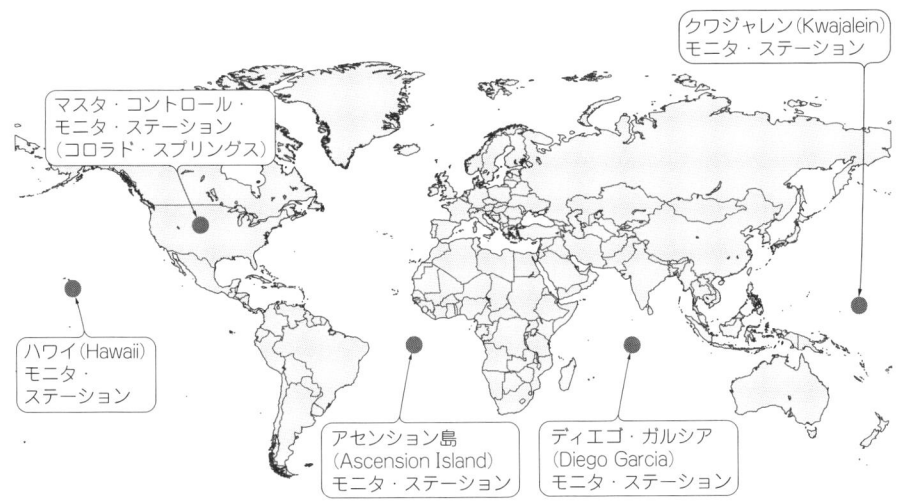

図1-3　世界の5か所のモニタ局でGPS衛星の状態を観測している
観測結果はコロラド・スプリングスのマスタ・コントロール局に集められる

1-2　測位のしくみ

◆ 2次元で考えてみる

　ここではGPS信号を利用して位置を求めることを「測位」と呼ぶことにします．GPSの測位原理そのものはいたってシンプルです．

　図1-4に示すのは2次元での測位の例です．二つの既知の点と，その点からの距離がわかれば，いま自分がどこにいるかが求まります．点Ⓐと点ⒷをGPS衛星に置き換え，さらに3次元の位置と時刻を求めるために，既知の点(すなわち衛星)を増やしたものがGPS全体のシステムということもできます．

◆ 衛星は地球を周回する超高精度な時計

　図1-5に示すのは，GPS衛星を使った測位の概念です．この図ではまさにGPS衛星を，地球を周回する原子時計として表現しています．

　この時計は，米国海軍天文台(USNO：United States Naval Observatory)が提供する協定世界時 (UTC：Coordinated Universal Time)に高精度に同期しており，衛星はその時刻情報(GPS時刻)を送信しながら飛んでいます．

　図1-5は，この送信波を地上で同時に受信するようすを「望遠鏡で同時に四つの

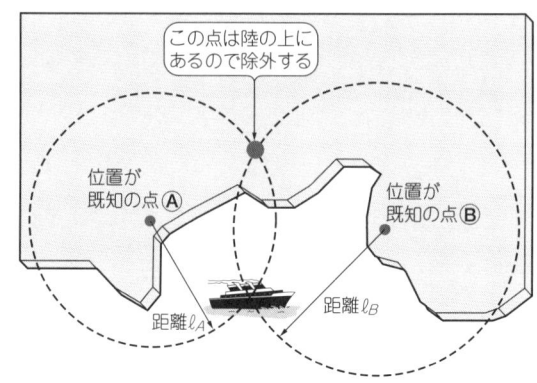

図1-4 2次元での測位の例
船舶は陸上にあることはないので，その高さは変化しないと考えることができる．ⒶとⒷの2点の位置とそこからの距離がわかれば，現在位置を割り出せる

衛星を観測する」という概念で表現しています．また，「衛星の位置は既知である」としています．

◆ 受信機にGPS時刻に同期した時計を組み込むことはできない

各衛星の時計は，UTC時刻に高精度に一致していますが，これを地上で観測すると，それぞれの衛星との距離に差があるので，見える時間にも差が生じます．

受信機側にもGPS時刻に同期した高精度の時計があれば，望遠鏡でのぞいて見える衛星の時計と自分の時計の差をとり，光速を乗じれば衛星との距離が簡単に求まります．

しかし現実的な問題として，受信機が単独でGPS時刻に同期した時計をもつことはできません．例えば，3 mの誤差で測位を行う場合に要求される時計精度を考えてみてください．3 mの距離を光が進む時間はたったの10 nsです．

受信機の精度を10 nsに維持するためには，水素メーザ発振器を準備して，GPS時刻の元であるUSNOに持ち込み，同期を取った後に相対論的影響を受けないようにそっと運んで…．このような受信機の使い方が現実的でないのは明らかですね．

◆ 受信機は四つの衛星データから緯度，経度，高度，時刻を知る

図1-5では，自分の位置（LAT_U, LON_U, HGT_U）に加えて，自分自身の時計（GPS時刻）の誤差（Δt）も未知数とし，四つの未知数（LAT_U, LON_U, HGT_U, Δt）としています．LAT_Uは緯度（Latitude），LON_Uは経度（Longitude），HGT_Uは高度（Hight）です．

四つの未知数を求めるには，四つの方程式が必要です．一般にGPSで位置を計算するためには四つの衛星の受信が必要といわれていますが，その理由がここにあります．

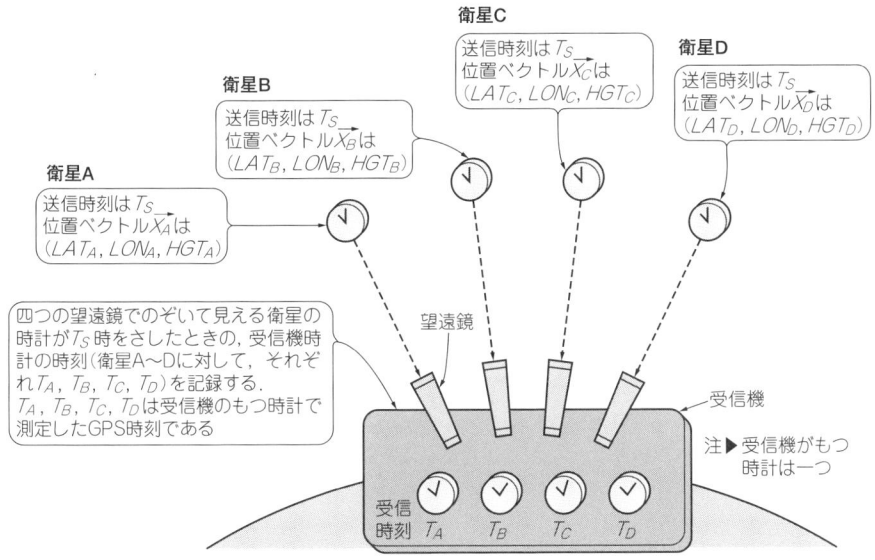

求めたいのは，受信機の位置ベクトル$\vec{X_U}=(LAT_U, LON_U, HGT_U)$と受信機時計で計測した誤差$\Delta t$を含む観測時刻．位置を求める条件は次のとおり．
(1) 衛星のベクトル$\vec{X_A}, \vec{X_B}, \vec{X_C}, \vec{X_D}$はすべて既知とする
(2) 各衛星の時計は，GPS時刻に一致している
(3) 各衛星は，GPS時刻T_Sにいっせいに電波を送信する．
これらの送信電波を地球上のユーザ・セグメント(受信機)で観測する．図ではこれを望遠鏡で見るという概念で説明している
(4) 受信機と各衛星との距離は異なるため，GPS時刻T_Sを乗せた四つの電波は受信機に同時に到着することはない．
受信機の時計で測定した各電波の到着時刻をT_A, T_B, T_C, T_Dとする．なお，T_A〜T_Dは受信機のもつ時計で測定したGPS時刻である

図1-5 測位の考え方

▶捕らえる衛星が多いほど位置精度が高くなる

　市販のGPS受信機には，衛星が三つになっても，二つになっても測位を継続するものがあります．これらは次のような考え方で，衛星が少なくなったときにも測位を継続しています．

　例えば，船や車で移動している場合を考えると，通常高さ方向の急激な位置変化はあまりないので，3次元測位を行った後しばらくの間であれば，「高さは既知」と考えられます．したがってこの期間は，未知数のうちHGT_Uが一つ減り，3個の

衛星受信で測位を継続できます．この間は高さ方向のデータは更新されないので，「2次元測位」という呼び方をしています．

さらに一度，受信機のGPS時刻誤差Δtが求まった後しばらくは，GPS受信機内部のクロックで時刻を推定しても大きな狂いはないと考えられるので，その期間中は受信機の時刻誤差(Δt)も未知数から外すことができます．前述の高さ固定の考え方と合わせると，変数は水平位置の2個だけです．したがって2個の衛星で位置が求められます．

◆ 図1-5の補足説明

地上にあるユーザ・セグメントは，四つの衛星の時計（GPS時刻）を観測しています．

各衛星A～Dは，GPS時刻に同期した時計をもっていますが，各衛星からユーザ・セグメントまでの距離が異なるため，到達するまでに時間差が発生します．したがって，ユーザ・セグメントが望遠鏡を使って四つの衛星の時刻を同時に観測しても，各衛星の時刻は同じには見えません．

ユーザ・セグメントから衛星を観測して，各衛星の時刻がT_Sになったときの，ユーザ・セグメントの時計の時刻（GPS時刻を基準にした時刻）をT_A, T_B, T_C, T_Dとします．このときユーザ・セグメントの時計がGPS衛星側の時計と完全に一致していれば問題はありませんが，現実には完全一致はありえません．

したがって以下の4元方程式では，受信機がもつ時計のGPS時刻に対する誤差Δtを加味する必要があります．つまり，$T_A + \Delta t$, $T_B + \Delta t$, $T_C + \Delta t$, $T_D + \Delta t$として考える必要があります．

求めたいのはユーザ・セグメントの3次元のベクトル，

$X_U = (LAT_U, LON_U, HGT_U)$

にΔtを加えた四つの値です．

衛星Aの位置ベクトルを，

$X_A = (LAT_A, LON_A, HGT_A)$

とし，ユーザ・セグメントの位置ベクトルを，

$X_U = (LAT_U, LON_U, HGT_U)$

とします．すると，衛星Aとユーザ・セグメントの間の距離R_Aは，

$R_A = |X_A - X_U|$

で求まります．

この距離R_Aは到達時間差（ここでは$T_A - T_S + \Delta t$）に光速cを掛けたものに等しくなります．よって次の式が得られます．

$$|X_A - X_U| = c(T_A - T_S + \Delta t)$$

さらに衛星B，C，Dでも同様に考えると，

$$|X_B - X_U| = c(T_B - T_S + \Delta t)$$
$$|X_C - X_U| = c(T_C - T_S + \Delta t)$$
$$|X_D - X_U| = c(T_D - T_S + \Delta t)$$

となって，4元連立方程式が得られます．これを解くことによって，受信機は自分の位置と，正確な時刻を得ることができるのです．

◆ 捕らえる衛星の数が2倍になると精度は$\sqrt{2}$倍良くなる

2個，あるいは3個の衛星を使った現実的な測位精度は高くありません．4個以上の衛星を使った測位が高い精度を保てることは言うまでもありません．

4個に制限せず，見える衛星をすべて使って測位計算する方式を取って，より精度の高い測位を実現している例もあります．各衛星の観測量にはランダムな雑音を含んでいますが，この雑音を衛星の数を増やして相殺しようという狙いからです．例えば4個ではなく，倍の8個の衛星を使えば，精度を$\sqrt{2}$倍改善することが期待できます．

1-3　受信機が衛星の位置と距離を求めるしかけ

衛星の位置と衛星までの距離はどうやって知ることができるのでしょうか．まず衛星が「軌道を周回する原子時計」であることと，衛星が自分の「軌道情報」を放送しながら飛んでいることから説明を始めます．

■ GPS衛星の働きを理解する

◆ きわめて高い周波数精度の信号発生器に同期して動く

図1-6にGPS衛星のブロック図を示します．この中で肝となるのが，10.23 MHzを生成する「周波数標準」部です．

初期の衛星ではこの部分にセシウム原子時計を搭載し，バックアップとしてルビジウム原子時計を置いていましたが，最近の衛星ではルビジウム原子時計だけを搭載しています．

◆ 各衛星固有のコードで変調してから送信する

図1-6からわかるように，GPSの衛星に含まれるすべての機能ブロックは，この周波数標準に同期して動作するように設計されています．ここで，図1-6の各部について簡単に説明します．

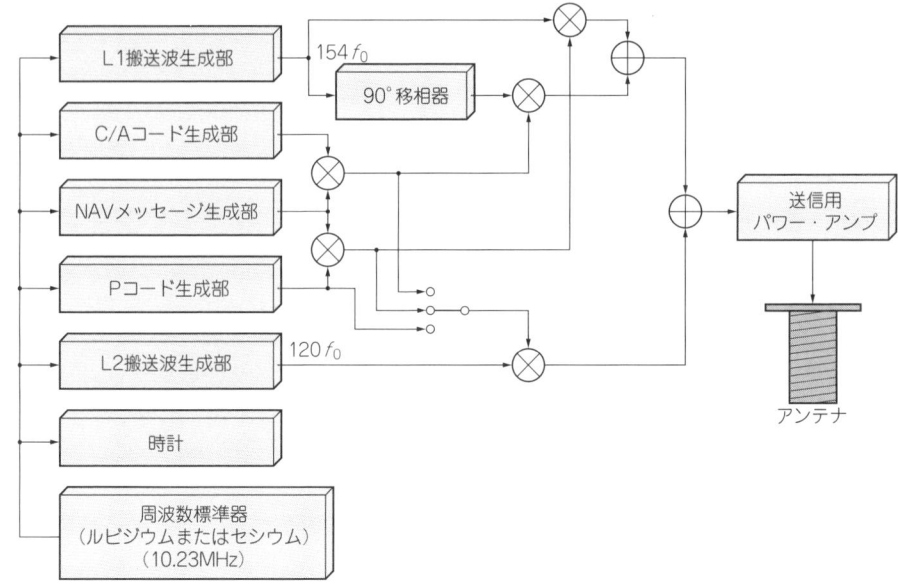

図1-6 GPS衛星に搭載されている送信系のシステム

▶L1搬送波生成部

L1帯（1575.42 MHz）の送信周波数を生成するブロックです．

2009年1月現在で31基の衛星が飛んでいますが，すべての衛星が同じL1帯の周波数で信号を送信しています．これはGPS衛星システムのとても優れた点です．

先に説明したとおり複数の衛星を受信しないと原理的に測位はできません．もし，各衛星が異なる周波数で送信を行うと，受信機のRFブロックは，測位のために必要な衛星個数分の入力チャネルをもち，各チャネルを受信する衛星の周波数に個別にチューニングしなければなりません．これは著しくRFブロックを複雑にし，受信機の小形化と低コスト化を阻害します．

GPSシステムは，すべての衛星が同一の周波数を使って送信しているので，ユーザ・セグメントのRFブロックは，たった1チャネルのとてもシンプルな回路になります．その結果，コンパクトで安価な受信機を構成できます．

▶C/Aコード発生部

先ほど説明したように，すべての衛星が同じ周波数の信号を送信しています．そのため通常の通信方式では混信が起こって，各衛星の信号を分離して受信することが困難です．そうならないための工夫が，このC/Aコードによるスペクトル拡

散変調(SS変調：Spread Spectrum Modulation)方式の採用です．これにより混信の発生をとても低く抑えられ，同一周波数を使用していてもコードで識別が可能になります．

SS変調方式は秘話性に優れた通信方式であり，その特性からもともと軍事用に開発されてきた技術です．GPSが軍事用であることが伺えます．C/Aコードの性質と変復調の方法は後述します．

▶NAVメッセージ生成部

NAVメッセージは，ユーザ・セグメントが衛星の位置を計算し，また時刻を観測して各衛星との距離を知るための重要な情報を含んでいます．

その通信パケットを作り出しているのがこのNAVメッセージ生成部です．データの中身はコントロール・セグメントが作成します．衛星はNAVメッセージと時計部で生成される時刻を，周波数標準に同期した形で送信しています．

後述のように，このNAVメッセージの転送レートは50 bpsであり，これがGPSにおける重要なタイミング信号となっています．

▶時計部

各衛星は周波数標準に同期したとても正確な時計をもっており，この時計情報をNAVメッセージの一部として送信しながら飛んでいます．この時計は先に説明したとおり，米海軍が管理している標準時間であるUTC(USNO)に同期しています．

衛星系の時刻には年月日の概念がなく，1980年1月6日の午前零時を原点として，それからの週番号と週内の積算秒で管理されています．この時刻系を「GPS時刻」と呼びます．

先ほど「GPS衛星は周回する原子時計である」と述べました．これは，
- 周波数標準に同期した正確な時計をもっている
- その時計情報(GPS時刻)をNAVメッセージとして送信しながら飛んでいる

ことの二つの意味をもっています．

■ GPS衛星が送出するC/Aコードに秘密がある

では，どうやってGPS受信機は衛星が送信しているGPS時刻を観測するのでしょうか．

◆ GPS衛星の名前を表すコード「C/Aコード」

これを説明するには，まずGPS衛星の送信している信号フォーマットを知る必要があります．

先に少し説明しましたが，GPS衛星のL1信号はC/Aコードという擬似ランダム

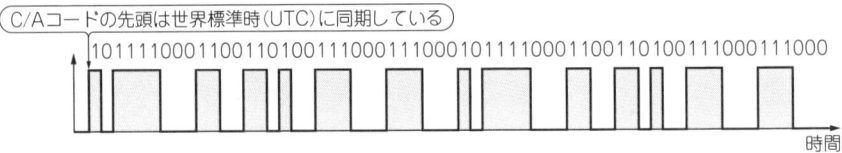

図1-7 29基のGPS衛星を識別するためのコード「C/Aコード」
1023個の'1'と'0'でできた擬似ランダム符号

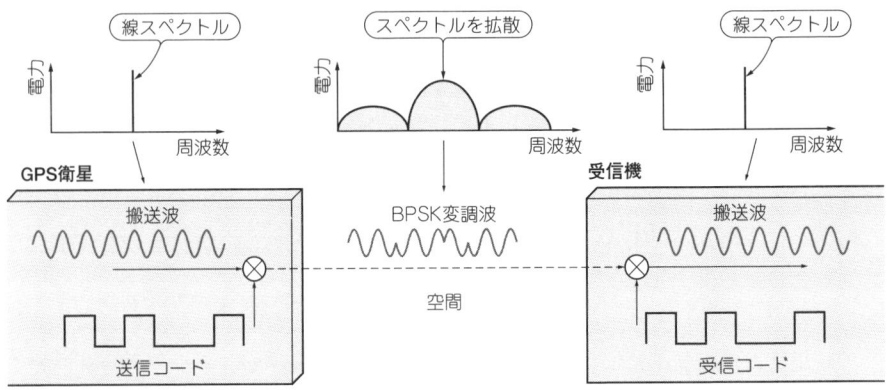

図1-8 衛星はL1送信波を疑似ランダム符号C/Aコードで変調して送信する
C/Aコードのような疑似ランダム符号で変調された信号のスペクトラムは単一のキャリアではなく広い周波数に分布する

符号で位相変調（BPSK：Bi Phase SHift Keying）をかけられています．疑似ランダム符号は，PRN（Pseudo Random Noise code）符号とも呼ばれ，「Gold系列として知られています．

　C/Aコードは，具体的には**図1-7**に示すような，'1'と'0'の連続したディジタル信号のパターンです．GPSでは，この'1'と'0'のパターンが1023個続き，再び先頭に戻って繰り返されます．C/Aコードの'1'や'0'の最小区分をビットではなくチップと呼びます．

◆ C/Aコードで送信波を広い周波数幅に拡散させて送信

　図1-8に示すのは，C/Aコードの変調と復調のようすです．

　変調コードが疑似ランダム符号であることから，変調された信号のスペクトラムは，**図1-8**の中央部分に示すように，単一のキャリアではなく広い周波数にスペクトラムが拡散します．実際の変調波のスペクトラムを**図1-9**に示します．

　復調するためには，**図1-8**の右半分にあるように，変調したときと同一のC/Aコ

図1-9
C/Aコードで変調された実際の信号のスペクトラム(実測)

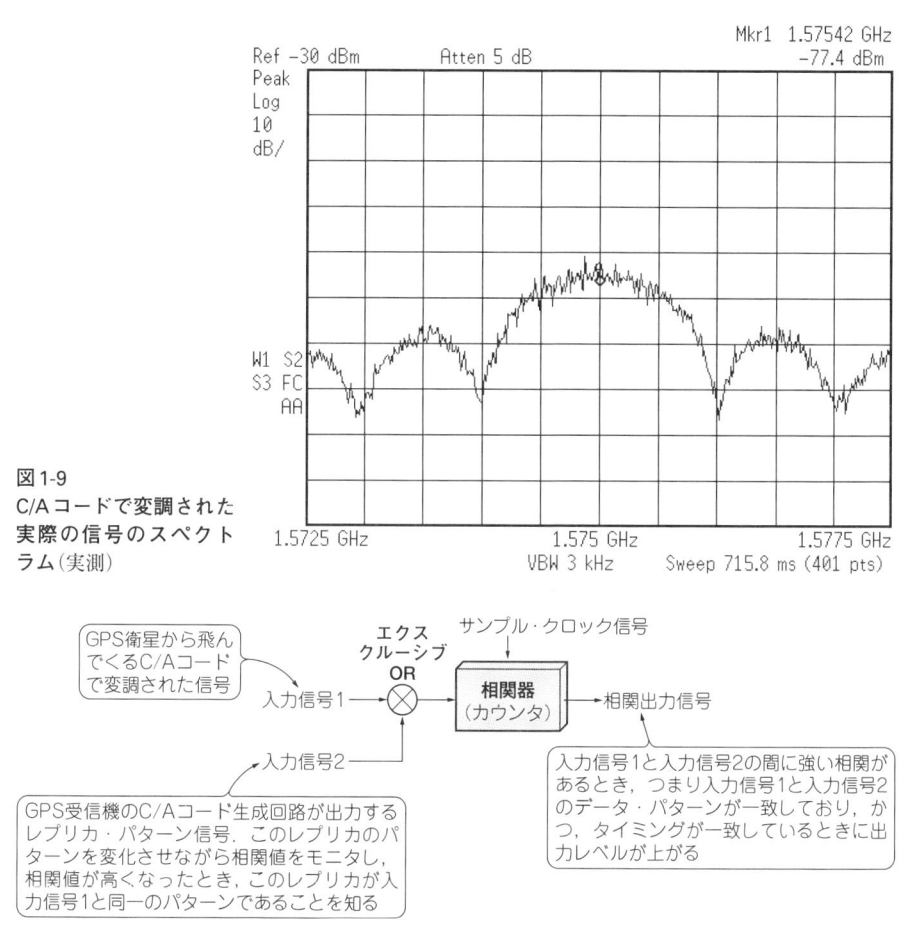

図1-10 GPS受信機は相関器を使って電波に含まれているC/Aコードを見つけ出す

ード(レプリカと呼ぶ)を受信機側で生成し,そのC/Aコードでもう一度BPSK変調すればよいのです.

◆ **C/Aコードの二つの面白い性質**
① 自己相関は位相差0のとき1,位相が1チップ以上ずれていると$-1/n$

nは入力信号の1周期中に存在するチップ数です.**図1-10**を見てください.「相関を取る」という操作を現実的な形で説明するために,エクスクルーシブORと同期式のカウンタで構成した簡単な相関器を使います.これは,二つの入力が一致したとき

に1を加算し，不一致ならば1を減算するロジックです．

図1-11中の破線で示した縦の線は，サンプリングを行うポイントと考えてください．エクスクルーシブORの二つの入力端子に，同じパターン"101100111000"のビット列が入力されています．（a）では位相が一致している（同じタイミングで入力している）のに対して，（b）では入力信号2の位相を少し進ませて与えています．

図1-11（a）は，入力信号1と入力信号2のC/Aコードの位相が一致しているので，

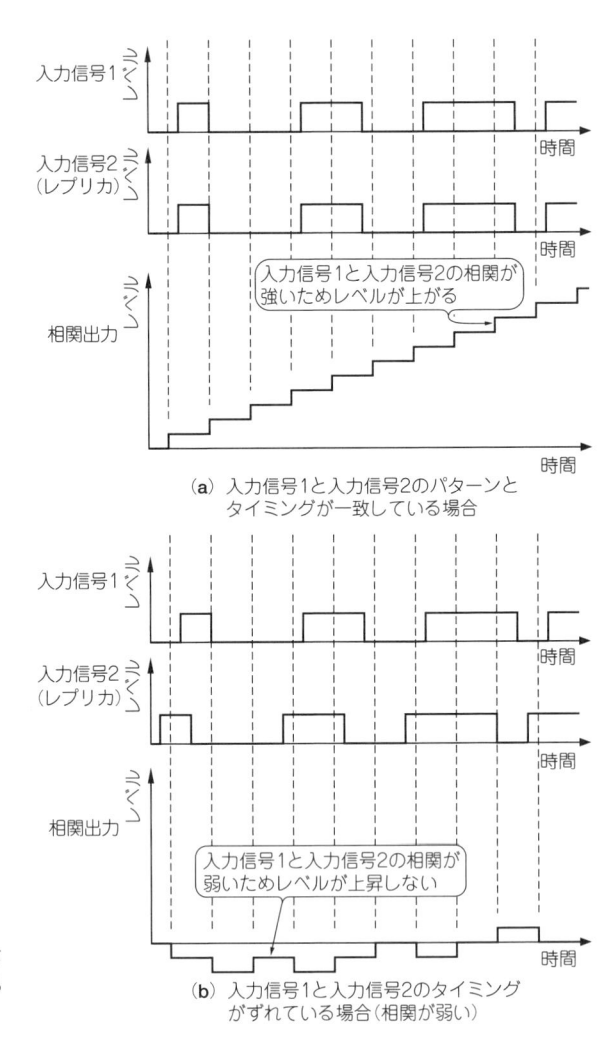

図1-11
入力信号1と入力信号2に同じパターンのビット列を入力すると相関器の出力は大きくなる

(a) 入力信号1と入力信号2のパターンとタイミングが一致している場合

(b) 入力信号1と入力信号2のタイミングがずれている場合（相関が弱い）

すべてのサンプリング点で二つの入力が一致し，サンプリングごとに順調にカウントアップしています．

これに対して図1-11(b)では，1チップ以上位相がずれているため，各サンプリング点において二つの入力信号の一致と不一致による加算と減算を繰り返し，相関値は大きくなりません．

以上が「自己相関は位相差ゼロのとき1であり，位相が1チップ以上ずれている場合は($-1/n$)になる」ということです．

位相差と相関値の関係をもう少し詳しく調べると，図1-12のようになります．つまり，入力信号1と入力信号2がまったく同じパターンだったとしても，その入力の位相差が1チップずれただけで，無相関な(すなわち相関値が得られない＝$1/n$)状態になります．この位相差と相関値の関係は，後述の「タイミング再生」の解説で再度参照するので，覚えておいてください．

② 異なるパターンの疑似雑音符号との相互相関は小さい

図1-13では，入力信号1に図1-10と同様のパターンを，入力信号2に異なるパターン"100110111000"を加えています．パターンの異なるC/Aコードの相関をとった場合は，位相差をゼロとして自己相関をとった場合に対して，とても小さな相関値しか得られないことが推察できます．

＊

GPS衛星系には，37種類のC/Aコードが割り当てられており，運用中の衛星の間でコードの重複がないように配慮されています．すべての衛星が同一周波数で送信しても混信しないのは，すべての衛星が固有のC/Aコードをもっているからです．同一の周波数であっても，コードの次元で識別できます．

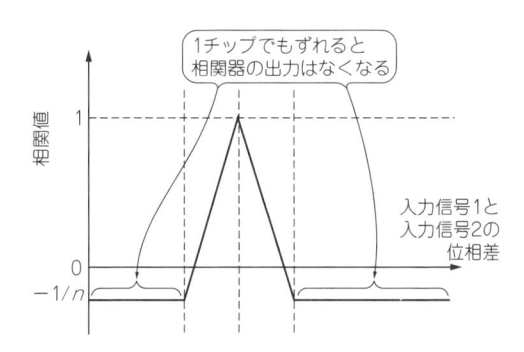

図1-12 位相差が1チップずれただけで入力信号1と入力信号2の相関出力はなくなる

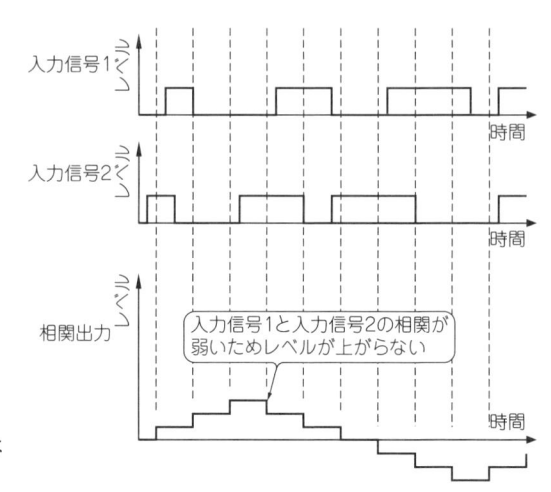

図1-13
異なるパターンの信号どうしの相関は小さい

(吹き出し: 入力信号1と入力信号2の相関が弱いためレベルが上がらない)

■ 受信機はC/Aコードから衛星までの距離を割り出す

◆ C/Aコード復調回路の働き

　受信機は，C/Aコードの性質を使って，どうやって時刻を生成するのでしょうか．GPSの真髄ともいえる部分に議論を進めましょう．

　C/Aコードで変調された信号を復調する回路は，**図1-10**にいくつかの機能を追加した**図1-14**のような回路です．C/Aコード発生回路には，次の二つの機能が付加されています．

（1）C/Aコード（レプリカ）先頭の位相量を遅らせる
（2）受信したいGPS衛星に割り当てられているC/Aコードを設定する機能

◆ 相関値が最大になるときの位相補正量を探す

　ソフトウェアで実現されるC/Aコード位相制御部は，一定間隔で相関値を読み取り，この値がつねに**図1-12**に示すピークになるように位相制御量を調整します．ここで，うまくピークとなるように調整されているときの位相制御量の意味を考えてみましょう．

　図1-15に簡単なタイミング・チャートを示します．

　位相制御量は，受信機内部の基準時刻（GPS時刻に同期していない）から，生成するC/Aコード（レプリカ）の先頭までの時間を意味しています．その先頭のタイミングは，衛星Aの信号との相関値が最大となる点ですから，はるばる飛んでき

図1-14 受信機に搭載されているC/Aコード復調回路

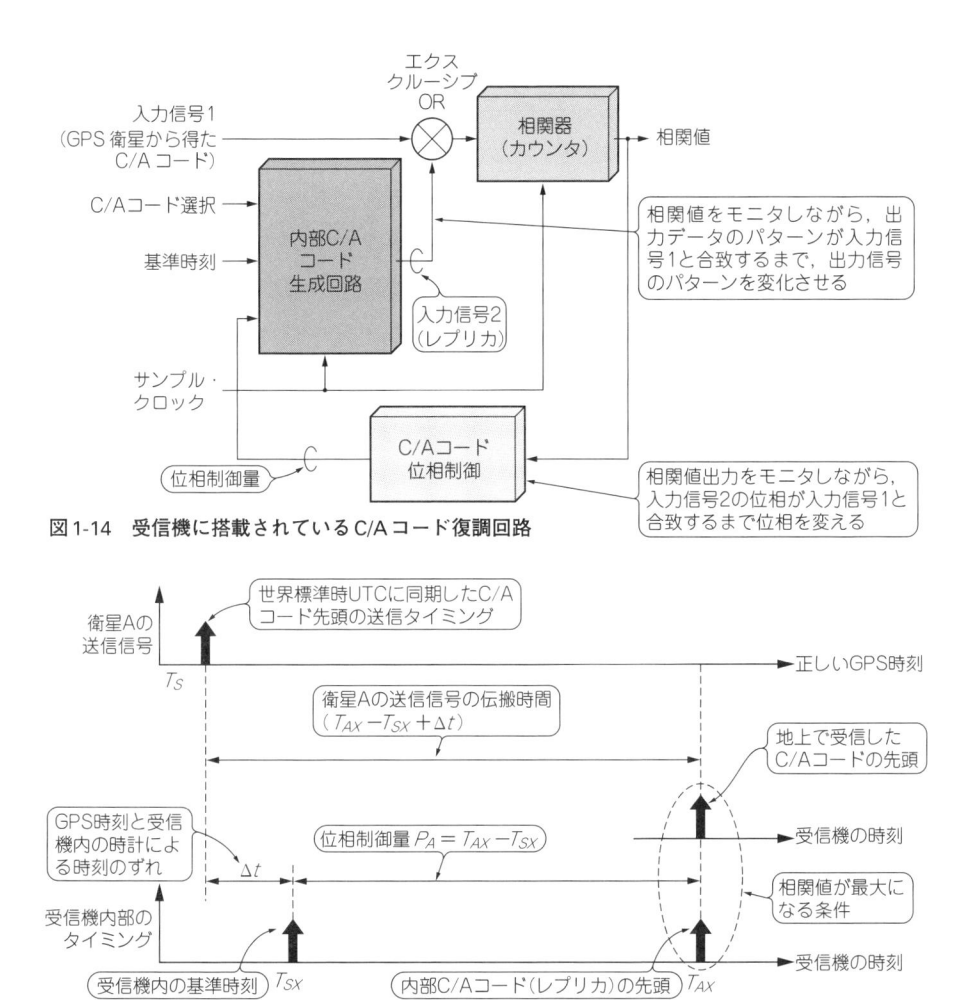

図1-15 衛星Aから届くGPS時刻データ(T_{AX})と受信機の時刻(T_{SX})の差分が位相制御量P_Aに相当

た衛星Aの信号のC/Aコード先頭と一致しています．

　各衛星の送信するC/Aコードの先頭のタイミングは，高精度にGPS時刻に同期しています．ここで，受信機内部の基準時刻の，GPS時刻(T_S)に対する誤差量をΔtとします．すると，Δtと位相制御量(P_A)を加えた時間が，正しい伝播遅延時間となります．したがって$P_A + \Delta t$に光速(c)を乗じると，衛星と受信機の距離そのものになります．

1-3　受信機が衛星の位置と距離を求めるしかけ｜第1章｜39

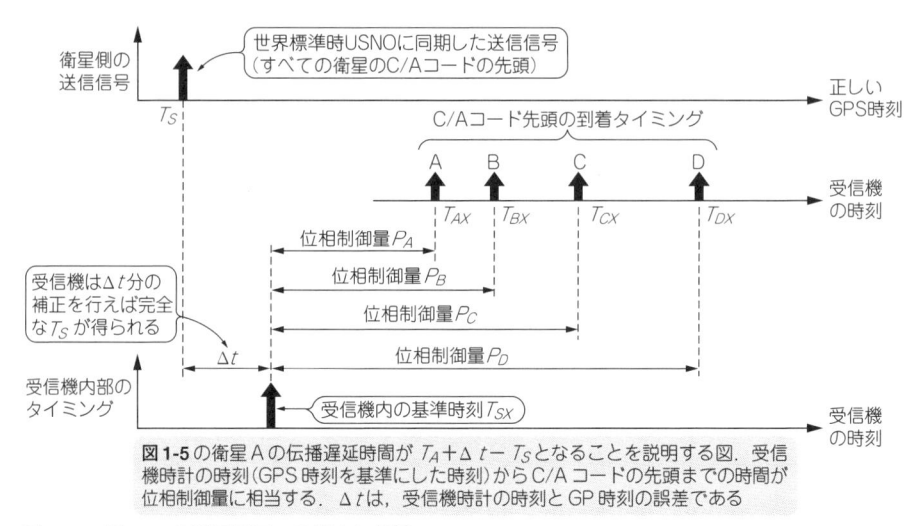

図1-16 図1-15を衛星が四つの場合に拡張

図中注釈:
- 衛星側の送信信号
- 世界標準時USNOに同期した送信信号（すべての衛星のC/Aコードの先頭）
- T_S
- 正しいGPS時刻
- C/Aコード先頭の到着タイミング
- A, B, C, D
- T_{AX}, T_{BX}, T_{CX}, T_{DX}
- 受信機の時刻
- 位相制御量 P_A
- 位相制御量 P_B
- 位相制御量 P_C
- 位相制御量 P_D
- 受信機はΔt分の補正を行えば完全なT_Sが得られる
- Δt
- 受信機内部のタイミング
- 受信機内の基準時刻 T_{SX}

図1-5の衛星Aの伝播遅延時間が$T_A + \Delta t - T_S$となることを説明する図．受信機時計の時刻（GPS時刻を基準にした時刻）からC/Aコードの先頭までの時間が位相制御量に相当する．Δtは，受信機時計の時刻とGP時刻の誤差である

この位相制御量のことを完全な距離になる一歩手前ということで「疑似距離」と呼びます．

▶ 受信機の時刻と衛星の時刻のずれは問題にならない

図1-15のタイミング・チャートを拡張して，図1-5で示した概念を表したものを図1-16に示します．

図1-5の説明では，受信機のGPS時刻の誤差（Δt）を未知数に加えて四元連立方程式を解くと説明しています．図1-16の送信のタイミングで，四つの衛星がどこにいたかがわかれば，この方程式は解けそうですね．

1-4　GPS衛星の軌道情報を得る

◆ NAVメッセージの構成

図1-5の衛星の位置（X_U）をどうやって知るのかを説明します．まず，衛星がどのような形でNAVメッセージを送信しているかを概説します．

NAVメッセージは，図1-17のフォーマットで連続的に送信されている情報です．C/Aコードで変調がかかった信号に，さらに50 bpsのレートで変調がかけられています．

データ・パケットの単位は，サブフレームと呼ばれる300ビットのビット列であ

```
         6秒         フレーム（30秒）
  ┌─────────┬─────────┬─────────┬─────────┬─────────┐
  │サブフレーム#1│サブフレーム#2│サブフレーム#3│サブフレーム#4│サブフレーム#5│
  └─────────┴─────────┴─────────┴─────────┴─────────┘
```

サブフレーム#1
衛星時計の補正情報が含まれる．30秒に1回ずつ繰り返し送信される．

サブフレーム#2と#3
エフェメリスと呼ばれる自分自身の精密軌道情報が含まれる．30秒に1回ずつ繰り返し送信される．

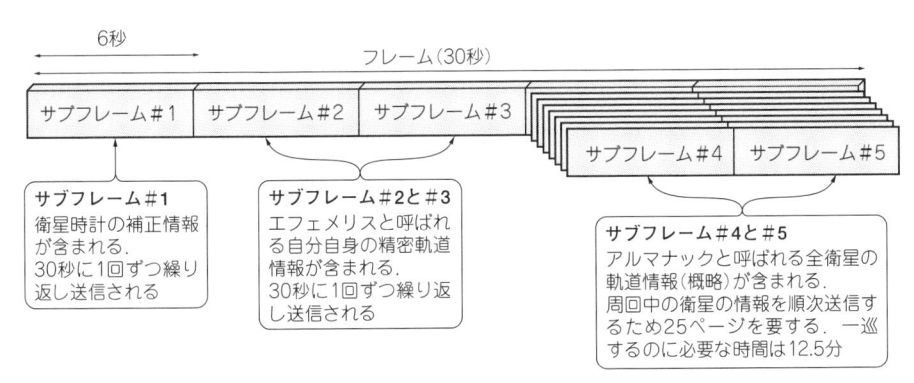

サブフレーム#4と#5
アルマナックと呼ばれる全衛星の軌道情報（概略）が含まれる．周回中の衛星の情報を順次送信するため25ページを要する．一巡するのに必要な時間は12.5分

図1-17 GPS衛星が送信するGPS時刻データはNAVメッセージに組み込まれている

表1-2 サブフレームの内容

サブフレーム番号	データ内容
#1	放送している衛星自体の状態とクロック補正係数
#2	放送している衛星自体の精密軌道情報（エフェメリス#1）
#3	放送している衛星自体の精密軌道情報（エフェメリス#2）
#4	電離層補正係数，UTCパラメータ
	全衛星の概略軌道情報（アルマナック）
#5	全衛星の概略軌道情報（アルマナック）

り，このサブフレームが五つ集まってNAVメッセージの1フレームになります．

それぞれに#1から#5の番号が振られており，サブフレーム#1から番号の順に送信します．サブフレーム#5の送信が完了すると，再びサブフレーム#1に戻り，繰り返しデータを送信します．

50 bpsで300ビットのデータを送信するので，1サブフレームの送信に6秒，さらにそれが五つ集まったフレームの送信に30秒を要します．これらに含まれているデータは，**表1-2**のようになっています．

サブフレーム#1～#3では，放送している衛星自体の状態と，精密な軌道情報を送信しています．残るサブフレーム#4と#5は，周回している全衛星の概略軌道情報を順番に送信するようになっています．

受信機では，サブフレーム#2と#3の精密軌道情報（エフェメリス）があれば，ある時刻の衛星の位置はこれらのエフェメリス・データに基づいて計算できます．

◆ NAVメッセージのデータの単位

図1-16に示した送信タイミングの時刻がわかれば，エフェメリスを使って衛星の位

置を計算できますから，**図1-5**の連立方程式を解く準備が整います．ではどうやって，この送信時刻を求めるのでしょうか．

▶ データの最小単位…C/Aコードが一巡する時間（1 ms）

　GPSの送信しているすべての信号やデータは，ある規則性のあるタイミングで変化しています．C/Aコードが1023チップで一巡することと，C/Aコードの先頭が正確にGPS時刻の正秒に同期していることは説明したとおりです．C/Aコードのチップ・レートは1.023 MHz（周波数標準の1/10の周波数）です．したがって，C/Aコードが一巡する時間は1 msであり，これがGPSの時系の最小単位（ティック）です．

▶ 1ビット（20 ms）

　NAVメッセージのデータは50 bpsで変調されています．この1ビット分の時間がC/Aコードの20サイクル分，つまり20 msぴったりです．これがGPS時系の2番目の単位です．

▶ 1ワード（600 ms，30ビット）

　NAVメッセージは30ビットを1ワードと定義していますから，1ワード分の時間600 msが，3番目の時間区切りといえます．

▶ 1サブフレーム（6 s，10ワード）

　10ワードで1サブフレームとなっているので，この6秒のティックが4番目の単位です．

◆ サブフレームに格納されている時刻情報を取り出す

　衛星の搭載している時計の情報（GPS時刻）は，各サブフレームの先頭ワードにある同期用パターン（TLMワード：telemetry）に続く，2ワード目のHOW（handover）と呼ばれるワードに格納されています．

　受信機は次の手順でGPS時刻を取得します．

▶ 手順1

　まず信号を捕捉します．具体的にはC/Aコードの相関をとって，相関値が最大となるように維持します．このときC/Aコードの先頭のタイミングで1 msのきざみを知ることができます．

▶ 手順2

　次にビット反転位置を検出します．ビット反転位置とは，50 bpsで変調がかかっているNAVデータが，1→0または0→1に変化するポイントのことです．受信機は，この変化からNAVメッセージそのもののデコードを行い，20 msの時間のきざみを知ります．

▶ 手順3

デコードしたNAVメッセージからHOWをデコードし，GPS時刻を得ます．このGPS時刻は，それが含まれるサブフレームの先頭ビットの送信時刻（GPS時刻）を示しています．

まとめ

以上で，図1-5の解を求めるために必要な三つの情報がすべて揃いました．すなわち，
(1) 受信機内部の時計のGPS時刻を基準にした時刻（$T_A \sim T_D$）から，各衛星信号が到達した時刻（GPS時刻を基準）との差Δt（図1-15の擬似距離P_A, P_B, P_C, P_D）
(2) 衛星が上記の信号を送信したGPS時刻（T_S）
(3) エフェメリスから計算した送信時点での各衛星の位置（X_U）

GPSによる測位のしくみがおわかりいただけたでしょうか．

本章では，できるだけ平易に測位の原理を説明するために，実際の受信機に施されているさまざまな工夫についてまったく説明を行っておりません．例えば，図1-16では，同一の1 msのきざみで同期して送信された四つの衛星信号が描かれています．しかし現実には，
- 衛星の高度は約20000 kmである
- 光は1 msの間に300 kmしか伝播しない

の2点を考えると，このように都合良く，送信された各衛星の信号が1 msのきざみで揃って受信されることはありえません．また，エフェメリスから衛星位置計算を行うことはいとも簡単かのように説明しました．しかし実際にはとてもやっかいな計算をしなければいけません．繰り返しになりますが，より平易に解説するという趣旨ですのでご容赦ください．

第1章 Appendix

高精度高安定のGPS周波数発生器

長期間メンテナンスが要らない

◆ GPSモジュールは正確な1秒パルス信号を出力する

　受信機の内部時計の時刻とGPS時刻(UTC時刻)とのずれ(**図1-16**に示すΔt)は，位置を計算する過程で正確に求まります．受信機内の基準時刻をトリガとして，$(1-\Delta t)$秒後にパルスを生成する回路を追加するだけで，GPS時刻に同期した正確な1pps(pulse per second)を生成できます．

　この1ppsに同期させることで，周波数精度と信頼性が非常に高く，かつメンテ

写真1A-1
高精度高安定のGPS周波数発生器(古野電気)

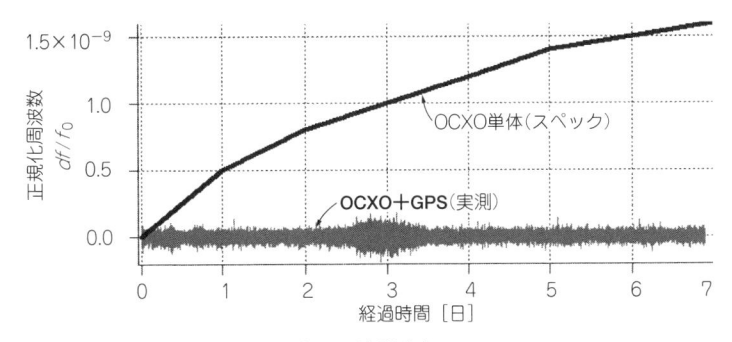

図1A-1 実際のGPS周波数発生器の絶対確度
OCXO単体の発振周波数は時間の経過とともにその確度が低下するが，GPS制御のOCXOは時間が経過しても高確度を維持する

ナンスの不要な基準クロック源を作ることが可能です．
▶携帯電話の基地局はGPS時刻に同期している

通信系のインフラは正確な時間を必要とすることが多く，GPS衛星から得られるGPS時刻に同期した非常に精度の高い信号を利用しています．

例えば，CDMA携帯電話のたくさんの基地局は，GPSを使ってタイミング同期をとっています．90年代に盛んに使われたポケベルの基地局もしかりです．

◆ どのくらい高精度か

10 MHzのOCXOを使用したGPS発振器の実際の精度を見てみます．

図1A-1は，OCXO単体とGPSで制御されたOCXOの周波数の絶対確度の実測値です．OCXO単体は，時間の経過とともに周波数の確度が低下します．GPSで制御されているOCXOの周波数確度は，時間が経過しても高い精度を維持しています．

図1A-2は，温度と電源電圧の変化に対するGPS発振器のタイミングの絶対確度です．GPS発振器は，温度と電圧が大きく変化してもタイミングの確度が高精度に保たれます．

◆ GPS発振器の今昔

▶初期型

初期のGPS周波数発生器[**図1A-3(a)**]は，GPSモジュールの周辺に恒温槽型発振器OCXO(Oven Controlled Xtal Oscillator)などの高精度発振器，分周器，位相比較器，ループ・フィルタを置いてPLLを組みました．GPSモジュールが出力する1pps信号に，高精度発振器を分周した1秒パルスを同期させることで，高精度

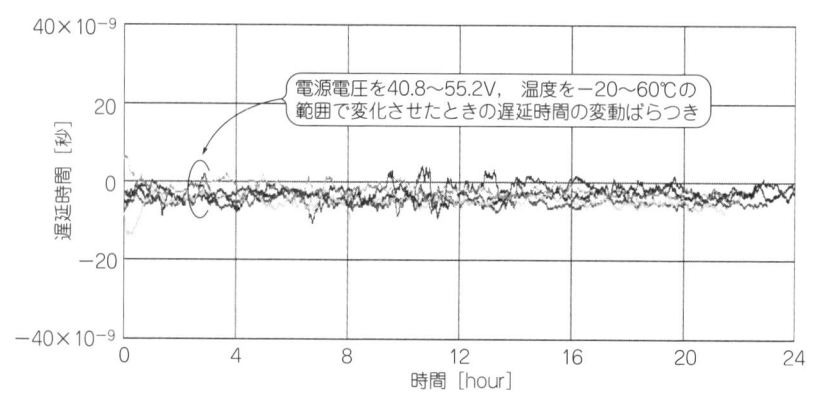

図1A-2 温度と電源電圧の変化に対するGPS周波数発生器のタイミングの絶対確度(実測)
GPS発振器は温度と電圧が変化しても高確度を維持する

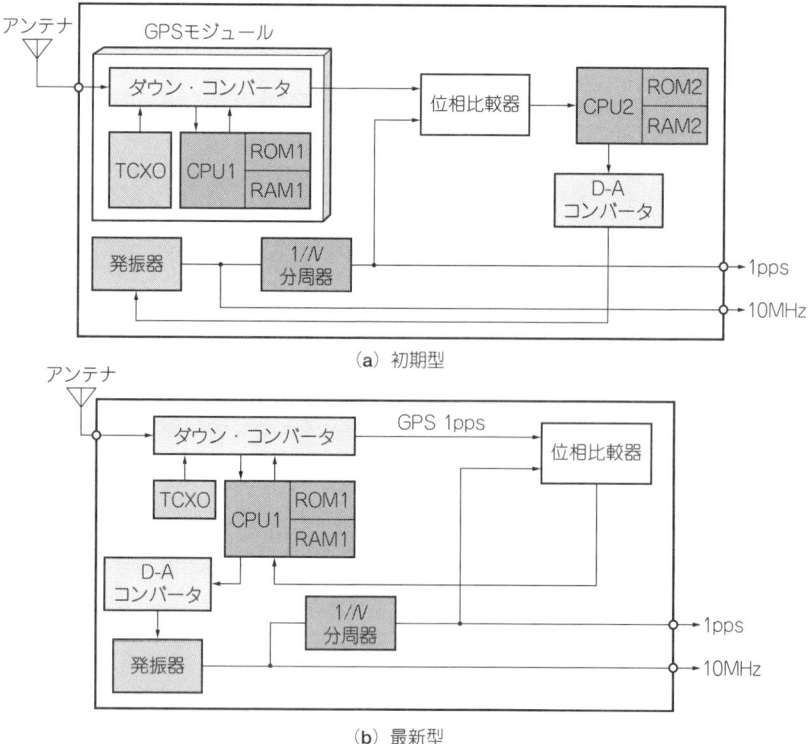

グラフ内注釈:電源電圧を40.8〜55.2V, 温度を−20〜60℃の範囲で変化させたときの遅延時間の変動ばらつき

(a) 初期型

(b) 最新型

図1A-3 GPS周波数発生器の今と昔
CPUの高性能化によってGPS受信機の内蔵CPUで長時定数のループ・フィルタも実現できるようになった

表1A-1 発振器の種類と経時周波数安定度

超高精度が求められる地上デジタル送信局では，ルビジウム発振器とGPS周波数発生器を併用している

種 類	経過時間					
	1秒	1日	1か月	1年	10年
TCXO	1×10^{-9}	1×10^{-7}	5×10^{-7}	1×10^{-6}	－
OCXO	1×10^{-11}	5×10^{-10}	5×10^{-9}	2×10^{-8}	－
Rb(ルビジウム)	注1	1×10^{-12}	5×10^{-11}	5×10^{-10}	－
Cs(セシウム)	1×10^{-11}	1×10^{-13}	5×10^{-14}	5×10^{-13}	－
GPS制御	注1	5×10^{-13}	5×10^{-13}	5×10^{-13}	5×10^{-13}

注：使用する水晶発振器の精度による

なクロック信号を生成していました．

　GPSモジュールから出力される1pps信号はジッタを含んでいます．この誤差をキャンセルするには，時定数の長いループ・フィルタが必要ですが，これをCPUで実現しています．

▶最新型

　図1A-3(b)に示すのは，現在の周波数発生器のブロック図です．

　GPS受信機が内蔵するCPUで，長時定数のループ・フィルタを実現しています．追加が必要であったCPU，ROM，RAMを削減しています．

　この効果は，単に部品点数を削減し，小形化，低コスト化を実現するだけではありません．旧システムは，使用している二つのCPUが疎結合していましたが，新しいシステムでは一つのCPUをGPSの内部情報や受信状況の調整だけでなく周波数の制御にも利用しています．

◆ 地上デジタル送信局や携帯基地局の発振器の実際

　表1A-1に示すように，発振器には超高精度で高価なルビジウム発振器から廉価な水晶発振器まで，さまざまな種類があります．

　どの発振器を選択するかは，必要なホールドオーバー性能によります．ホールドオーバーとは，発振器の基本性能の一つで，ある時間，ある精度を保つ能力のことです．

　GPS発振器には弱点が一つあります．それはGPSの送信波がしゃ断されると，精度を保てないことです．信頼性を維持するためには，発振器とクロック周波数とのタイミング確度に対して，ある一定の水準を満たす必要があります．例えば，超高精度が求められる地上デジタル送信局ではルビジウム発振器を，携帯基地局ではOCXOをGPSと併用しています．短期の周波数安定度や位相雑音特性は発振器単

体に依存します．こういった点に対する要求事項も，使用する発振器の選択のポイントです．

◆ GPS衛星に搭載された周波数標準が精度を維持するしくみ

▶ 1×10^{-15}/月の精度では不十分

　衛星には，初期にセシウム原子時計が，最近の衛星ではルビジウム原子時計が搭載されています．

　原子時計だからさぞ高精度であろうと思われるかもしれませんが，実際は衛星単独ではGPSシステムから要求される精度を維持できません．それは，たとえ原子時計であっても周波数が少しずつ変化していくからです．この周波数の変化のことをエージング（aging）と呼んでいます．

　具体的な数値で言うと，市販でかなりグレードの高いルビジウム発振器でも，1か月あたりのエージング・レートは 1×10^{-12} 程度しかありません．衛星に搭載されているルビジウム発振器がさらに3桁エージング・レートが優れているとしても，1×10^{-15}/月です．このレートで直線的に周波数が変化したとすると，時刻は1か月後に13.25808 msずれます．距離の誤差にして約4000 kmもあり，まともな測位は期待できません．

▶コントロール・セグメントが管理する

　コントロール・セグメントは，この衛星が搭載している原子時計の状態を地上から監視して，

　　●位相バイアス　　●周波数バイアス　　●周波数のドリフト率

の三つの衛星時刻補正パラメータを求めます．衛星は，これをサブフレーム#1のデータとして送信しています．

　受信機側でも当然のことながら，このサブフレーム#1のデータを使って衛星クロックの補正を行い，何ごともないように高精度な位置を出力しています．

　「測位の考え方」で，衛星はUTC（USNO）に高精度に同期していると説明しましたが，これは，衛星のクロックの周波数はずれることを前提としています．コントロール・セグメントは，衛星の時間のずれ量を観測して，使用者側（ユーザ・セグメント）に上記の三つの補正パラメータとして伝達します．使用者はこのパラメータを利用して独自にずれ量を補正することで，ほぼ完全な同期性を実現しています．

　ずれ量は常時チェックされ，ほぼリアルタイムにアップデートされています．よく考えられた，エレガントなしくみだと思いませんか？

第2章　GPSのしくみと応用技術

GPS受信機のハードウェア

高周波回路とCPUの混載モジュール

本章では，実際の受信機を例に，受信機を構成する回路ブロックの働きと動作を説明します．GPS受信機はアンテナ，増幅回路，フィルタ，RF IC，ベースバンドICなどで構成されています．

表2-1にGPS受信モジュールGN-80(写真2-1)主な仕様を示します．GPSの衛星信号は，L1帯(1575.42 MHz)とL2帯(1227.6 MHz)の2波で送信されています．L1帯には民生用コード(C/Aコード)と軍事用コード(Pコード)が乗せられています．GN-80は，この民生用コードだけを使用するSPS(Standard Positioning Service)に対応しています．

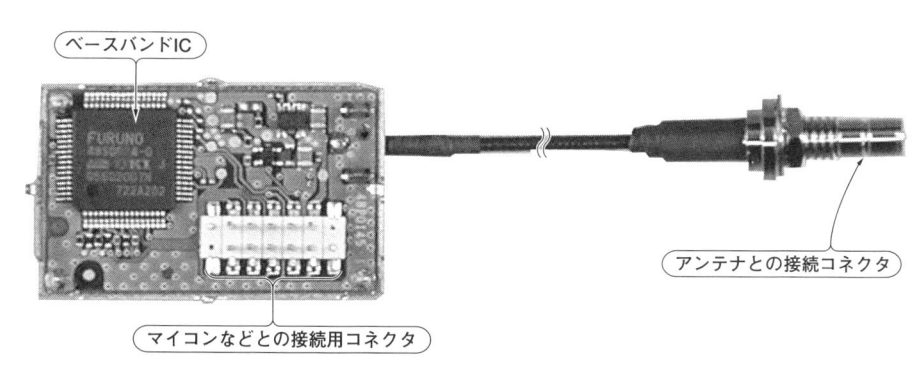

写真2-1　本章で題材にした実際のGPSモジュール(GN-80，古野電気)

表2-1 本章で題材にした実際のGPSモジュール(GN-80)の仕様

項　目	仕　様
受信周波数	1575.42 MHz
受信コード	C/A コード
チャネル数	16 チャネル，パラレル
追尾感度	− 141 dBm
インターフェース	3.3 V，CMOS
データ・フォーマット	NMEA0183
出力更新周期	1 秒
1PPS 出力	1 秒 UTC 同期パルス
電源電圧	DC3.3 V
消費電流	64 m 〜 48 mA

2-1　受信機のブロック図

図2-1に示すように，GPSの受信機は次の三つのブロックから構成されています．

- アンテナ
- RFブロック
- ベースバンドIC

RF回路とベースバンド回路はIC化が進み，TCXO，SAWフィルタなどの機能

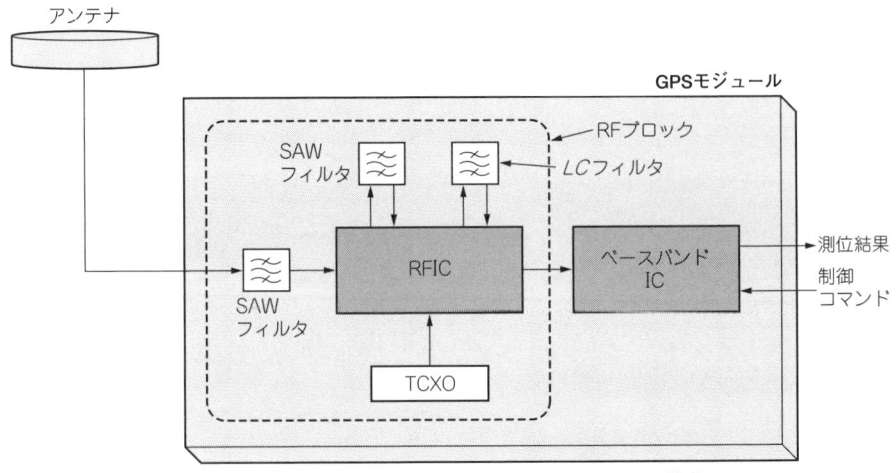

図2-1　GPS受信機はアンテナ，RFブロック，ベースバンドICの三つで構成される

写真2-2　アンテナ一体型のGPS
受信モジュール(GH-82, 古野電気)

部品を除く2チップで構成されています．最近はこれらも統合したRF＋ベースバンド完全ワンチップのソリューションもすでに開発されています．

　受信機の多くは，**図2-1**に示すようにRFブロックとベースバンド・ブロックが一体化されたモジュールです．アンテナ・ブロックは別体で，受信状況の良いところに設置します．**写真2-2**のように，アンテナと回路を一体化したモジュール(GH-82, 古野電気)もあります．

＊

それでは，受信系のトップから各回路ブロックの機能を説明しましょう．

2-2　アンテナ

　アンテナは，GPS衛星が放送する電波を拾うセンサです．アンテナで拾うのは，－150 dBmクラスの微弱な信号です．アンテナには，アクティブ型とパッシブ型があります．パッシブ型は，アンテナ・エレメントだけを使用しています．アクティブ型はパッシブ・アンテナにLNA(Low Noise Amplifier)を加えたものです．

◆ パッシブ・アンテナ

　もっともポピュラなパッシブ・アンテナは，**写真2-3**に示すパッチ・アンテナです．
　誘電率を調整したセラミック基材の表面に電極を印刷し，裏面側にピンを突き出してこれをアンテナ出力としてGPSモジュールに信号を供給します．
　ピンを立てる位置を給電点と呼びます．この給電点は，アンテナ面の中心から少しずらしてあります．これはGPS送信信号の右旋円偏波(第6章で解説)を拾うための工夫です．

◆ アクティブ・アンテナ

　写真2-4に示すのは，パッシブ・アンテナとLNA，バッファ，フィルタなどを

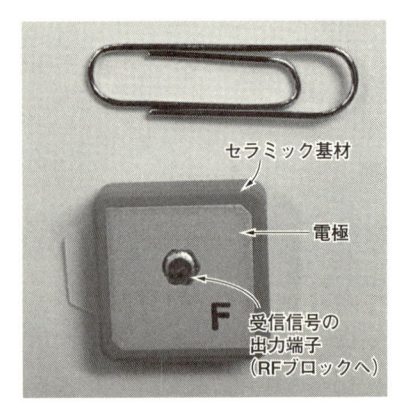

写真2-3 パッシブ型アンテナの例（パッチ・アンテナ）

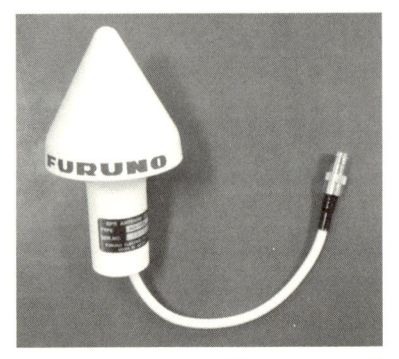

写真2-4 アクティブ型アンテナの例（Au‑117アンテナ，古野電気）

内蔵したアンテナ・モジュールです．

　図2-2にブロック図を示します．アンテナ直後のLNAは，アンテナで受信した微小信号をまず増幅し，バンドパス・フィルタ(SAWフィルタを使用する例が多い)を通した後にバッファ・アンプで送り出します．初段で微弱な信号を増幅すると，信号が雑音に埋もれにくくなり感度が上がります．

　図2-2のように，BPFの前にLNAを置くと，低い雑音指数(Noise Figure：NF)を実現できる反面，強いスプリアス雑音のある環境ではLNAが飽和して受信不能になるケースもあります．そこで雑音環境の厳しい場所での使用を想定して，Au‑117型アンテナ(**写真2-4**)のように，トップにもバンドパス・フィルタを挿入している受信機もあります．このタイプは，トップのフィルタの挿入損だけ感度が劣化するため，屋内では受信できないことがありますが，不要な電波や雑音の多い屋外では受信状態が良好です．

◆ 配線ロスへの配慮

　GPSモジュールとアンテナの距離が短い場合は，接続ケーブルのロスが無視できるため，パッシブ・アンテナを使用できます．長い場合は，受信信号レベルが減衰するため感度などに悪影響が出ます．

　ケーブルによる減衰が5 dBあれば，実効的な受信感度はそのまま5 dB劣化します．こういったケースではアクティブ・アンテナを使います．

　GH‑82(**写真2-2**)の例では，アンテナとGPS受信モジュールが一体化しているので，パッシブ・アンテナを使っています．カー・ナビゲーションでは，アンテナ

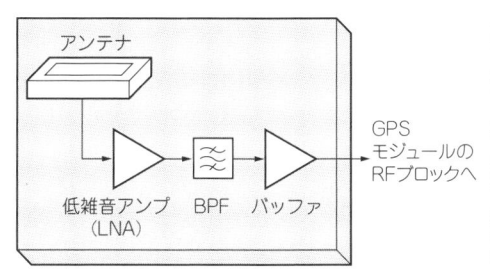

図2-2　アンテナとRFブロックの距離が大きいときに使うアクティブ・アンテナ
微弱な信号をいったん増幅すれば S/N の劣化を抑えて信号を引き回すことができる

写真2-5　携帯電話用のGPSアンテナの例
(1.6×1.6×8mm，太陽誘電)

の設置場所と信号処理部を離して設置するため，多くの場合においてアクティブ・アンテナが使用されています．

◆ 小型化するアンテナ

　携帯電話に組み込める，小型のGPS用チップ・アンテナが各社で開発されており，1.6×1.6×8mmといった小型のもの(**写真2-5**)もあります．

　これらのアンテナは直線偏波用です．GPS衛星から送信される電波は円偏波なので，偏波方式の違いに起因する損失が発生します．

2-3　RFブロック

　図2-3に示すのは，GPSのアンテナ・モジュールとRFブロック部(図2-1)です．
　GPS受信モジュール GN-80(古野電気)の内部ブロック図も合わせて示しました．これを例にして，RFブロックの働きを説明します．
　RFブロックは，アンテナからのアナログ信号を増幅したり，ディジタル信号に変換して，次段につながるベースバンド・ブロックで処理できる信号フォーマットに変換する役割を担っています．

■ L1帯の信号を抽出するBPF

◆ 高性能，小型，安価と三拍子そろったSAWデバイスを採用

　アクティブ・アンテナ・モジュールにはバンドパス・フィルタが接続されています．バンドパス・フィルタは，アンテナが出力するL1帯の高周波信号(1575.42 MHz)

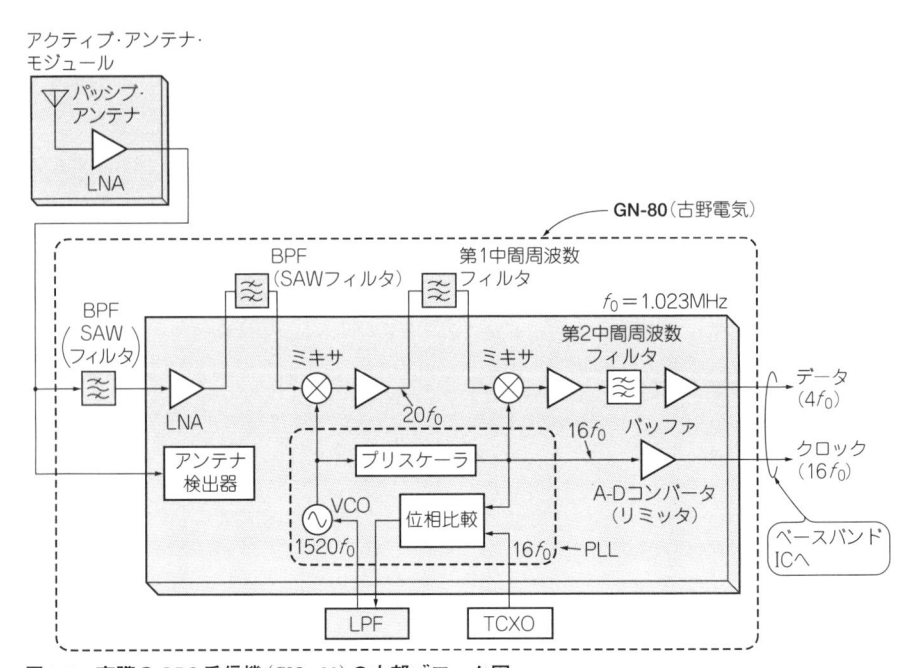

図2-3 実際のGPS受信機（GN‐80）の内部ブロック図

だけを抽出します．バンドパス・フィルタには，SAW（表面弾性波）型が多く使用されています．SAW型は，小型，高性能，安価なフィルタを比較的容易に作れる材料で，半導体製造のプロセスを利用して製造されます．GPS初期は，誘電体フィルタを使用していました．

SAWを使うと，通過帯域幅のとても狭いフィルタを作れます．通過帯域近傍の周波数特性はとても優れていますが，帯域外ではリプルが発生します．この部分では旧来の誘電体フィルタのほうが優れています．

■ RF IC

◆ 働き

RF ICは，1575.42 MHzの入力信号を増幅しA‐D変換して，ベースバンドICにデータ形式で手渡す役割を果たします．

ベースバンドの周波数は，次段に置かれるベースバンド処理回路の構成と密接に

関連するため，各GPSメーカが独自で決めています．通常4 MHz以下の帯域が採用されることが多いようです．

(1) 入力信号を増幅するLNA

初段に置く低雑音アンプです．ゲインは15 dB程度，雑音指数は1.5 dB程度のものが多いようです．ゲインと雑音指数が，受信系全体の雑音指数に大きく影響するため，各ICメーカは雑音指数の低いLNAの開発に腐心しています．

(2) 入力信号の周波数を低下させるミキサ

ローカル周波数を混合し，入力信号の周波数を中間周波数までダウン・コンバートします．このICの例では，ミキサを2段準備して，第1中間周波数(1st IF)，第2中間周波数(2nd IF)と2回に分けて周波数をコンバートする方式(ダブル・コンバージョン方式)が取られています．

受信した高周波信号を一気にベースバンド周波数まで下げる(ダウンコンバートする)シングル・コンバージョンが主流になりつつありますが，この方法は高感度化の障害になるイメージによる妨害を回避するのが困難です．イメージ・リジェクト・ミキサを使用して，イメージ信号による妨害を低減する工夫が施されています．結局，ミキサが2系統必要になるので，回路規模縮小のためにはベストな方法とは言えないようです．

(3) 選択度を高めるバンドパス・フィルタ

第1中間周波数と第2中間周波数段のそれぞれにバンドパス・フィルタを挿入して選択度を高めます．

図2-3に示すように，第1中間周波数フィルタは外付け，第2中間周波数フィルタはICチップに内蔵したものを使います．ここでは第1中間周波数が20 MHz程度となり，SAWフィルタでは大きくなりすぎるため，外付けで*LC*フィルタを構成しています．

(4) アナログ信号を2値に変換するA-Dコンバータ

周波数変換された第2中間周波数信号を，RF ICの最終段でディジタル信号に変換します．GN-80はA-Dコンバータではなく，リミッタで2値(1ビット)に変換しています．近年，GPSの高感度化を狙って，A-Dコンバータを採用して多ビット化するチップが増えています．

(5) PLL方式の周波数逓倍器

PLL(Phased Locked Loop)回路でミキサに入力するローカル信号を発生させます．VCO，ループ・フィルタ，位相比較器，そして基準周波数発生源で構成されています．

▶ VCO

電圧制御発振回路（VCO：Voltage Controlled Oscillator）です．直流電圧を入力とし，その電圧値によって発振周波数が変化します．

VCOの発振出力を1段目のミキサで入力信号と混合し，第1中間周波数を生成します．

このローカル発振周波数を分周したものと基準クロック（TCXO）の位相が一致するように，VCOの入力電圧が制御されます．結果的に，TCXOの分周比倍した安定した発振周波数が得られます．

▶ プリスケーラ

VCOの発振周波数を分周して，TCXOとの位相を比較するための信号を生成します．分周段の途中から第2局部発振周波数をベースバンドの基準クロックとして出力する回路（BUFF）ももっています．

▶ 位相比較器

TCXOの基準クロックと，プリスケーラで分周したVCO周波数の位相を比較し，その差分を出力します．

▶ ループ・フィルタ

位相比較器が出力するTCXOの基準クロックと，プリスケーラで分周したVCO周波数の差分をローパス・フィルタで平均化してVCOに入力します．

▶ 基準周波数源

基準周波数源は，RF ICが入力周波数をダウンコンバートするために必要なローカル信号を生成するために重要です．この信号は，ベースバンド部のサンプリング・クロックとしても利用されています．基準周波数源の性能は，GPS受信機の性能を左右するため，高い周波数安定度が要求されます．

GN-80の場合は，TCXO（Temperature Compensated Crystal Oscillator：温度補償水晶発振器）を利用しています．

TCXOの発振源に使われる水晶は，ATカットと呼ばれる品種です．ATカットの水晶で発振回路を構成すると，温度に対して3次のカーブで周波数変動が起こります．TCXOでは，温度変化に対して周波数の変化がフラットになるように温度補償回路が組み込まれています．

従来はサーミスタを使って温度補償をしていました．水晶の温度特性にばらつきがあるため，出荷段階の調整がたいへんでした．現在はこの部分がASIC化され，出荷段階で温度変動をキャンセルするようなパラメータをこのASICに記憶させることで，安定性を上げることに成功しています．

TCXOに求められる重要なスペックは，次の二つです．
(1) 温度に対する周波数安定性

温度変化に対して周波数がどの程度変化するかを表したスペックです．受信機の電源投入から測位を開始するまでの時間(TTFF：Time To First Fix)に影響を与えます．

通常，全動作温度範囲内で±2ppm程度の品種を使います．前述の温度補償用ASICの性能が上がり，±0.5ppmの品種も一般的です．特に高感度/高性能を実現するGPS受信機で使われます．

(2) 短期安定性

周波数の短期的な変動率を表すスペックです．受信機の感度に影響を与える可能性があります．

ジッタ成分の多少を表していると考えてください．周波数精度がある一定期間の平均周波数であるのに対して，短期安定性は周波数のゆれぐあいを示します．周波数精度は高いけれども，短期安定性は悪いという発振器も存在します．短期安定性は，ルートアラン分散や位相雑音で測定・評価するのが一般的です．

2-4　ベースバンド・ブロック

図2-4に示すように，ベースバンド・ブロックは大きく六つの要素で構成されて

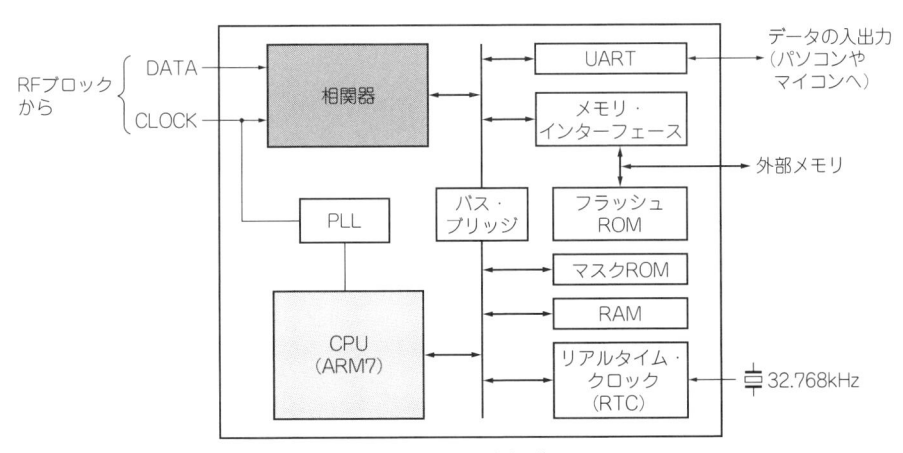

図2-4　GN-80に搭載されているベースバンドICの内部ブロック図

います．

■ 信号処理ブロック

◆ 16個の衛星を16個の相関器で一度に捕らえる

RFチップが出力する2値信号をデコードする信号処理ブロックです．第1章の図1-14に示される相関器と呼ばれるブロックの集合体です．

ここはCPUの設定にしたがって動作する16組の相関器から構成されています．表2-1に示されている「16チャネル，パラレル」は，GN-80が16組の相関器をもっていることを表しています．

16組の相関器はそれぞれ独立してC/Aコードを設定でき，同時に16個の衛星の信号を受信できます．

◆ 相関器の出力にピークが出るように位相制御

後述の「GPS信号のトラッキング」での説明に関連します．

衛星をトラッキング（追尾）するということは，どういうことでしょうか．

受信機自体も移動しますし，そもそも衛星が高速で飛行しており，衛星信号の入力位相は常に変化しています．この変化に追従しながら，相関値のピークを見つけ続けることをトラッキングと呼んでいます．

具体的には，どのようなやり方をしているのでしょう．うまく相関値のピークに追従するために，一定の間隔（位相差）をもつ3組の相関器を使います．図2-5を見てください．前の位相のものから順に，E(Early)，P(Punctual)，L(Late)と名前をつけましょう．

第1章で，受信したC/Aコードとレプリカ C/Aコードの位相が1チップ（C/Aコードの '1' と '0' の最小区分）以上ずれると，相関器出力のピークが出なくなると説明しました（図1-12）．そこで，三つの相関器E，P，Lの間の位相差も1チップ以下に設定します．

三つの相関器の出力値（V_E，V_P，V_L）が次のような関係になるように制御します．

$V_E = V_L$

$V_P > V_E$

$V_P > V_L$

図2-5の縦の破線は，E，P，Lの各相関器に設定された位相を示しており，位相差を0.5チップにしています．

図2-5(a)は，Pの位相がぴったり相関のピークに合っており，上記の式を完全に満足しています．位相制御器（第1章 図1-14）の制御量が擬似距離と一致している

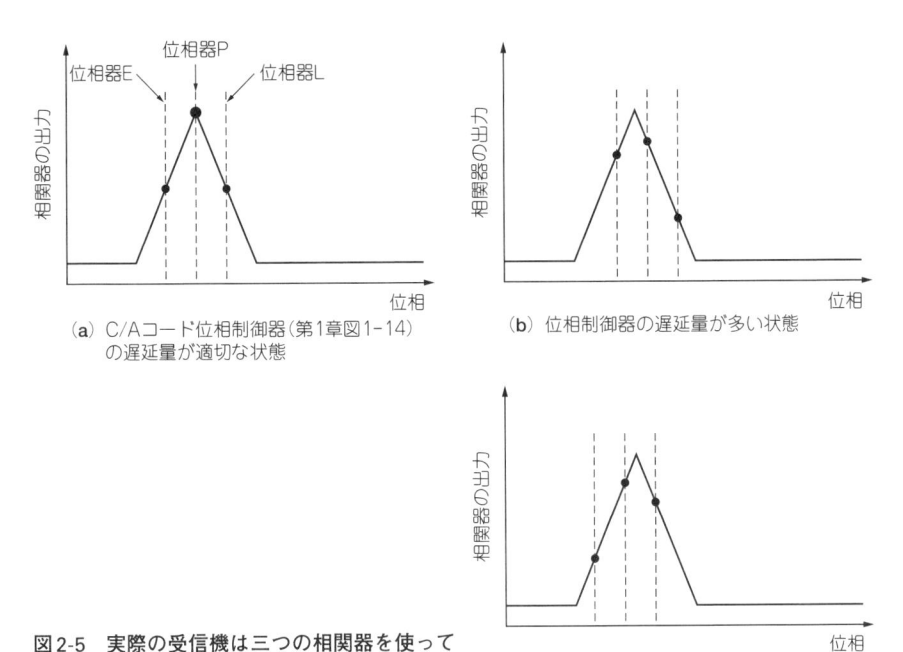

図2-5 実際の受信機は三つの相関器を使って相関値のピークを捕らえ続ける

(a) C/Aコード位相制御器(第1章図1-14)の遅延量が適切な状態

(b) 位相制御器の遅延量が多い状態

(c) 位相制御器の遅延量が少ない状態

状態です.

図2-5(b)は,$V_P > V_E$,$V_P > V_L$の関係は成り立っていますが,$V_E > V_L$となっています.位相を遅らせすぎているため,位相制御器は位相を進ませようとします.

図2-5(c)は,$V_E < V_L$となっています.位相が進みすぎているため,位相制御器は位相を遅らせようとします.

V_E,V_P,V_Lの相関値を見ながら,**図2-5(a)**の状態が続くようにフィードバック制御をかける操作が,衛星のトラッキングです.

実際の相関器は,各チャネル当たり相関器(E,P,L)を2個もっており,それぞれI(In‑phase),Q(Quodrature‑phase)と呼んでいます.

■ CPU

CPUの役割は主に次の六つです.

(1) GPS信号のトラッキング

CPUは,信号処理ブロックを制御して衛星信号を追尾(トラッキング)します.

この制御量が，衛星との距離を求めるときの基本になります．詳細は第1章を参照してください．

(2) NAVメッセージのデコード

CPUは，衛星信号をトラッキングしながら，衛星が送信しているNAVメッセージをデコードします．

デコードに失敗して，誤ったエフェメリス・データ(軌道情報)を使って位置を割り出してしまわないように，各GPSメーカは，NAVメッセージがもっているパリティを使用しています．独自のノウハウを使って，デコードしたデータの信頼性も確保しています．

(3) NAVメッセージの管理

CPUは，定期的に更新されるNAVメッセージを随時チェックして，バックアップ処理しています．

多くの受信機は，バックアップされているNAVメッセージによって，電源投入後の動作モードが切り替わります．一般に，

- コールド・スタート
- ウォーム・スタート
- ホット・スタート

の三つのモードに分けられます．

ホット・スタートとは，有効な時刻(RTC)やエフェメリスなどがバックアップされている状態の起動モードです．

ウォーム・スタートとは，有効な時刻はあるけれど，エフェメリスが無効(有効期間を過ぎている)状態の起動モードです．

コールド・スタートは，有効なバックアップ・データをいっさいもっていない状態です．工場出荷後に初めて電源投入したときの動作がこれに相当します．

これらの定義はGPSメーカによって異なることがあります．

(4) 測位計算

CPUは観測量とエフェメリス・データに基づいて，位置を計算します．カルマン・フィルタと呼ばれる推定計算手法が利用されています．

(5) 衛星予測計算

視野内の受信の可能性のある衛星の位置を計算します．電源投入時は，衛星の位置を計算で予測します．計算結果に基づいて，衛星を探す(サーチ)動作を行います．

(6) 外部とのインターフェース

ナビゲーション・ユニット本体のCPUと通信します．

■ ROM

GN-80のベースバンドICは，マスクROMをシリコン上に作り込んでいますが，フラッシュROMを外付けすることもできます．256KバイトのROMを内蔵していますが，高感度化/高性能化に伴ってCPUの処理量が増えているため，ROM容量は増加傾向にあります．

■ RAM

RAMは，バッテリ・バックアップ領域を含めて48Kバイトを内蔵しています．エフェメリスやアルマナック・データ，さらに測位に必要な各種パラメータは，このバックアップ・エリアに置かれて，電源投入から測位を開始するまでの時間（$TTFF$：Time To First Fix）が短くなるよう工夫されています．

■ リアルタイム・クロック(RTC)

バッテリ・バックアップ可能なリアルタイム・クロック(Realtime Clock)をもっています．リアルタイム・クロックは通常，電源投入時に一度参照されるだけですが，この時刻を利用して，最初に探す衛星の位置を予測計算するので，この時刻が大きく狂っていると，まったく測位を開始しない，$TTFF$が大幅に長くなる，などの問題が発生する可能性があります．RTCの信頼性も受信機の動作に大きく影響を与える部分です．

*

電源投入後のGPS受信機の動作を図2-6に簡単にまとめました．

■ インターフェース

パソコンや外部のCPUなどと通信する部分です．

GN-80は，UART(Universal Asynchronous Receiver Transmitter)を2チャネル準備しており，外部とシリアル通信を行います．一般的に見ても，UARTによるシリアル通信を行うモジュールがほとんどです．

■ 通信プロトコル

◆ 標準的なプロトコル「NMEA-0183」

多くのGPSモジュールが出力するデータは，ポピュラな通信プロトコルであるNMEA-0183(通称，NMEA)にのっとっています．NMEAは，National Marine

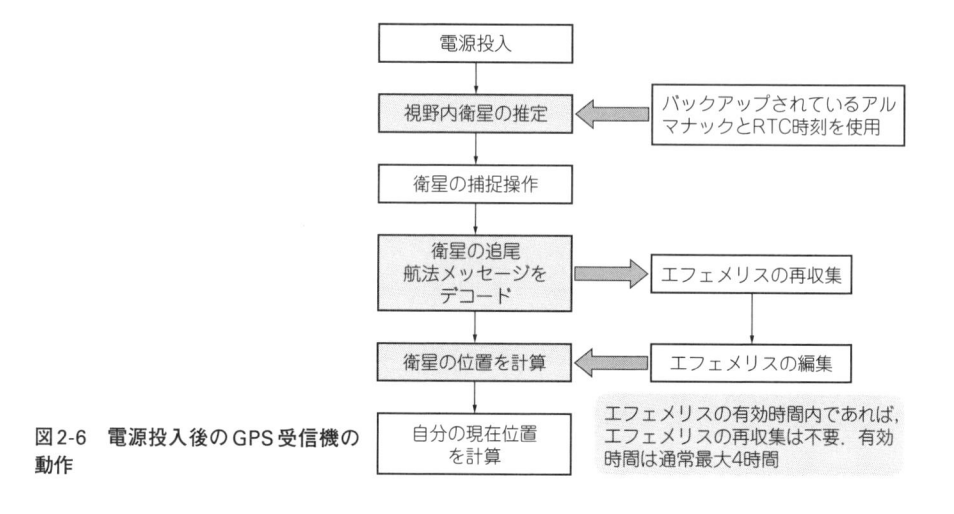

図2-6 電源投入後のGPS受信機の動作

Electronics Associationの略で，NMEA-0183フォーマットはこの団体が規定しています．

NMEA-0183は，キャラクタ通信を基本とした4800 bpsの調歩同期シリアル通信です．各センテンス（パケット）は最大80バイトに決められているため，多種類のデータを出力したくても，1秒間に最大六つのセンテンスしか出力できません．そこでフォーマットだけNMEAを採用し，転送レートを倍の9600 bpsやさらに19200 bpsとしているメーカもあります．

転送効率を上げるため，キャラクタ・ベースではなく，バイナリ・データを使った通信プロトコルを採用している例も多く見られます．

◆ 多くの地図ソフトウェアがサポートするデータ・フォーマット

市販の地図ソフトウェアの多くは，標準でNMEAフォーマットに対応しています．そのほとんどがGPRMCセンテンスを標準でサポートしています．

GPRMCセンテンスのフォーマットを**表2-2**に，データ例を**図2-7**に示します．

$GPRMCで始まるヘッダに続き，UTC時刻，有効/無効フラグ，位置データ（緯度，経度，高さ），方位（進行方向），スピード，UTC年月日などが順次出力されます．

各センテンスは可変長で，GPSモジュールは有効なデータがない場合，データを出力しないことがあります．**表2-2**のUTC Timeの備考欄にあるとおり，有効なデータがない場合にはヌル・フィールド（null field），つまりカンマで区切られただ

表2-2 NMEAフォーマット・データの構成要素

フィールド	意味		値のレンジ	図2-7の場合	データ長[バイト]	備考
1	UTC時刻(UTC Time)	時間(hh)	00〜23	12	2	測位が完了するまで, null(ヌル)を出力. 測位が完了したあとで, 受信状況が悪くなりデータが得られなくなった場合は, 最後に測位したデータを出力し続ける
		分(mm)	00〜59	34	2	
		秒(ss)	00〜59	56	2	
2	状態(Status)		AまたはV	A	1	A：データ有効, V：ナビゲーションへの警告
3〜4	緯度(Latitude)	角度	00〜90	34	2	
		分	00〜59	44	2	整数
		分	0000〜9999	0000	4	端数
		北か南か	NまたはS	N	1	
5〜6	経度(Longitude)	角度	000〜180	135	3	
		分	00〜59	21	2	整数
		分	0000〜9999	0000	4	端数
		東か西か	EまたはW	E	1	
7	速度(Speed)	kts	000.0〜999.9	005.6	5	情報が有効でない場合は, nullを出力
8	真飛行コース(True Course)	度	000.0〜359.9	123.5	5	情報が有効でない場合は, nullを出力
9	UTC時刻(UTC Time)	日(DD)	01〜31	02	2	測位が完了するまで, null(ヌル)を出力. 測位が完了したあとで, 受信状況が悪くなりデータが得られなくなった場合は, 最後に測位したデータを出力し続ける
		月(MM)	01〜12	01	2	
		年(YY)	02〜79	02	2	
10〜11	衛星の自差(Magnetic Deviation)	度	000.0〜180.0	001.0	5	Wの場合, 自差=$TRUE-DEV$. Eの場合, 自差=$TRUE+DEV$
		東か西か	WまたはE	W	1	
12	測位動作モードの指示		A, D, N	A	1	A：自立動作 D：DGPS(Differential GPS)動作 N：データ無効
13	チェックサム		−	−	2	−

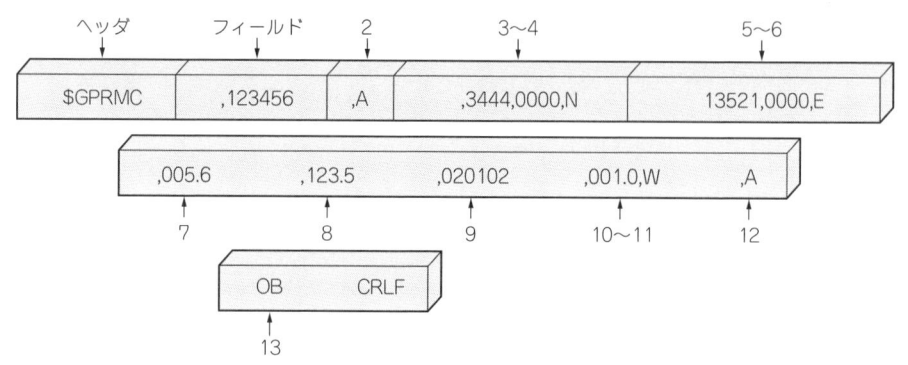

図2-7 NMEAフォーマット・データはいくつかのセンテンスで構成される

けの無効フィールドが出力されます．例えば電源投入後，測位するまでの間は，GPSモジュールから次のようなデータが出力されるかもしれません．

　　$GPRMC,,V,,,,,,,,N,〈checksum〉

　ここでは，データ・フィールド2の有効/無効とデータ・フィールドのモード表示(無効表示)だけデータがあり，あとはカンマとカンマの間に1キャラクタもないヌル・フィールドで埋められています．

　このようなデータ・フォーマットですから，ヘッダを検出して，バイト数を数えてデータを区別するというよくある受信プログラムを作ると破綻します．ヘッダを検出したら，カンマの数を数えてデータを区別するというのが正しい考え方です．

　NMEAでは，カンマのことをデリミタと呼んでいます．

第2章 Appendix A
GPS受信機の標準的な通信フォーマット「NMEA」

データの通信仕様と構成

NMEA-0183フォーマットは，名前のとおり船舶関係の電子機器の標準フォーマットとして生まれました．そのため，NMEAフォーマットのデータは，船の運航にかかわるさまざまなデータを含んでいます．GPSモジュールは，それらのデータの中からGPSのデータをやり取りする部分を切り出して使っています．

GPS開発初期は，多くの船舶エレクトロニクス機器を手がけているメーカがGPSを生産していたため，このフォーマットが事実上の標準として定着したものと思います．

① 通信仕様
表2A-1に示します．

② 標準的なセンテンスの構成方法
NMEAの標準センテンス（パケット）は，図2A-1(a) のような形式になっています．表2A-2に示すように，数字とアルファベットはASCIIコードで表現します．

▶ $

センテンスの開始を表すアルファベットです．NMEAのセンテンスはすべて$

表2A-1 NMEAフォーマット・データの通信仕様

項　目	内　容
通信ポート名	TD1，RD1
通信手順	無手順
通信仕様	全二重　調歩同期式
通信速度	4800 bps
スタート・ビット	1ビット
データ長	8ビット
ストップ・ビット	1ビット
パリティ・ビット	なし

| $ | アドレス・フィールド | ,data1,data2,data3,……………………,Checksum | CR | LF |

(a) 標準センテンス

| $ | P | メーカ・コード | ,data1,data2,data3,……………………,Checksum | CR | LF |

(b) メーカが定義するPセンテンス

図2A-1 NMEAフォーマット・データの標準的なセンテンスの構成

表2A-2 数字とアルファベットはASCIIコードで表現する

キャラクタ	コード	意味
CR	0D	キャリッジ・リターン．センテンスのエンドの境界
LF	0A	ライン・フィード．改行
$	24	センテンスのスタートの境界
*	2A	チェックサム・フィールドの境界
,	2C	フィールドの境界(デリミタ)

表2A-3 センテンスの種類を表すアドレス・フィールドのパラメータ例

アドレス・フィールド	データの種類
GPDTM	測地系
GPGGA	位置，測位時刻など
GPZDA	現在日時など
GPGLL	位置，測位時刻
GPGSA	測位状態，DOP
GPGSV	衛星情報など
GPVTG	速度，方位
GPRMC	位置，測位時刻，速度，方位

で始まります．

▶アドレス・フィールド

センテンスの種類を示します．5バイトの固定長です．よく使われるものを**表2A-3**に示します．初めの2バイトはトーカ(talker，発信者)IDで，機種ごとのコードを表します．GPSデータの場合はつねに"GP"で始まります．続く3バイト目は，センテンス・フォーマットと呼ばれ，含まれるデータの種類を表します．

▶データ・フィールド

実際のデータを格納している部分です．可変長で，必ずデリミタ","で区切られます．該当するデータがない場合は，ヌル・フィールド(null field)が送信されます．ヌルとは，データ・フィールドにキャラクタが入っていない状態のことです．フィールドのデータの信頼性が落ちているときや，有効なデータがない場合に使います．

▶チェックサム(checksum)

$の次のデータ($は含まない)から，チェックサム直前のデータまでのすべてのデータについてXOR（排他的論理和）をとり，その結果を2バイトのASCIIコードに変換して出力します．

▶CR/LF

センテンスの終了を示すターミネータとして，CR(キャリッジ・リターン)とLF(ライン・フィード)が使われます．

③Pセンテンス(**Proprietary Sentence**)

NMEAフォーマットでは，$からCR/LFまでの最大長は$とCR/LFを含めて82バイトに制限されています．多くのセンテンスを短時間に送りたくても，標準の通信速度で送れるのは最大でも六つです．このため多くのGPSメーカでは，NMEAネットワークに接続しない組込み用途においては，上記の仕様とフォーマットは遵守しつつ，通信速度を9600～19200 bpsに上げています．NMEA-0183では標準センテンスのほかに，メーカごとに定義できるセンテンスがあります．このセンテンスをPセンテンス(Proprietary sentence)と呼びます［**図2A-1(b)**］．GPSとの入出力を考慮して，GPSコマンドも通常このPセンテンスで定義されています．

▶$

$はセンテンスの開始を示すキャラクタです．標準センテンスと同じです．

▶P

Proprietary Sentenceであることを示すPが置かれます．

▶メーカ・コード

3文字のメーカ・コードが入ります．この3文字は自由に決定してよいのではなく，重複を避けるために，必ずNMEAに登録してからでないと出力できません．GN-80の場合，FECの3文字が入ります．

▶データ・フィールド

実際のデータを格納している部分です．独自フォーマットなので制約がありません．

▶チェックサム(checksum)

$の次のデータ($は含まない)から，チェックサムの直前のすべてのデータについてXOR(排他的論理和)をとり，その結果を2バイトのASCIIキャラクタに変換して出力します．

▶CR/LF

センテンスの終了を示すターミネータです．CR(キャリッジ・リターン)とLF(ライン・フィード)が使われます．

第2章 Appendix B

小型化するGPS受信モジュール

半導体技術と自動車や携帯機器への搭載により今後も進化する

◆ **サイズが大きい初期のGPS受信機**

　GPS受信機は，公の機関向けに開発されました．当時のレシーバは，受信機だけでもタワー形のデスクトップ・パソコンぐらいの大きさがありました．

　市販され始めたのは1980年後半で，船舶向けでした．当時，海洋で位置を測るシステムとして，ロランA，ロランC，デッカなどがありました(第1章 図1-4参照)．

　これらは近海でしか利用できませんでした．外洋で使えるのは，天測，サテナブ(旧式の衛星航法システム)，そしてオメガぐらいでした．いずれも，位置精度が悪く，1～3海里(1.8k～5.4km)もの誤差があり，外航船舶用の高精度な全地球測位システムが渇望されていたのです．

　最初に開発されたGPS受信機は，現在のカー・ナビゲーションと同じように，ブラウン管に航跡が表示されるものでした．ディスクリート部品で作られており，サイズは初期の受信機と同じぐらいの大きなものでしたが，どの海域でも約20mという高い位置精度が得られるため，サイズは問題にはなりませんでした．問題点といえば，1日にたったの3時間しか測位できないことでした．これは，GPS衛星の数が少なかったからです．

◆ **自動車への利用が始まりIC化が進む**

　1990年ごろ，あちこちのメーカからカー・ナビゲーション・システムが発売されるようになりました．衛星の数が増えてほぼ24時間の測位が可能になったのです．

　自動車という分野で，GPSが爆発的に普及することは容易に想像できることでした．そのため，大量生産が前提の半導体GPS受信ICも現実的になり，いっきに小型化と低コスト化が進む状況が整いました．狭い車内で利用するのですから小

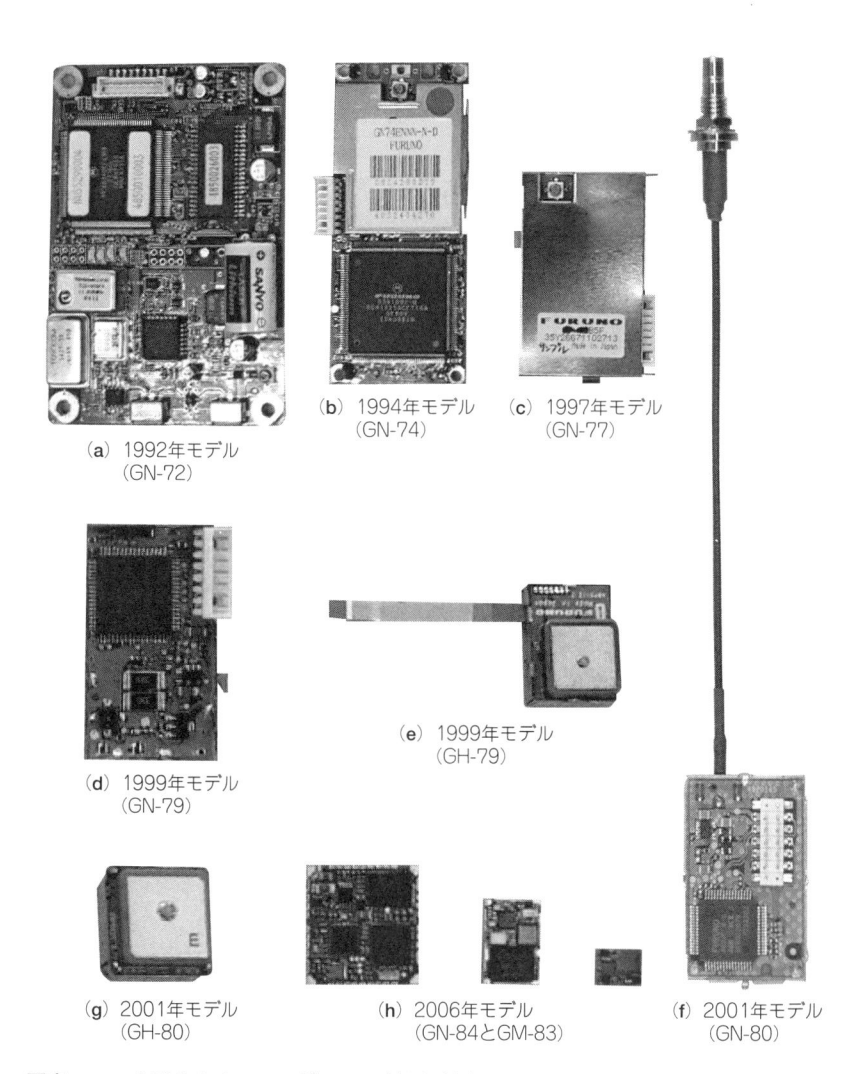

(a) 1992年モデル (GN-72)
(b) 1994年モデル (GN-74)
(c) 1997年モデル (GN-77)
(d) 1999年モデル (GN-79)
(e) 1999年モデル (GH-79)
(g) 2001年モデル (GH-80)
(h) 2006年モデル (GN-84とGM-83)
(f) 2001年モデル (GN-80)

写真2B-1 小型化するGPSモジュール(古野電気)

型化は必須です．

写真2B-1(a)は，1992年に車載規格を満たした本格的なナビゲーション用受信機です．GPS専用回路である相関器を一つに集積していましたが，CPUやメモリ，TCXOやフィルタ，アナログICなどのサイズが大きかったため(**写真2B-2**)，なんとか本体に押し込むような状態でした．しかも高価だったために，十分に普及し

ませんでした．

◆ 半導体技術の進歩によるGPSモジュールの簡素化と小型化

　1990年代後半，急激に半導体の集積化が進み，次々と部品が統合されていきました．

　写真2B-1からわかるように，世代が代わるたびにサイズが1/2ずつ小さくなっています．

　図2B-1(d)，(e)に示すように，1999年モデルはほぼ完全な2チップ構成です．1999年モデル(GN-79)は，微細化された半導体プロセスで作られたディジタルICを搭載して，大幅に小型化されました．このディジタルICは，M-ROMとS-ROMも集積しています．世界ではじめて発売されたGPS腕時計に搭載されたのは，この1999年モデルです．

◆ 携帯電話へGPSレシーバの搭載の義務化

　当時は，携帯電話市場も急拡大している時期だっため，その影響でディスリート部品に至るまで電子デバイスの小型化が進みました．1999年モデルのGH-79は，一般向けに開発されたアンテナ一体型の初代携帯型GPS受信機です．

　カー・ナビゲーションは，GPS機能を巨大ASICに取り込んでコストを低減しました．ナビゲーション用のCPUをシステムのメインCPUとして利用する手法も一般化されています．

　2005年ごろ米国のE911(Enhanced 911)にならい，2007年から国内でも携帯電話にGPSレシーバの搭載が義務付けられました．E911は，米連邦情報通信委員会(FCC)によって開発された技術です．携帯電話から緊急通報ダイヤル911(日本で言えば110番に相当するもの)連絡を行い，同時に通話者の位置を特定するものです．

　どんな携帯電話も求められるのは，低電力化，小型化，高感度化です．この要求に沿って開発されたのが，写真2B-1(h)に示すGM-83です．わずか6×9×1mmの基板に高周波回路とベースバンド機能が搭載されています．位置の演算は，頻度が少ないため，携帯電話のメインCPUで行う仕様となっています．ベア・チップICが基板に直接貼り付けられています．

　今後これらの技術と低コスト化により，GPS受信機はほかの機器にも普及していくでしょう．内部を見てもどこにGPS受信機があるのかわからない組み込み機器が誕生する日も近づいています．

◆ ワンチップ化するRF IC

　GN-80[写真2B-1(f)]をはじめとして，最近のRF ICは，LNA，ミキサ，PLL，第2中間周波数フィルタ，A-Dコンバータがすべてワンチップに収まっています．

(a) 1992年モデル (GN-72)	(b) 1994年モデル (GN-74)	(c) 1999年モデル (GN-79)	(d) 2001年モデル (GN-80)
低雑音アンプ（LNA）	低雑音アンプ（LNA）	低雑音アンプ（LNA）	・低雑音アンプ（LNA） ・第1ミキサ ・第2ミキサ ・PLL ・第1中間周波数用アンプ ・第2中間周波数用アンプ ・A-Dコンバータ ・アンテナ電流検出回路 ・中間周波数用BPF
第1ミキサ	・第1ミキサ ・第2ミキサ ・PLL ・第1中間周波数用アンプ ・第2中間周波数用アンプ ・A-Dコンバータ	・第1ミキサ ・第2ミキサ ・PLL ・第1中間周波数用アンプ ・第2中間周波数用アンプ ・A-Dコンバータ	
・第2ミキサ ・PLL			
第1中間周波数用アンプ			
・第2中間周波数用アンプ ・A-Dコンバータ ・アンテナ電流検出回路	アンテナ電流検出回路	アンテナ電流検出回路	1.5GHz BPF
中間周波数用BPF	中間周波数用BPF	中間周波数用BPF	高精度発振器（TCXO）
1.5GHz BPF	1.5GHz BPF	1.5GHz BPF	・CPU ・ベースバンド ・SRAM ・マスクROM ・FROM
高精度発振器（TCXO）	高精度発振器（TCXO）	高精度発振器（TCXO）	
CPU	・CPU ・ベースバンド	・CPU ・ベースバンド ・SRAM ・マスクROM	
ベースバンド	SRAM		
SRAM	マスクROM		
マスクROM			

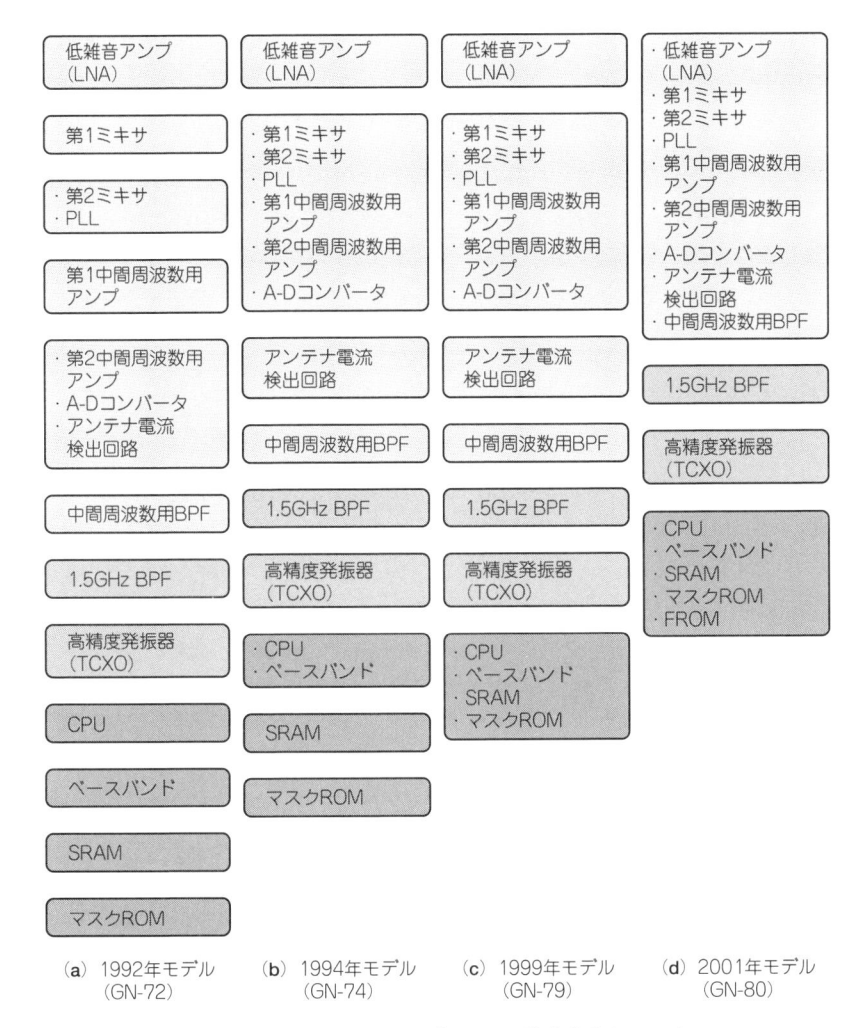

図2B-1 半導体技術の進歩とともにGPSモジュールは簡素化されている

その効果で，RFブロックを構成するために必要な部品点数は少なくなりました．

初期のGPS受信機（**写真2B-2**）は，LNAやミキサ（ミキサ），PLL（VCOとプリスケーラ（分周器）さらに位相比較器から構成），第1中間周波数フィルタ，第2中間周波数フィルタ，A-Dコンバータ（リミッタ）などを，個別部品を使って組み上げていました．このころは高速で低雑音/低消費電力の半導体プロセスが存在しませ

(a) 表面

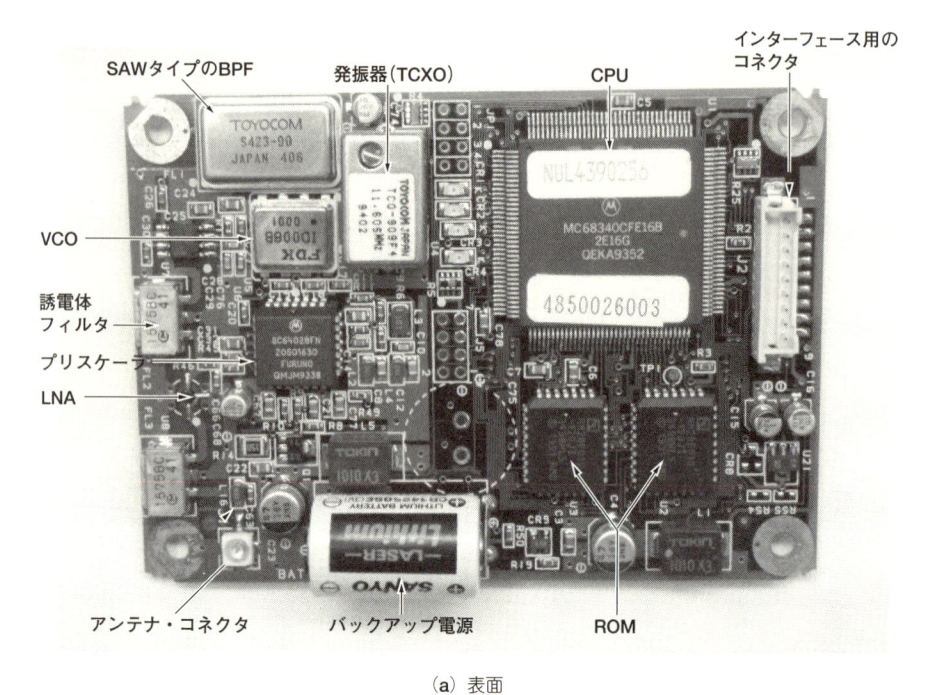

写真2B-2 初期のGPSモジュール（1992年，GN-72）

　んでした．そのためLNAやVCO，プリスケーラなどの1.5 GHzで高速動作する部分にはガリウムひ素（GaAs）やECL（Emitter-Coupled Logic）デバイスを，中間周波数（IF）以降の比較的低周波で動作する部分にはバイポーラ・デバイスを使わざるをえず，ワンチップ化はできませんでした．

　写真2B-3に示すのは，LNA，RFブロック，ベースバンドICが搭載されたGPSモジュールGH-82の外観です．**写真2B-2**と比較してみてください．いかに簡素化されたかがわかると思います．

　最近は，シリコン・ゲルマニウム（SiGe）のプロセスを使った低雑音かつ高速・低消費電力に動作するトランジスタを集積できるようになり，RF部分のワンチップ化が実現しました．さらにRFブロックとベースバンドの完全ワンチップ化も見えてきました．

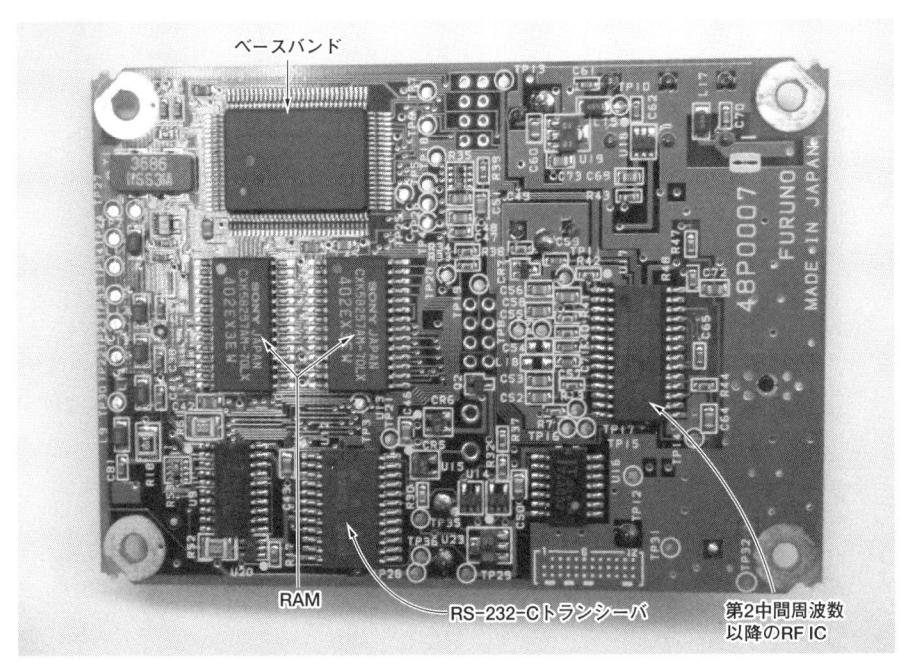

(b) 裏面

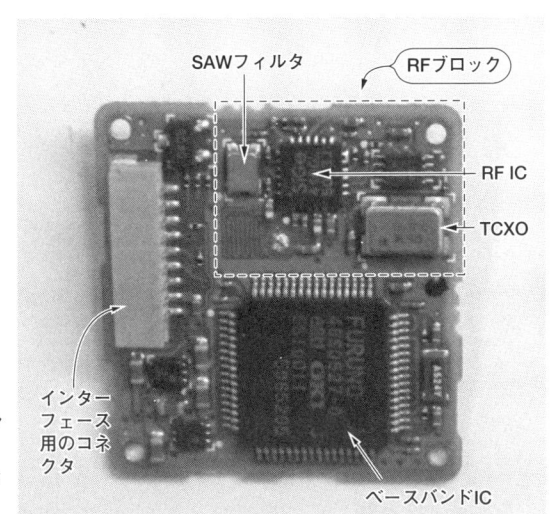

写真2B-3　最近のGPSモジュール（GH-82）
ワンチップ化が進みシンプルで小型なモジュールに仕上げられている

Appendix B　小型化するGPS受信モジュール　第2章

第3章

GPSのしくみと応用技術

受信データの中身と現在地の算出方法
GPS時刻や衛星の健康状態がわかる

GPS受信機は複数の衛星から「航法メッセージ・データ」を受け取ります．このデータには，GPS受信機の位置の算出に必要な衛星の軌道データや各種補正データが含まれています．ここではGPS受信機の位置の算出方法や航法メッセージ・データの構成について解説します．

　GPS受信機は，3基以上のGPS衛星が送信した電波を受信して，時刻と現在位置を測定する装置です．この装置はカー・ナビゲーション・システムに広く利用され，車の位置を地図上に表示する目的に利用されています．
　本章では，位置を計算するために必要な疑似距離の測定方法や航法メッセージ・データの内容について解説します．

3-1　GPS受信データの復調

◆ GPS受信機の構成
　図3-1に示すように，GPS衛星から送信された電波は，一般にロー・ノイズのプリアンプ（LNA）を内蔵したGPSアンテナで受信します．受信された信号は，GPS受信機内部のLNA（高周波増幅器）で増幅され，一般の無線機と同様に局部発振器と混合されて中間周波数（IF）信号に変換されます．
　IF信号は中間周波数増幅部で増幅され，A-D変換器を通してディジタル信号となります．このA-D変換器は，1～2ビットのディジタル信号に変換するものが一般に使用されています．

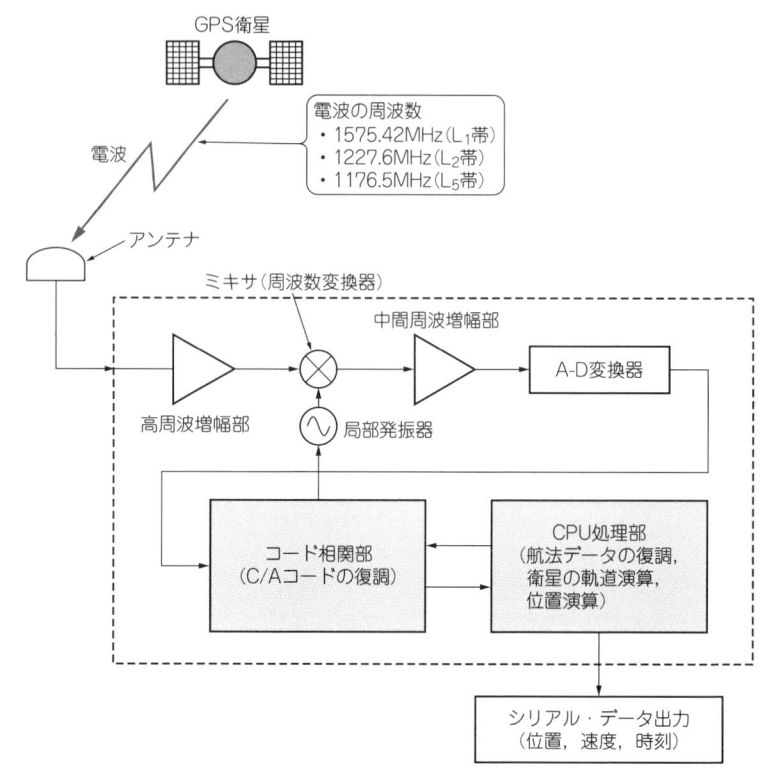

図3-1 GPS受信機の内部構成

　ディジタル化した信号は，1.023 MHzの周波数で1023個の乱数（疑似ランダム・コード）で構成されるC/Aコードです．主にハードウェアで構成されたコード相関部で各衛星固有のC/Aコードと比較され，コード復調が行われます．各GPS衛星には衛星の登録数の1～32までの固有のコードが割り振られています．

　C/Aコードを復調すると，C/Aコードで180°位相反転された航法メッセージ・データが現れます．この復調はCPU処理部で行います．この航法メッセージ・データには，GPS受信機で位置の算出に必要な衛星の軌道データや各種補正データが含まれています．

◆ キャリア信号とC/Aコードの関係

　C/Aコードの変調波形の例を図3-2に示します．
　L_1帯のGPS電波のキャリア周波数1575.42 MHzで，各GPS衛星固有のC/Aコー

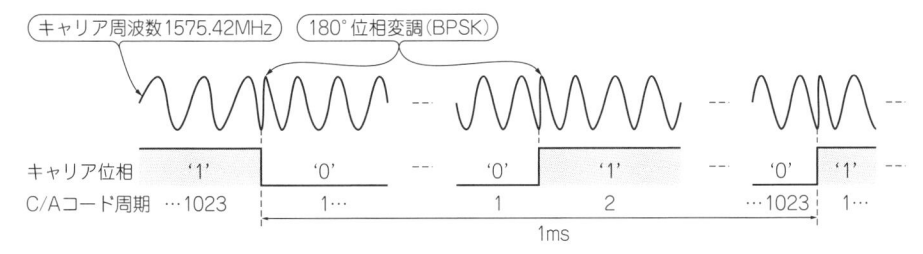

図3-2 C/Aコードの変調方式

図3-3 航法メッセージ・データの変調方式

ドで180°位相変調されて送信されています．この180°の位相状態，すなわち元の状態を '1' とすると，位相が変化した状態が '0' となり，'1'，'0'，'1'，…の変化が衛星固有のC/Aコードのパターンになります．

この '1' または '0' の最小の間隔が1.023 MHzの周波数で，この間隔に1575.42 MHzのキャリアの数は1540個になります．C/Aコードは，これら '1' または '0' の1023個の変化からなり，1 msで繰り返します．

◆ **C/Aコードと航法メッセージの関係**

図3-3に航法メッセージ・データの変調のようすを示します．

メッセージ・データは，C/Aコードの180°の位相反転（'1' → '0' または '0' → '1'）が，C/Aコードの20個ごとに変化します．この一つのデータは20 msの長さになります．

◆ **航法メッセージ・データの構成**

図3-4に示すように，航法メッセージ・データは全体で25フレームで構成されています．一つのフレームは5個のサブフレームから構成されています．

サブフレームは300ビットで構成されており，1ビットのデータ長は20 msです．1サブフレームの周期は6秒で，フレーム全体（5サブフレーム）で1500ビットになります．したがって，1個のフレームの周期は30秒になります．

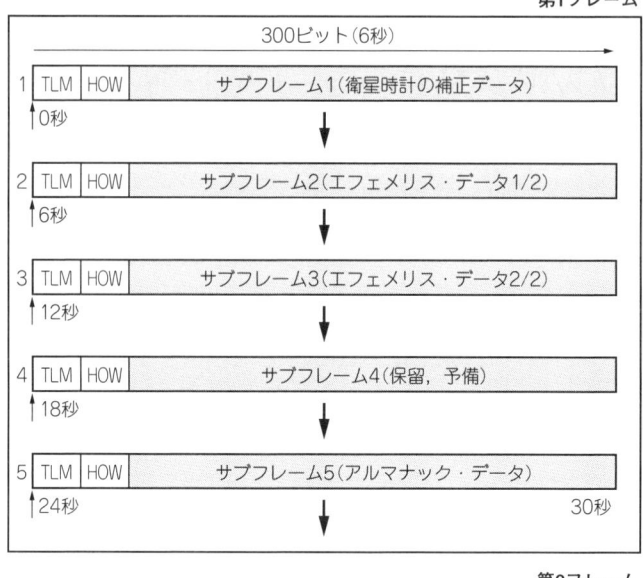

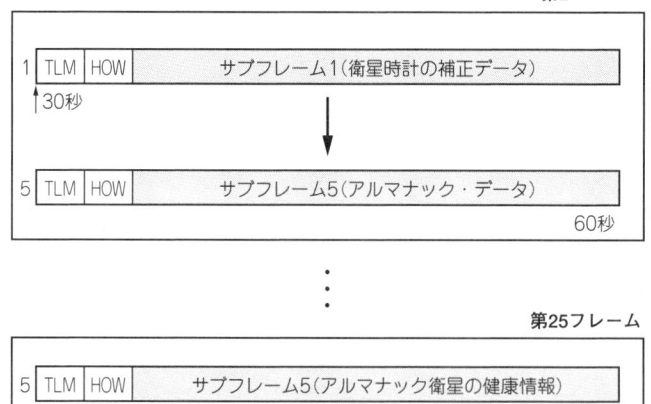

図3-4 航法メッセージ・データの構成

　全体のデータ数は25フレームですので，周期は30秒×25＝12.5分になります．GPSレシーバは電源投入後の初期時に，これら必要なすべてのデータを収集するのに12.5分を要します．

GPS受信機は内部のバックアップ電池によって過去に収集したデータを保持しており，電源起動後にそのデータを読み出すことで，すばやく測位モードに移行します．

◆ サブフレームの内容

各サブフレームは，先頭を示すテレメータ語(TLM)，ハンドオーバ語(HOW)からなります．各フレームは，衛星時計の補正データ，エフェメリス・データ，電離層補正パラメータ，UTC補正パラメータ，衛星の健康情報やアルマナック・データなどを含んでいます．

これらのデータは，各衛星固有のエフェメリス・データや衛星時計の補正データなどを除いて，共通なデータとして放送されています．

▶ TLM(TeLemetry Word)

各サブフレームの先頭を示すコードと，地上管制局の情報が含まれています．

▶ HOW(Hand Over Word)

6秒単位の時間があり，これは次のサブフレームの時刻を示すものでZカウントと呼ばれるものです．GPS時刻の週の初めの日曜日の0時から始まる1週間時計です．

▶ 衛星時計の補正データ

各衛星には精確な原子時計が搭載されていますが，長い時間が経過すると時刻のずれが生じます．このずれを補正するときに利用する補正データは，受信機がもっています．

▶ エフェメリス・データ(ephemeris data)

位置演算に使用する衛星の精確な位置を示す軌道データで，放送した衛星番号の衛星のみが使用する衛星固有のデータです．

▶ アルマナック・データ(almanac data)

エフェメリス・データの簡易版です．受信した衛星を含めて運行しているすべての衛星の簡易的な軌道データです．GPS受信機が現在位置と時刻を求めるに当たり，使用可能な衛星を見つけるために利用します．

▶ 衛星の健康情報

各衛星内部の働きの状況を示すパラメータで，地上局で監視して異常があると衛星に知らせています．GPS受信機では，各衛星の健康情報をチェックし，位置の演算に適さない衛星の使用を禁止します．

3-2　位置算出の方法

◆ 測位の原理

　GPS受信機で現在位置を算出するためには，各衛星から測定する疑似距離や衛星の位置が必要です．

　図3-5の X, Y, Z 軸は，地球の中心を原点として，自転軸の北極方向を Z 軸，グリニッジ子午線の赤道の方向を X 軸，その経度90°方向を Y 軸とした地心直交座標系です．

　ユーザの位置を (x, y, z)，各衛星の位置を (X_i, Y_i, Z_i)，またユーザ位置から衛星までの距離を R_{pi} とします．ここで i は衛星番号で $i = 1\sim4$ です．R_{pi} は，GPS受信機内で測定した疑似距離 R_i に誤差ぶんの S を付加した形になります．

　疑似距離とは，時刻ずれを含んだ見かけの距離のことをいいます．図3-6は，ユーザと i 番目の衛星との距離の関係を示しています．真の距離 R_{pi} は衛星とユーザの時計が同期していれば，直接に測定できます．しかしユーザ側のGPS受信機は，衛星の原子時計と同じ高価な時計を用いることができません．安価な水晶発振器を用いるために，衛星時間とずれが生じます．

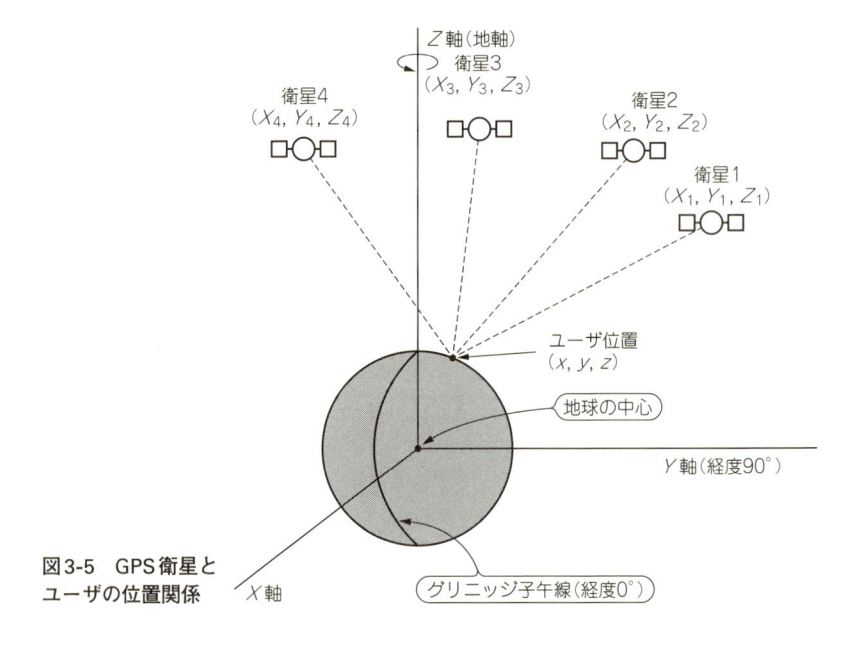

図3-5　GPS衛星とユーザの位置関係

◆ 計算

疑似距離の計算は図3-7のように行います．図3-7は，1〜4衛星のC/Aコードがユーザ位置に到達したときの関係を示しています．

ユーザの受信機で，t_0時刻を基準にして各衛星（1〜4）からのC/Aコードの立ち

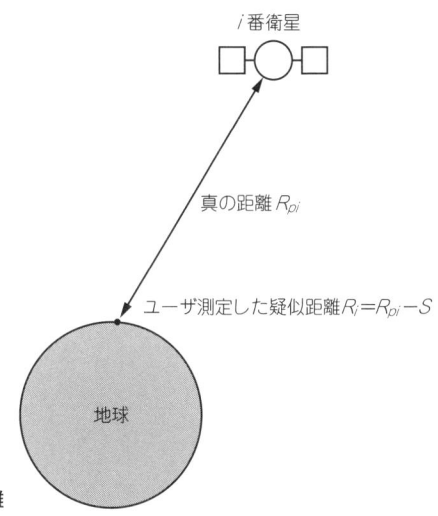

図3-6 GPS衛星とユーザとの距離

（真の距離 R_{pi}、ユーザ測定した疑似距離 $R_i = R_{pi} - S$）

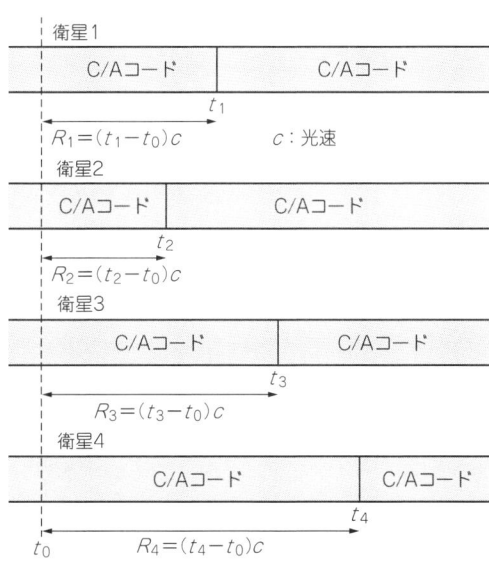

図3-7 各GPS衛星との疑似距離

衛星1： $R_1 = (t_1 - t_0)c$　　c：光速

衛星2： $R_2 = (t_2 - t_0)c$

衛星3： $R_3 = (t_3 - t_0)c$

衛星4： $R_4 = (t_4 - t_0)c$

上がりまでの時間を計測します．すると，ユーザと各衛星までの疑似距離 R_i は，測定した時間 $(t_i - t_0)$ に光速 c を掛け合わせた値となります．

以上から，3次元でのピタゴラスの定理から次の四つの式が成り立ちます＊．

- $(X_1 - x)^2 + (Y_1 - y)^2 + (Z_1 - z)^2$
  $= R_{p1}{}^2 = (R_1 + S + \Delta r_1)^2$
- $(X_2 - x)^2 + (Y_2 - y)^2 + (Z_2 - z)^2$
  $= R_{p2}{}^2 = (R_2 + S + \Delta r_2)^2$ .... (3-1)
- $(X_3 - x)^2 + (Y_3 - y)^2 + (Z_3 - z)^2$
  $= R_{p3}{}^2 = (R_3 + S + \Delta r_3)^2$
- $(X_4 - x)^2 + (Y_4 - y)^2 + (Z_4 - z)^2$
  $= R_{p4}{}^2 = (R_4 + S + \Delta r_4)^2$

式(3-1)において，各衛星位置 (X_i, Y_i, Z_i) は航法メッセージ・データから求めます．Δr_i は，宇宙空間で運行する衛星からの電波が電離層や対流圏での屈折によって遅延するため，この補正の距離になります．電離層遅延量は航法メッセージの電離層パラメータから，対流圏の遅延量はユーザと衛星との仰角に関係した簡易式から求めることができます．

よって，式(3-1)の4連立方程式を解くことで，ユーザ位置 (x, y, z) と時計誤差 S の四つの未知数が求まります．

式(3-1)は2次の非線形のため直接代数的に解くことができないので，近似式に変換し，収束方式で解くのが一般的です．

◆ 測地系による相違がある

ユーザ位置 (x, y, z) は地心直交座標系であるため，GPSの測地系の緯度，経度，高さに変換してユーザが利用します．

この緯度，経度，高さへの変換の座標系は「WGS-84測地系」と呼ばれています．WGS-84測地系は，1984年に世界基準測地系として制定されました．

カーナビゲーションなどで使用されている日本測地系は，このWGS-84測地系とは異なります．使用する地図により測地系が異なりますので，地図の測地系に合わせてGPS受信機の測地系を選択する必要があります．

日本測地系とWGS-84測地系とは，約500mほどのずれがあります．

＊：未知数が四つの場合は最低4基の衛星の位置と疑似距離データが必要になるが，事前に地上からの高さがわかっていれば三つの衛星の位置と疑似距離データで位置を求められる．例えば4番目の式の衛星位置 (X_4, Y_4, Z_4) を地球の中心を $(0, 0, 0)$ とし，ユーザ位置の地上の高さまでの距離を計算して R_{p4} に代入すれば式(3-1)が成り立つ．

3-3　航法メッセージ・データの詳細

図3-8に，GPS航法メッセージ・データの詳細を示します[1]．各データには，誤り防止用に6ビットのパリティ・データが付加されています．

◆ サブフレーム1

サブフレーム1は次のようなデータから構成されています．

▶ WN

WNから現在の年月日と曜日がわかります．

10ビット構成で，単位はGPS時計の1週間で，約19.6年周期の時計です．元期は1980年1月6日が開始日ですが，すでに1周期が過ぎて2周期目に入っています．

▶ C/Aの精度

この値が大きい衛星のデータを使用すると位置精度の劣化につながります．4ビット構成で，0〜15の値から受信した衛星番号の位置精度を示します．

▶ 衛星の健康情報

良否のほかL_1やL_2のPコードの健康情報も含まれています．データは6ビットからなります．

▶ IODC

衛星の時計補正データの発行時刻を示します．このデータはサブフレーム2,3のエフェメリス・データの発行時刻(IODE)と比較され，不一致がある場合(データの更新時に当たる)，一致するまで再度，各フレーム・データを取り直す必要があります．

▶ T_{GD}

この値は，軍用ユーザのYコードのL_1とL_2間の電離層の遅延量を示します．一般のC/Aコードを利用するユーザには使用できません．

▶ 衛星時刻補正データ

測定した衛星の時刻の補正項で，補正発行時のt_{OC}やa_{f0}，a_{f1}，a_{f2}の係数から測定時刻のずれを計算し，真の衛星時刻を求めるために使用します．さらに，これらの補正に衛星の楕円軌道に関係する相対性理論による時刻ずれを加えます．

◆ サブフレーム2, 3

サブフレームNo.2とNo.3のペアが，衛星のエフェメリス・データです．通常1時間で更新されます．表3-1に，各パラメータの概要を示します．

一度収集したデータは最大4時間程度まで使用可能ですが，時間経過とともに衛

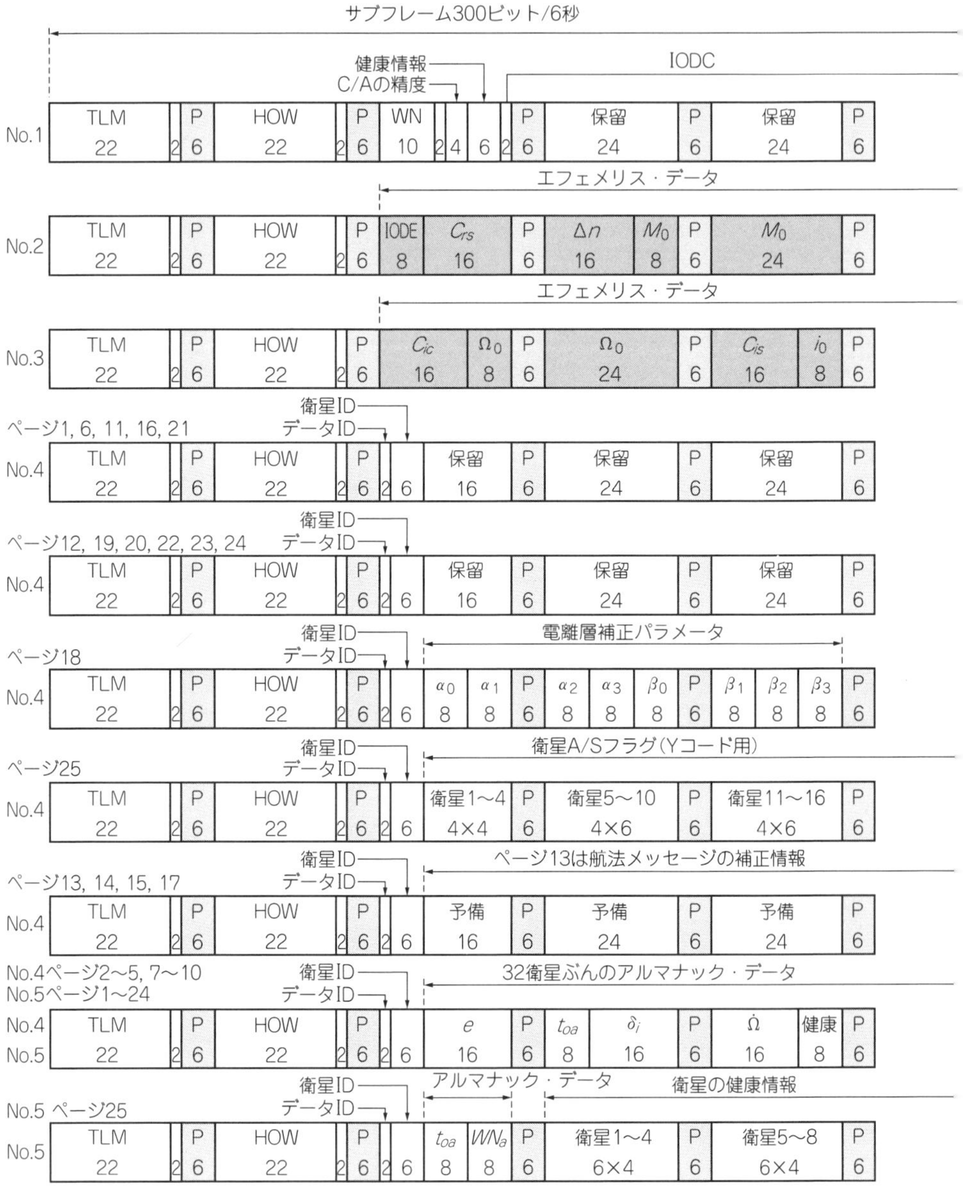

図3-8(2) GPS航法メッセージ・データの全容

サブフレーム300ビット/6秒

IODC ← → 衛星時計の補正データ

| 保留 24 | P 6 | 保留 16 | T_{GD} 8 | P 6 | IODC 8 | t_{oc} 16 | P 6 | a_{f2} 8 | a_{f1} 16 | P 6 | a_{f0} 22 | 2 | P 6 |

エフェメリス・データ
　　　　　　　　　　　　　　　　　　　　　　　　　　AODO ─┐

| C_{uc} 16 | e 8 | P 6 | e 24 | P 6 | C_{us} 16 | $A^{\frac{1}{2}}$ 8 | P 6 | $A^{\frac{1}{2}}$ 24 | P 6 | t_{oe} 16 | 6 | 2 | P 6 |

エフェメリス・データ

| i_0 24 | P 6 | C_{rc} 16 | ω 8 | P 6 | ω 24 | P 6 | $\dot{\Omega}$ 24 | P 6 | IODE 8 | IDOT 14 | 2 | P 6 |

| 保留 24 | P 6 | 保留 24 | P 6 | 保留 24 | P 6 | 保留 8 | 保留 16 | P 6 | 予備 22 | 2 | P 6 |

| 保留 24 | P 6 | 保留 24 | P 6 | 保留 24 | P 6 | 保留 8 | 保留 16 | P 6 | 予備 22 | 2 | P 6 |

UTC補正パラメータ

| A_1 24 | P 6 | A_0 24 | P 6 | A_0 8 | t_{ot} 8 | WN_t 8 | P 6 | Δt_{LS} 8 | WN_{LSF} 8 | DN 8 | Δt_{LSF} 8 | 予備 14 | 2 | P 6 |

衛星A/Sフラグ(Yコード用) ← → 衛星の健康情報

| 衛星17〜22 4×6 | P 6 | 衛星23〜28 4×6 | P 6 | 衛星29〜 32 4×2 | 25 2 | P 6 | 衛星26〜29 6×4 | P 6 | 衛星30〜32 6×3 | 4 | 2 | P 6 |

ページ13は航法メッセージの補正情報

| 予備 24 | P 6 | 予備 24 | P 6 | 予備 24 | P 6 | 予備 24 | P 6 | 予備 22 | 2 | P 6 |

32衛星ぶんのアルマナック・データ

| $A^{\frac{1}{2}}$ 24 | P 6 | Ω_0 24 | P 6 | ω 24 | P 6 | M_0 24 | P 6 | a_{f0} 8 | a_{f1} 11 | 3 | 2 | P 6 |

衛星の健康情報　　　　　　　　　　　　　　　　　　　　　　　ブロックⅡF衛星用

| 衛星9〜12 6×4 | P 6 | 衛星13〜16 6×4 | P 6 | 衛星17〜20 6×4 | P 6 | 衛星21〜24 6×4 | P 6 | 保留 6 | 暦 16 | 2 | P 6 |

表3-1　衛星の位置を示すエフェメリス・データの各パラメータ

パラメータ	役割
IODE	エフェメリス・データを発行した時刻
C_{rs}	衛星軌道半径の補正に使用
Δn	衛星の平均運動の補正に使用
M_0	平均近点離角(ある時刻での衛星の軌道面上の位置を示す角度)
C_{uc}	衛星軌道の補正に使用
e	衛星の楕円軌道の離心率
C_{us}	衛星軌道の補正に使用
$A^{1/2}$	衛星軌道の長半径の平方根
t_{oe}	エフェメリス・データの基準時刻
C_{ic}	衛星軌道傾斜の補正に使用
Ω_0	週の初め時刻の昇交点赤径
C_{is}	衛星軌道傾斜の補正に使用
i_0	基準時刻での軌道傾斜角(衛星軌道の赤道面からの角度)
C_{rc}	衛星軌道半径の補正に使用
ω	近地点引き数(衛星軌道の地球からの近地点方向と昇交点方向とのなす角度)
$\dot{\Omega}$	Ω_0の昇交点赤径の変化率
IDOT	軌道傾斜角の変化率

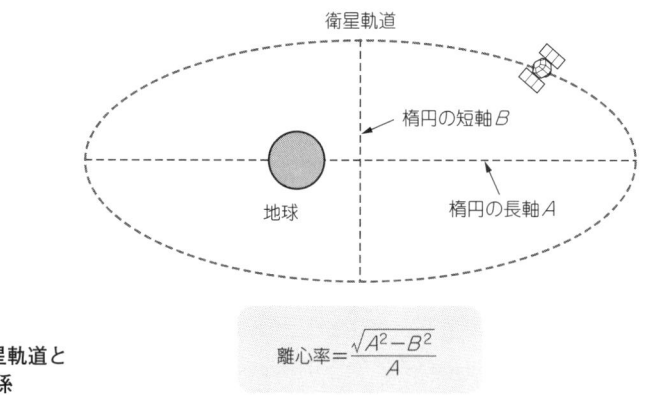

図3-9　衛星軌道と離心率の関係

$$離心率 = \frac{\sqrt{A^2 - B^2}}{A}$$

星位置の誤差が増加するため，GPS受信機で測定した位置精度の低化につながります。

▶ IODE, t_{oe}

　このエフェメリス・データ発行時刻は，サブフレーム2と3にあり，前項のサブフレーム1のIODCとともに，一致したときに各データが使用可能となります。

　t_{oe}はエフェメリス・データを発行した時刻を示します。

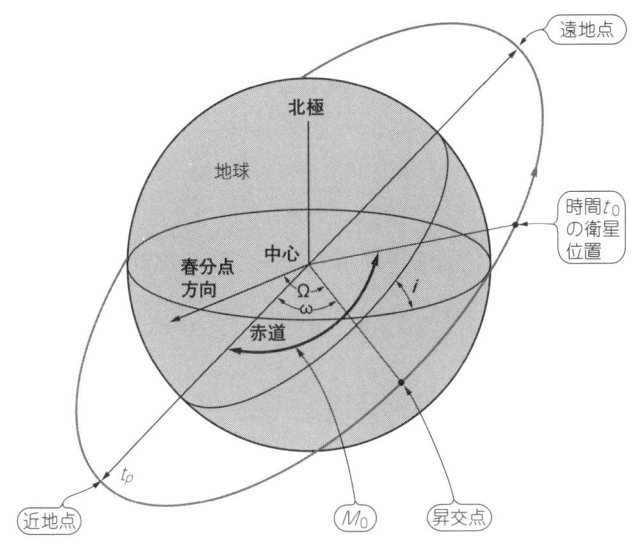

図3-10 地球と衛星軌道面との関係

▶ $A^{1/2}$, e

$A^{1/2}$は衛星が運行する楕円軌道の長半径Aの平方根で，eは楕円軌道の離心率を表します（図3-9）．

▶ Ω_0, $\dot{\Omega}$, ω, i_0, IDOT

地球と衛星の楕円軌道との関係を示すパラメータです（図3-10）．

Ω_0は週の初めの時刻での昇交点赤径を表します．昇交点赤径は，衛星の軌道面と地球の赤道面との交点で，衛星が南半球から北半球に入る地点の赤道面の春分点方向からの経度になります．

$\dot{\Omega}$は，昇交点赤径の時間による変化率を表します．

ωは近地点引き数と呼ばれ，衛星の軌道の地球からの近地点と昇交点との角度です．

i_0は基準時刻での軌道傾斜角といわれ，地球の赤道面と衛星軌道面との角度です．

IDOTは，軌道傾斜角の時間による変化率を示します．

▶ Δn, M_0

Δnは，衛星の平均運動の補正項として使用されます．M_0は平均近点離角と呼ばれ，基準時刻での衛星の軌道上位置と近地点との角度になります．

図3-11は，楕円中心の離真近点角E_kと地球中心の近地点から衛星位置までの真近点離角v_kとの関係を示します．

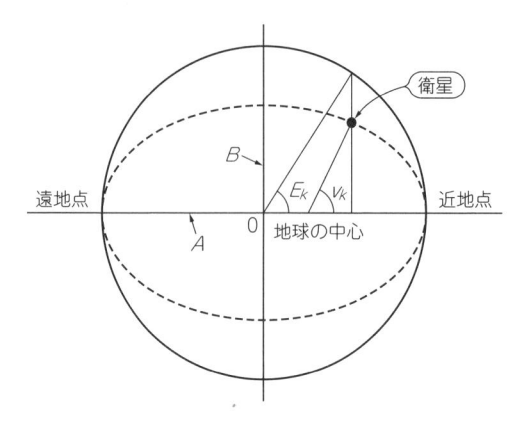

ケプラー方程式
$$M_k = E_k - e \sin E_k$$
から E_k を求める.

次に v_k を求め，各補正項を加えて軌道面の衛星位置 (x_k, y_k) を求める.

次に真の昇交点赤経，真の軌道傾斜角を求める.

これらより，地心直交座標系の衛星位置 (X_k, Y_k, Z_k) を求められる.

図3-11 衛星と軌道面との関係

▶補正項 C_{rs}, C_{rc}, C_{us}, C_{uc}, C_{is}, C_{ic}

C_{rs} と C_{rc} は衛星軌道半径の補正に使用します．また，C_{us} と C_{uc} は衛星軌道の補正に，C_{is} と C_{ic} は軌道傾斜角の補正に使用します．

◆ サブフレーム4，5

図3-8に示したように第1フレームから第25フレームまでで内容が異なります．これらのフレームに，電離層補正パラメータ，UTC補正パラメータ，32衛星ぶんのアルマナック・データと，それらの衛星の健康情報があります．

また，サブフレーム4，5にはデータIDと衛星IDが付加されていて，1～25フレームにより内容が異なります．データIDは，アルマナック・データがあるサブフレームであるか，放送している衛星のデータの状況などを示しています．また衛星IDは，現在運行している衛星番号を表します．

▶電離層補正パラメータ

第18フレームのサブフレーム4にあります．このパラメータのうち，a_0, a_1, a_2, a_3 が地磁気緯度から遅延量の大きさを求める係数です．β_0, β_1, β_2, β_3 は，地磁気緯度と時刻による変化を表す係数です．これらとユーザから見た衛星の仰角，方位角より電離層による遅延量が計算できます．

▶UTC補正パラメータ

このパラメータは第18フレームのサブフレーム4にあります．これらは，係数 A_0, A_1 のほか t_{ot}, Δt_{ls}, WN_t, WN_{LSF}, D_N, Δt_{LSF} 時間情報からなります．これらのパラメータで，UTCとGPS時刻との差のうるう秒がわかります．

また，近い将来に起こるうるう秒の発生日時や，うるう秒の起きた時刻にGPS

受信機が正しい時刻を示すのにも利用できます．

▶アルマナック・データ

　このデータは25フレーム中に32衛星ぶんがあります．データは通常1週間で更新されています．衛星位置の求め方は，エフェメリス・データと同じです．衛星の概略位置を示すため，軌道要素の各データが簡略化されています．

▶衛星の健康情報

　このデータは第25フレーム中のサブフレーム4，5にあり，32衛星のアルマナック・データの健康情報です．全項の第1サブフレームの健康情報と同じ6ビット・データのほか，8ビットのデータもあります．この8ビット・データには，航法データの良否も含まれています．

　第1サブフレームはメッセージ・データを収集した衛星番号の健康情報で，上記32衛星ぶんの情報より更新が早く，位置計算に使用可能かの判定に使用されます．

第4章

数mm〜数cmの高精度測位の方式とそのしくみ

二つの受信機でGHz搬送波の位相差を測定し誤差を除去する

本章では第1〜3章で紹介した方法よりも数千倍，精度の高い位置の算出方法について説明します．

◆ 1.9 mmの高精度測定が可能

　GPSによる測位は，通常使われる疑似雑音コードのC/Aコード以外に，GPS搬送波の位相を利用する方法があります．これは，受信機内部で発生させた信号と受信したGPS信号の搬送波を，**図4-1**のように比較して位相差を測定するものです．実際の受信機ではGPS信号の位相をロックして追尾し，エポック(サンプリング間隔)ごとに受信機の基準信号との位相差をとり，その変化分を扱います．従って受信機で発生する搬送波は存在しないのですが，便宜上，搬送波の位相比較を考えます．

　位相差にはGPS衛星と受信機との距離の情報が含まれているため，複数の衛星との位相差を測定することで，受信機の位置を算出できます．搬送波の位相を利用すると1波長(約19 cm)の1/100程度(1.9 mm)の距離分解能が得られます．C/Aコードの到達時間差を利用する方法(10 m程度の精度)に比べ，約5000倍も高精度です．

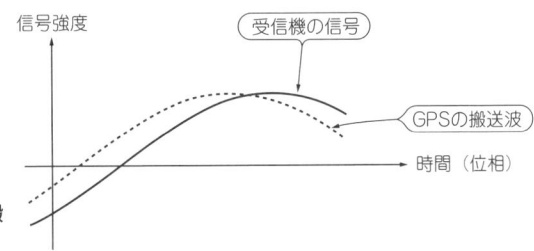

図4-1 受信機の内部信号とGPSの搬送波との位相を比較する

4-1　GPSを使った高精度測位のコモンセンス

　GPSによる測位には，単独測位と相対（ディファレンシャル）測位があります（図4-2）．

◆ **単独測位**

　単独測位は一つの受信機で測位するもので，GPS電波をスペクトル拡散する疑似雑音コードの伝搬遅れを計測して，GPS衛星からの距離を求めて受信機の位置を求めます．測位精度は10m程度（2drms：95％の測位結果が入る範囲）ですが，航空機や船舶，そしてカー・ナビゲーション・システムに広く用いられています．

◆ **相対測位**

　相対測位は，基準点を設けて基準点の誤差と計測点の誤差は同じと仮定して，基準点の誤差を補正値として計測点に送り，計測点の誤差補正に使用する方式です．従って基準点は動きのない固定点に設置され，補正に用いる基準点のデータは計測点のデータとリンクさせる必要があります．

　GPS衛星は地上から2万km上空にありますので，基準点と計測点の距離（基線長

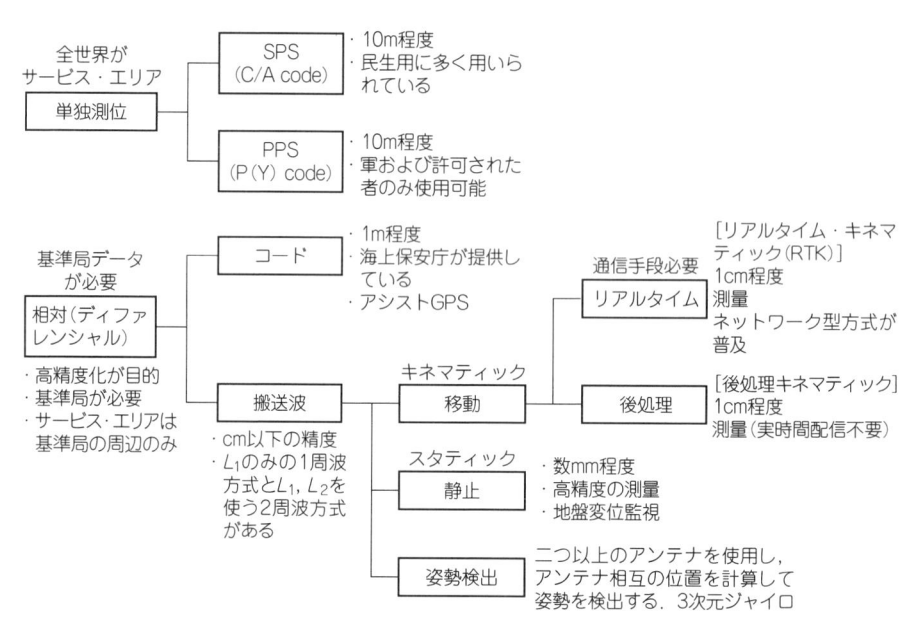

図4-2　GPSによる測位には単独測位と相対測位がある

- 単独測位（全世界がサービス・エリア）
  - SPS (C/A code)：10m程度，民生用に多く用いられている
  - PPS (P(Y) code)：10m程度，軍および許可された者のみ使用可能

- 相対（ディファレンシャル）（基準局データが必要）
  ・高精度化が目的
  ・基準局が必要
  ・サービス・エリアは基準局の周辺のみ
  - コード：1m程度，海上保安庁が提供している，アシストGPS
  - 搬送波：cm以下の精度，L_1のみの1周波方式とL_1, L_2を使う2周波方式がある
    - キネマティック（移動）
      - リアルタイム（通信手段必要）：[リアルタイム・キネマティック(RTK)] 1cm程度測量，ネットワーク型方式が普及
      - 後処理：[後処理キネマティック] 1cm程度測量（実時間配信不要）
    - スタティック（静止）：数mm程度，高精度の測量，地盤変位監視
    - 姿勢検出：二つ以上のアンテナを使用し，アンテナ相互の位置を計算して姿勢を検出する．3次元ジャイロ

と呼びます）がかなり離れても，それらの誤差は同じとみなすことができるので，応用範囲は広いです．相対測位は疑似雑音コードの伝搬遅延を利用するものと，GPSの搬送波の位相を利用するものがあります．

▶疑似雑音コード

　疑似雑音コードの伝搬遅延を利用するものは，海上保安庁が中波無線標識局（ラジオ・ビーコン）の電波を使って補正情報を送信しています．中波受信機とディファレンシャル対応の受信機が必要ですが，これを使うと精度は約1mとなります（海上保安庁ホームページより）．

　携帯電話用のGPS受信機では，双方向にデータ通信ができる環境がありますので，基地局側でディファレンシャル計算を行って，携帯局の現在位置を素早く高精度に求めることができるアシストGPSが普及しています．

▶搬送波

　搬送波の位相を利用するものは，移動体に適用するキネマティックと地盤など短時間では動かない静止点に適用するスタティックがあります．また，少し変わった用途にアンテナ間の方位を求めるGPSジャイロがあります．

▶キネマティック

　キネマティックは，実時間で車両などの運行制御をするRTK方式が主流ですが，最近は測量などいろいろな計算を後処理で行う方式も普及してきており，1cm程度の精度を実現しています．これらはディファレンシャル方式ですので基準局が必要ですが，基準局を自前で用意するのではなく，電子基準点を利用して観測点の付近に仮想の基準局を作る方式（VRSとかFKPと呼ばれるもの）が普及してきて，手間と費用を低減して容易に観測が可能な環境が整ってきたようです．

▶スタティック

　スタティックは最も精度が高い方式で，1時間以上の観測で数mm程度の精度が得られます．しかしキネマティックとも共通なことですが，計測精度は基線長や上空の見晴らし，そして季節変化や建物などの周囲の環境によって大きく左右されますので，高い精度を得るには良い観測条件とすることが必要で，これがGPSの利用をとっつきにくいものとしているようです．

4-2　スタティック方式の測位のしくみ

　キネマティック方式は多少精度が劣っても素早く解が必要な用途に，スタティック方式は多少時間がかかっても高い精度で解を求めたい用途に向いています．

キネマティック方式は，農業機械や土木機械などの自動操縦，市街地の測量(3級基準点測量，4級基準点測量)などに利用されています．これらは多くの書物などで紹介されていますので，ここではあまり紹介されることのないスタティック方式を使った高精度の測位について紹介します．

　スタティック方式は，数百mから数kmの範囲を計る公共の1級から4級基準点測量への応用が代表的で，その精度は数cmです．また，国土地理院の電子基準点(図4-3)を用いたGEONET(GPS Earth Observation Network System)は，全国約1200個所に電子基準点を設置して地震や火山活動を監視し，日本全土の地殻変動を観測するシステムです．

　GPS位相測位を利用した距離測定の特徴は，数十cmから数十km以上まで非常に測定レンジが広いことです．測定の分解能は2mm程度です．また広い範囲ですと，電波の伝搬中の誤差や周囲のノイズの影響が無視できなくなり，計測精度が低下します．

　一般的にGPSスタティック方式の精度は式(4-1)で表されます．

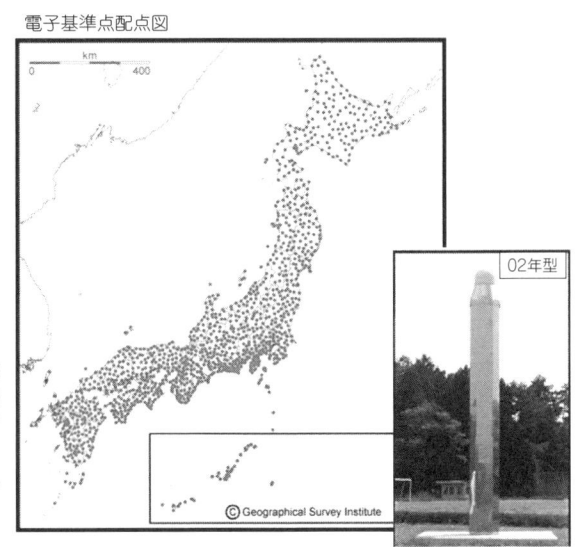

　　　距離精度 = 5 mm + 2 ppm × l_{ref} ……………………………………… (4-1)

l_{ref}は，図4-4の基準点と測定点の間の距離(基線長)です．式(4-1)は，2点間が離れて基線長が大きくなると精度が低下することを示しています．式(4-1)によると基線長が1kmのときは7mm，10kmのときは25mmですから，精度良く計れ

図4-3[6]　国土地理院は全国約1200個所にGPS位相測位が可能な観測局(電子基準点)を設置している
本システムをGEONET(GPS Earth Observation Network System)と呼ぶ

る距離は数十mから数百mです．この距離は土木工事や測量において，建物や土地の位置を測る用途に向いています．

　GPSは，無人で連続して測位ができるという優れた特徴もありますので，**図4-5**のような構成で，地すべりなどの地盤の動き，火山活動の監視，ビルや橋などの構造物の変位監視として応用が期待されています．

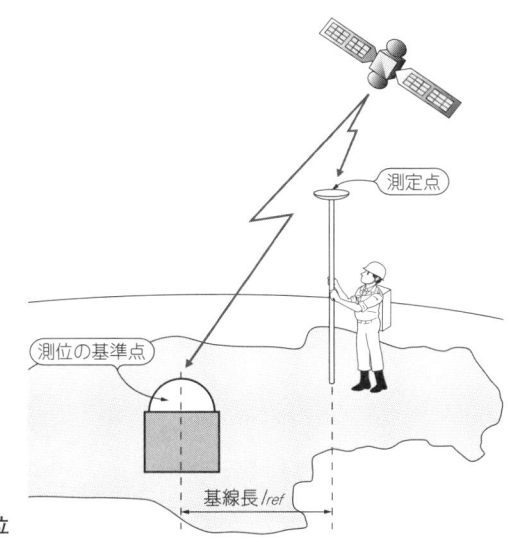

図4-4　スタティック方式測位

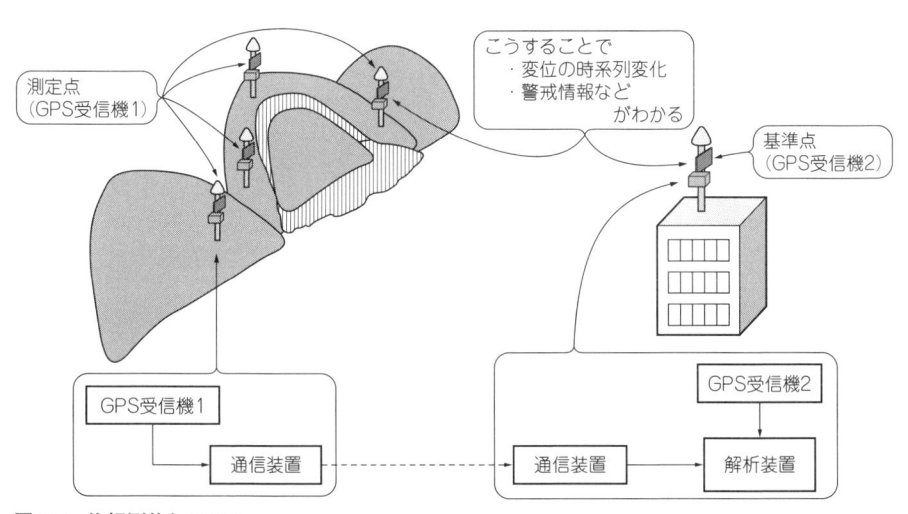

図4-5　位相測位システム

■ 実際の計測例

　GPSの誤差は雑音のようなランダムな偶然誤差と，日周変化や季節変化のような一定の偏り（バイアス）を示す系統誤差に分けて考えられます．

◆ 系統誤差は打ち消せる

　バイアスを示す誤差には多くの原因がありますが，数百m程度の距離では，ほとんどディファレンシャル測位（**図4-12**参照）でキャンセルされます．しかしマルチパスや衛星配置，日照などの影響は残ります．**図4-6**は300mの基線長のときの系統誤差の例で，日照による伸縮の影響がわかります．この影響を除いた**図4-7**でも，一定のばらつきがある偶然誤差が残ります．

◆ 偶然誤差は平均化で改善

　偶然誤差はある程度の時間で平均すれば改善されます．**図4-8**はその例で，実際

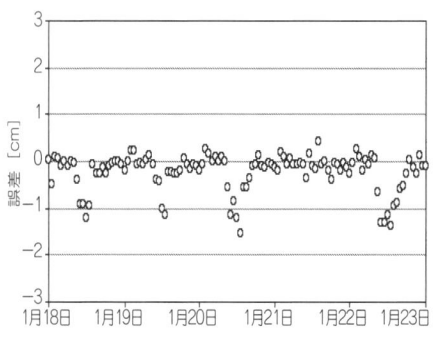

図4-6　基線長が300mのときの系統誤差の例
日照による伸縮の影響がわかる

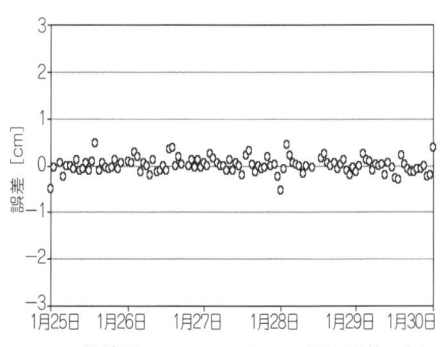

図4-7　基線長が300mのときの偶然誤差の例

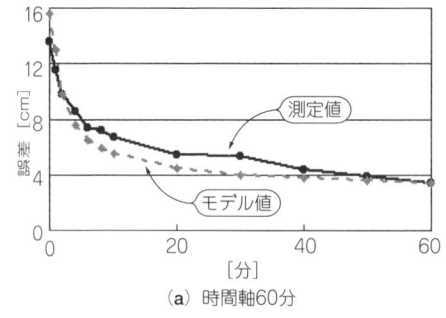

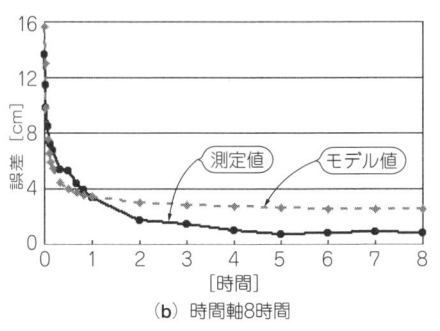

（a）時間軸60分

（b）時間軸8時間

図4-8　偶然誤差の影響を平均化によって排除した例

の測定値をプロットしたものとモデル値をプロットしたものです．ノイズの標準偏差はサンプル数の平方根に反比例しますので，式(4-2)をモデル式としました．サンプル間隔（エポック）は30 sで，$2\sigma_0$は30 sごとの標準偏差で経験的に約16 mm，biasは2 mmとしています．

$$2\sigma = \frac{2\sigma_0}{\sqrt{n}} + bias \quad \cdots\cdots\cdots\cdots\cdots\cdots\cdots\cdots\cdots\cdots\cdots\cdots\cdots\cdots\cdots\cdots\cdots\cdots (4\text{-}2)$$

図4-9は実際の測定値を，平均時間を変えて時系列にグラフ化したものです．図4-9からリアルタイムに変位を検出するには平均回数を少なくすればよく（キネマティック方式），高精度に変位を検出するには平均回数を多くとるとよい（スタティック方式）ことがわかります．

平均回数を多くとると，実際に変位が起こってから測位結果に反映されるまでに時間がかかります．精度と応答時間はトレードオフの関係がありますので，目的によって平均時間を決めることになります．

◆ 地すべり測定では約1時間ぶんのデータを利用している

防災に役立てる場合は，変位が起きてからできるだけ早くそれを知る必要があります．「地すべり」などの変位観測においては，約1時間ぶんを平均するのが目安です．また平均も単純平均ではなく，変位の傾向を調べて応答性を良くする手段も

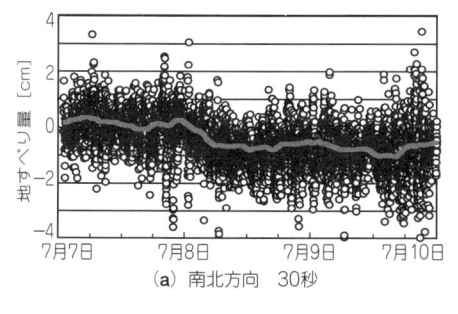

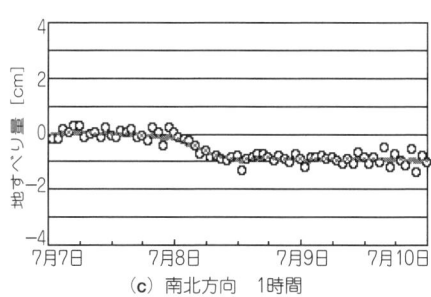

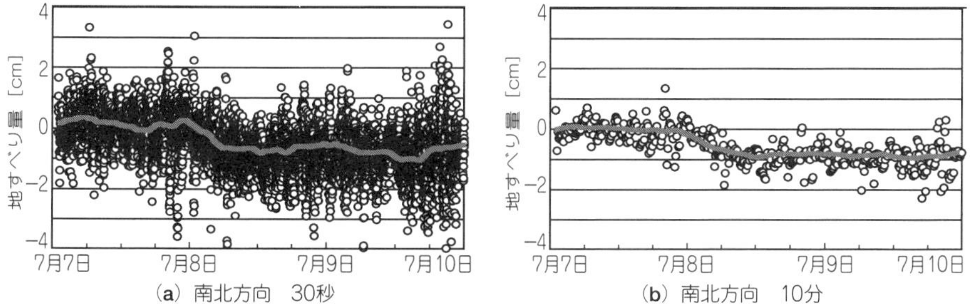

図4-9 平均時間ごとの誤差を比較（地すべりの実測データを利用）
リアルタイムに変位を検出するには平均回数を少なくすればよく（キネマティック方式），高精度に変位を検出するには平均回数を多くとる（スタティック方式）とよいことがわかる

(a) 南北方向　30秒
(b) 南北方向　10分
(c) 南北方向　1時間

(a) 南北方向変位

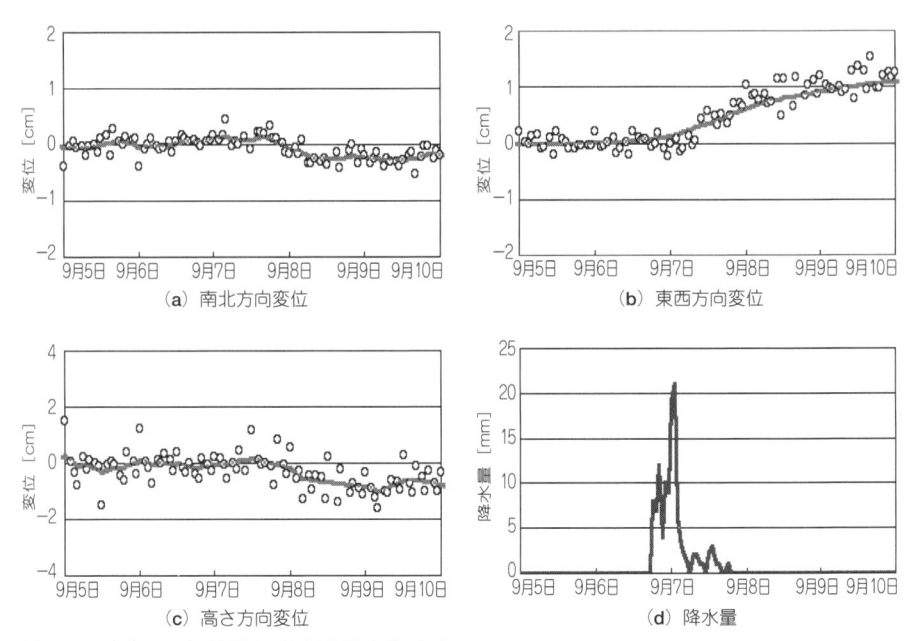

(b) 東西方向変位

(c) 高さ方向変位

(d) 降水量

図4-10 地すべりと降雨量の関係を示す実測データ

写真4-1
図4-9のデータを取得したGPS受信機

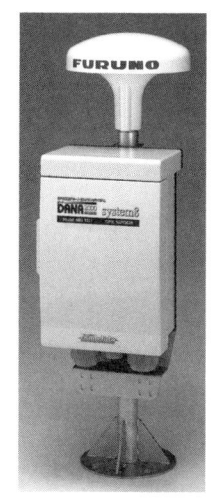

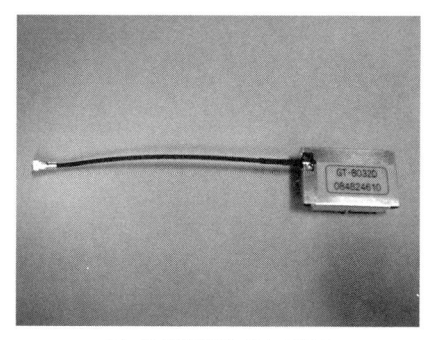

(b) 位相評価用 GT-8032

(a) 地盤変位計測用 MG-31

写真4-2　高精度測位に利用できる位相出力タイプのGPS受信機（古野電気）

とられます．

　図4-10も地すべりの生データです．写真4-1は測定現場のようすです．こちらでは降水量と地すべりに関係があることがわかります．

　GPSは3次元位置を広範囲に渡って測定でき，また電子的な方法なので，機器の信頼性も高く自動化も容易です．防災のために地盤の変位監視や，橋，道路などの構造物の変位監視に応用が期待されます．

◆ 実際の受信機

　写真4-2に示すのは，測量以外の目的にも使える位相を出力する受信機です．測量用GPS受信機は位相データを出力しますが，一般的に非常に高価です．

4-3　高精度測位特有の課題

　理論的にはこのように，高い精度で位置を求められるのですが，現実はそう甘くありません．位相差を測位に利用するために，次の三つの問題を解決する必要があります．

◆ 電離層や大気の影響を除去しなければならない

　GPS衛星から到来する電波は，伝搬経路中の電離層や大気の影響によって伝搬速度が変わるため，搬送波の位相が進んだり遅れたりします．GPSの搬送波はそ

のぶんの誤差を含むため，そのままでは衛星からの正しい距離が得られません．

電波が伝搬中に受ける誤差の影響は，受信機をもう一つ用意することで軽減できます．図4-11はその方法を示したものです．原理は簡単で，二つの受信機の間の位相差（2重位相差と呼ぶ）を測定して，誤差量を相殺します（詳細は後述）．常に二つの受信機を使う必要があり，この方法をディファレンシャル測位と呼びます．

◆ 多数の位置候補から真値を絞り込むのに20分も要する

図4-12で測定される行路差の位相は1波長以下の端数部分だけであり，衛星からの距離を表すには，端数以外の整数分を決める必要があります．この整数分の決定は，かなりやっかいです．図4-13のように搬送波の波長約19 cmごとに異なった整数値が生じますが，端数値は計測した値と同じになる非常に多くの候補点が，正しい位置の周辺に存在します．これらの候補点は時間の経過とともに位置が変わりますが，唯一位置の動かない点があり，この点を真の解とする方法があります．しかし，この候補点を見つけ初期化するには通常，20分程度かかり，この間は受信機を動かすことができません．

初期化中は，受信機を動かすことができないため，実際の現場で使いにくいという問題があります．最近，この問題を解決するために，次のような方法が検討・開発されています．

- GPSのL_1帯周波数（1575.42 MHz）とL_2帯周波数（1227.6 MHz）の，異なる二つの周波数の電波を使うことによる初期化の時間短縮
- 受信機を動かしながらでも初期化が可能なオンザフライ方式

などが検討・開発されています．古典的には受信機を一定時間動かさないで初期化（整数値を決める）をします．ただこのような方法では実用的に使いづらいので，移動しながら初期化する技術が開発され，これをオンザフライ方式と呼んでいます．

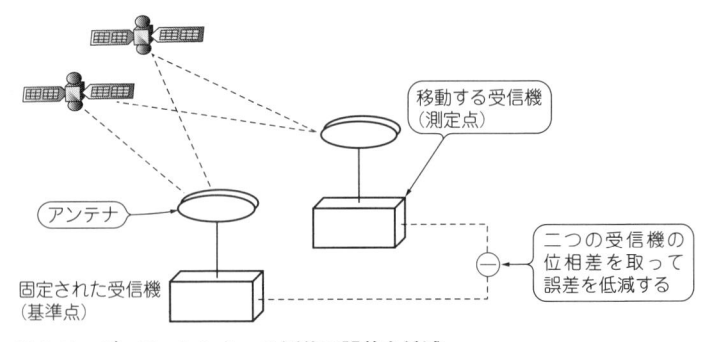

図4-11 ディファレンシャル測位で誤差を低減

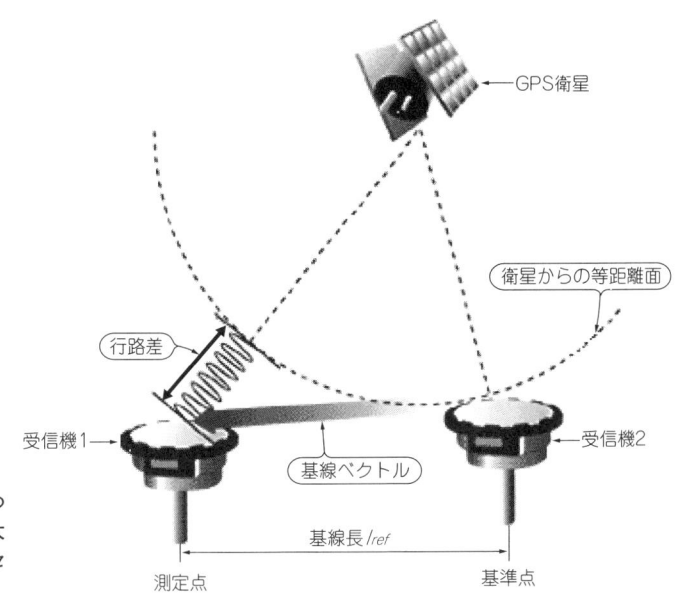

図4-12　受信機を二つ用意すれば電離層や大気中の影響をキャンセルできる

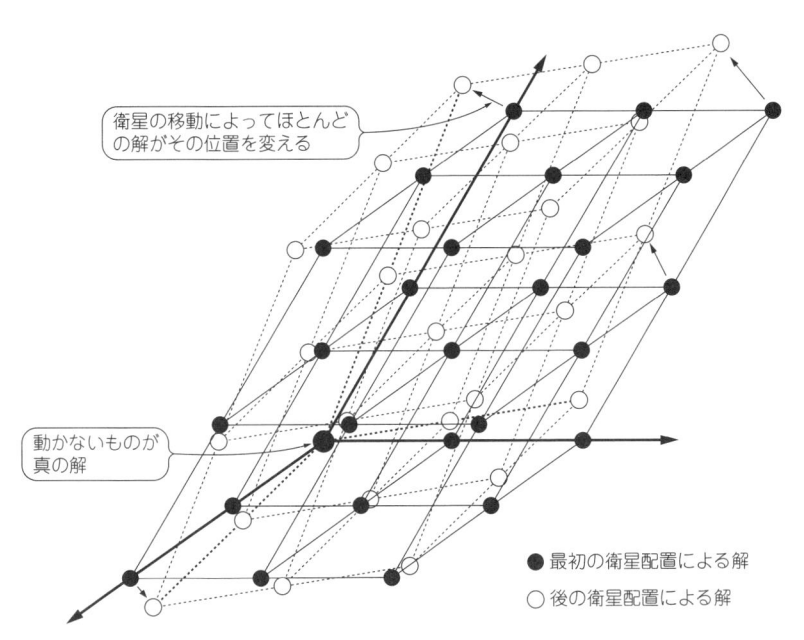

図4-13[(2)]　**多数の測位データ候補の中から時間が経過しても値が変わらないものを選び真値とする**

◆ 電波障害が発生すると位置の再計算が必要になる

三つ目の課題は，衛星からの信号が遮へい物やマルチパスの影響で途絶えたときに，整数値が不連続になることです．これをサイクル・スリップと呼びます．

キネマティック方式の場合は整数値が決定しても，サイクル・スリップが起きると，再度初期化をしなくてはなりません．そこでサイクル・スリップ発生の検出と補正を，どのように行うかが重要な課題となっています．

スタティック方式の場合は，ほとんど位置が動かないので整数値は同じであるとして，サイクル・スリップを補間して処理します．スタティック方式では，サイクル・スリップの心配は少ないでしょう．

4-4　測位データの算出方法

■ 位相差を求める方法

図4-14に示すように，受信機が受信する電波は，GPS衛星からτ時間前に発射された電波です．受信機は，式(4-3)を計算して受信機で生成した位相とτ時間前に衛星が発した電波の位相との差を求めます．

$$\phi(t) = \phi_u(t) - \phi^s(t - \tau) + N \quad \cdots\cdots(4\text{-}3)$$

ただし，$\phi_u(t)$：受信機で生成する搬送波の位相，N：搬送波の波数(整数分)，t：GPS時刻[s]，τ：伝搬に要する時間[s]，$\phi^s(t)$：受信したGPSの位相

図4-1で示した受信機の搬送波と，GPS衛星の搬送波の位相差の関係を当てはめた図を，図4-14と図4-15に示します．位相は受信機とGPS衛星間の距離r＋誤差で表すと，式(4-4)のようになります．

$$\phi = \frac{r + I_\phi + t_\phi}{\lambda} + \frac{c(\delta t_u + \delta t^s)}{\lambda} + N + \varepsilon_\phi \quad \cdots\cdots(4\text{-}4)$$

ただし，I_ϕ：電離層遅延[m]，t_ϕ：大気圏遅延[m]，δt_u：受信機の時計誤差[m]，δt^s：GPS衛星の時計誤差[m]，ε_ϕ：マルチパスなどほかの要因に基づくさまざまな誤差[m]

式(4-4)について二つの衛星と二つの受信機間で差をとると，主な誤差は消去されて式(4-5)となります．

$$\phi_{uo-ub}^{k-l} = \frac{r_{uo-ub}^{k-l}}{\lambda} + N_{uo-ub}^{k-l} + \varepsilon_{\phi\, uo-ub}^{k-l} \quad \cdots\cdots(4\text{-}5)$$

kとlは衛星を，uoとubは受信機を表す添え字で，これらの衛星と受信機間の差

図4-14 受信時におけるGPS衛星の配置

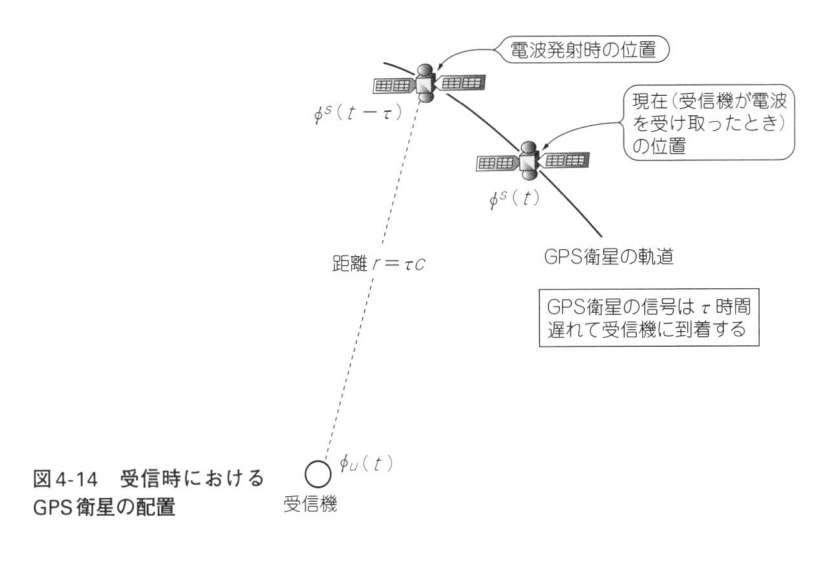

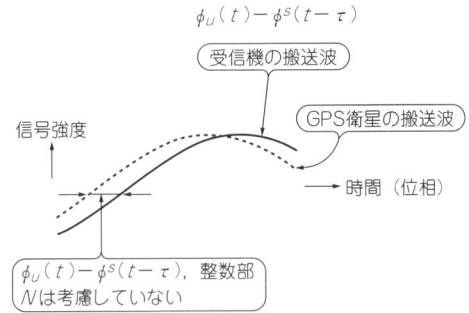

図4-15 受信時における搬送波位相

を表します．式(4-5)を2重位相差と呼んでおり，左辺が位相差，右辺のrが衛星と受信機の距離の端数，Nが初期化によって求められる整数部，εが残った小さな誤差です．

ディファレンシャル測位によってかなりの誤差は軽減されますが，**表4-1**のようにディファレンシャル測位で消去できない上空の障害物やマルチパスはキャンセルされずに残ります．

■ 最小二乗法で誤差を最小化する

式(4-5)で求まる位相差は**図4-12**に示す行路差に相当します．四つ以上の衛星について式(4-5)を解くことで，基準点から測定点への基線ベクトルが求まります．

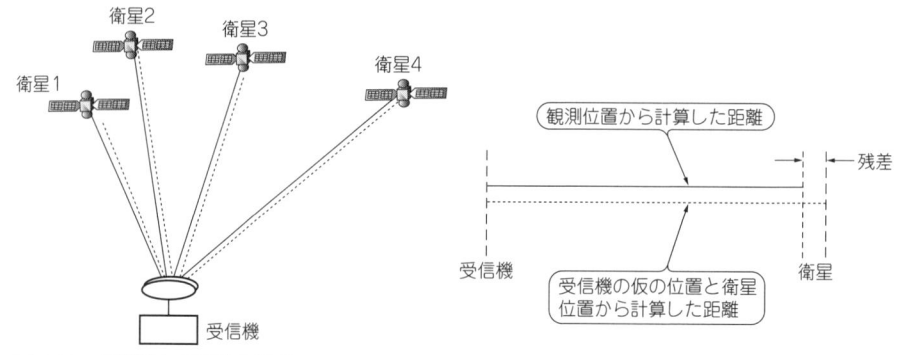

図4-16　各衛星との距離の残差

　この基線ベクトルと基準点の位置から測定点の位置がわかります．
　こうして求まる測定点の位置は仮のデータで，各衛星の観測位相差がある程度矛盾しないようにして得たものです．受信機の仮の位置と衛星の位置から幾何学的に計算して求めた式(4-5)に相当する位相差は，観測位相差(受信機によって得られた位相差)とは衛星ごとに少しずつ違ったものとなり，これを「残差」と呼んでいます(図4-16)．測定値は必ず誤差を含むので，各衛星の観測位相差についても誤差配分を行う必要があり，この誤差配分は残差の二乗平均が最小となるよう，最小二乗法を用いて行われます．

▶ キネマティック方式の誤差最小化法

　キネマティック方式は，1回の測定から最小二乗法によって最適解を求め，それを出力します．最小二乗法を適用するにあたり，異常な値の衛星を排除して行うこともあります．

▶ スタティック方式の誤差最小化法

　スタティック方式は最小二乗法を適用するにあたり，解析対象時間内(測量では1時間が一般的)の全データを用います．最小二乗法を適用するにあたり，異常な値の衛星を排除して行います．一般的には分散の大きい解を排除するなどしますが，この部分は基線解析ソフトウェアによって異なります．
　キネマティック方式が1回の観測で解を求めるのに比べ，スタティック方式は観測間隔(エポック)が30秒，解析対象時間が1時間とすると，120組で最小二乗法の解を求めます．従ってスタティック方式のほうが精度が良いことになります．
　国土地理院の電子基準点データ提供サービスは，キネマティック用に1秒を，スタティック用に30秒を提供しています．キネマティック用は特定の配信会社を経

表4-1[(1)]　GPSの誤差要因

誤差要因	単独測位誤差の大きさ	ディファレンシャルによる誤差軽減
衛星時計誤差	2 m	可
軌道誤差	2 m	可
受信機雑音	0.5 m	不可
電離層遅延	天頂方向で2 mから10 m	可
大気圏遅延	天頂方向で2.3 mから2.5 m	可
マルチパス	0.5 mから1 m	不可
上空障害物	−	不可

注▶日本航海学会GPS研究会「GPS基本概念・測位原理・信号と受信機」から引用し編集した

由して有料で入手できます．スタティック用は過去半年以内のデータをインターネットで無料で入手できます．半年以上前のデータは地図センタの格安のCDコピー業務を通じて入手できます．

■ 誤差要因のいろいろ

GPSは衛星部分（スペース・セグメント）と，地上の制御部分（コントロール・セグメント），そして利用者部分（ユーザ・セグメント）から構成されていて，それぞれの部分に**表4-1**のような誤差を生じる要因があります．

◆ スペース・セグメントでの誤差要因

▶人工衛星の時計誤差

衛星部分の誤差として人工衛星の時計誤差があります．制御部分の誤差には人工衛星の軌道誤差があります．人工衛星の時計誤差は，衛星が送信する時刻補正情報で補正できますし，ディファレンシャル測位を行うと，ほぼ無視できる誤差に低減できます．

▶人工衛星が送出する推定軌道データの誤差

人工衛星の軌道は衛星が送信する軌道要素（放送暦）で表され，元期（基準となる時刻）からの経過時間で衛星の現在位置を計算できます．ただし放送暦は推定値ですから，いくらかの誤差をもちます．地上で衛星を追跡して軌道を決める方法もあり，こちらのほうが放送暦よりも精密です．速報値は半日程度の遅れで，確定値は数日の遅れでIGS（International GNSS Service）から発表されています．

軌道誤差はディファレンシャル測位で低減できるため，あまり長くない基線（数km以下）の場合は大きな誤差要因にはなりません．長い基線だと影響が現れるので，精密暦を使って位置を求めます．

◆ ユーザ・セグメントでの誤差要因

　利用者部分の誤差には，受信機の誤差と環境の影響による誤差があります．受信機の誤差はノイズによるものですが，最近は受信機の性能が上がってきて，問題となることはほとんどありません．受信機の誤差は基準点と計測点の受信機に同一の信号を与えるゼロ基線長の結果をみることで確認できます．

◆ 電離層の影響

　環境の影響によるものは，電離層伝搬遅延，対流圏伝搬遅延，マルチパス，周辺の障害物があります．

　GPSの電波はLバンド（f_{L1}：1575.42 MHz＝基準周波数の154倍，f_{L2}：1227.60 MHz＝基準周波数の120倍）で，宇宙から地上へ伝搬する際に反射や減衰が少ない周波数です．しかし電離層を通過すると，群速度の遅れと位相の進みがあります．さらに電離層の密度が変化すると，これら群速度の遅れと位相の進みが変化します．従って電波の伝搬速度を計測する方式であるGPSの測位に，誤差となって影響を与えます．

　電離層の影響は緯度や季節，そして太陽の活動によって変化しますが，おおむね日本付近では短基線長（2 km〜3 km以下）での影響は大きくありません．基線長が長いと誤差が無視できなくなりますが，二つの周波数を使う受信機ではイオン・フリー結合と呼ばれる式（4-6）の位相を使って位置を求めることでキャンセルできます．

$$L_3 = \frac{1}{f_1^2 - f_2^2}(f_1^2 f_{L1} - f_2^2 f_{L2}) \quad \cdots\cdots\cdots\cdots\cdots\cdots\cdots\cdots\cdots\cdots\cdots\cdots (4\text{-}6)$$

　一つの周波数における受信機の電離層誤差については，天頂方向の総電子量（TEC：Total Electron Content）を推定して電離層マップを作成することで補正できます．TECは，GPS関連の機関で予測を発表していますし，近くにある電子基準点と受信機による二つの周波数データからも作成可能です．

　対流圏をGPS電波が透過すると，群速度と位相が遅延し，GPSの測位誤差となります．対流圏は地上付近の気象によって大きく変動し，GPS測位にとって非常にやっかいなものです．通常はGPS気象学で用いられるGPSデータによる大気遅延量の推定で補正を行います．より細かく補正するには，実際に大気遅延量を別の手段で計測する必要があり，計測には専門的な知識と水蒸気ラジオ・メータなどの装置が必要になります．

　地上で測った気象データは，上空の気象変化を表さないので補正には適さないと言われていますが，山岳地での測位には有効です．詳細はp.240「参考・引用文献」第4章(3)を参照してください．

```
     2.10           OBSERVATION DATA    G (GPS)         RINEX VERSION / TYPE
teqc  2002Mar14                         20090211 04:45:13UTCPGM / RUN BY / DATE
Linux 2.0.36|Pentium II|gcc -static|Linux|486/DX+       COMMENT
teqc  2002Mar14     GSI, JAPAN          20090209 03:12:24UTCCOMMENT
0355                                                    MARKER NAME
GSI, JAPAN          GEOGRAPHICAL SURVEY INSTITUTE, JAPAN OBSERVER / AGENCY
00000               TRIMBLE 5700        Nav 1.24 Sig 0.00 REC # / TYPE / VERS
                    TRM29659.00         GSI              ANT # / TYPE
 -3735414.1137  3686141.6969  3612792.5292              APPROX POSITION XYZ
        0.0000        0.0000        0.0000              ANTENNA: DELTA H/E/N
     1     1                                            WAVELENGTH FACT L1/2
     6    L1    C1    L2    P2    S1    S2              # / TYPES OF OBSERV
    30.0000                                             INTERVAL
teqc  windowed:  start @ 2009 Feb  9 00:00:00.000       COMMENT
teqc  windowed:  end   @ 2009 Feb  9 23:59:59.000       COMMENT
  2009     2     9     0     0    0.0000000     GPS    TIME OF FIRST OBS
                                                        END OF HEADER
 09  2  9  0  0  0.0000000  0  8G  8G11G17G19G20G27G28G32
  -27677641.570    23460909.523    -21868368.1124    23460908.5984             43.000
         27.7504
  -41452098.523    20501623.001    -32273078.8274    20501619.7064             52.750
         46.7504
  -19381542.617    22927131.785    -15088087.6194    22927129.2404             44.250
         35.7504
  -40757571.266    23083611.993    -31635775.0474    23083607.8994             47.750
         35.7504
  -26084910.969    21009793.815    -20288589.1594    21009791.6294             52.500
         43.7504
  -18894354.566    24208409.319    -15303593.0814    24208409.5224             39.500
         25.7504
  -36013437.156    21057074.006    -28037688.2424    21057071.3404             52.750
         46.0004
  -32119825.188    21113640.884    -24916340.8364    21113639.1014             51.750
         44.2504
 09  2  9  0  0 30.0000000  0  8G  8G11G17G19G20G27G28G32
  -27647509.270    23466643.954    -21844888.4864    23466642.4334             42.000
         26.5004
  -41458061.441    20500488.322    -32277725.2564    20500484.9424             53.000
         46.5004
  -19507379.312    22903185.980    -15186142.1444    22903183.7224             43.750
         35.5004
  -40744291.598    23086138.934    -31625427.2584    23086135.3094             46.750
         34.0004
```

L_1位相(積算位相で単位は搬送波の1周期)、C_1疑似距離[km]、L_2位相(積算位相で単位は搬送波の1周期)、C_2疑似距離[km]、S_1信号強度(受信機が出力するL_1のS/N)、S_2信号強度(受信機が出力するL_2のS/N)

日付、イベント・フラグ、衛星数、衛星番号

図4-17[(9)]　観測データ・ファイル
国土地理院電子基準点のデータを引用

```
     2.10           N: GPS NAV DATA                        RINEX VERSION / TYPE
teqc  2002Mar14     GSI, JAPAN           20090211 04:45:14UTCPGM / RUN BY / DATE
Linux 2.0.36|Pentium II|gcc -static|Linux|486/DX+          COMMENT
teqc  2002Mar14     GSI, JAPAN           20090209 03:12:25UTCCOMMENT
     2              NAVIGATION DATA                        COMMENT
DAT2RIN 3.53        GSI, JAPAN           09FEB09 10:04:11  COMMENT
                                                           COMMENT
    8.3820D-09 -7.4510D-09 -5.9600D-08  5.9600D-08         ION ALPHA
    8.8060D+04 -3.2770D+04 -1.9660D+05  1.9660D+05         ION BETA
    5.587935447690D-09 8.881784197000D-15    233472   1518 DELTA-UTC: A0,A1,T,W
   15                                                      LEAP SECONDS
                                                           END OF HEADER
 3 09  2  9  0  0  0.0 3.504049964250D-04 5.229594535190D-12 0.000000000000D+00
    7.900000000000D+01-1.150000000000D+01 4.932705355290D-09 2.396310152850D+00
   -5.830079317090D-07 1.164260506630D-02 1.224316656590D-05 5.153741777420D+03
    8.640000000000D+04-5.587935447690D-09 3.266000804560D-01-2.812594175340D-07
    9.265814921130D-01 1.252500000000D+02 8.904488579920D-01-8.024620079540D-09
    6.385980078070D-10 1.000000000000D+00 1.518000000000D+03 0.000000000000D+00
    3.400000000000D+00 0.000000000000D+00-4.190951585770D-09 7.900000000000D+01
    7.921800000000D+04
```

メッセージの送信時刻（Hand Over WordのZ-countから計算したGPS週秒）

図4-18[(9)] 軌道情報ファイル
国土地理院電子基準点のデータを引用

◆ マルチパスの影響

　マルチパスや障害物があると，GPS電波の伝搬経路や位相が乱されて測位誤差となります．マルチパスを除去するため専用のアンテナや受信機が開発されていますが，どうしても高価となり，普通の受信機を使う場合はマルチパスなどがない環境での測位が求められます．しかしスタティックの場合，マルチパスや障害物の影響は人工衛星の周回に関連して一定の繰り返しパターンとなるので，受信した後に除去が可能です．詳細はp.240の「参考・引用文献」第4章(4)を参照してください．

4-5　GPS受信機が出力する共通の位相データ・フォーマットRINEX

　GPSの位相データは，データ量が多いため受信機からはバイナリ・コードで出力されます．このフォーマットはメーカごとに異なるため，異機種の受信機を利用する必要があることから，1980年代の終わりに米国のNGS（National Geodetic Survey）とスイスのベルン大学が中心となって開発した，異機種間で共通に使用できるRINEX（Receiver Independent Exchange）フォーマットが世界標準となって

- 衛星番号，日付，衛星のクロック・バイアス[sec]，衛星のクロック・バイアス・ドリフト[sec/sec]，衛星のクロック・バイアス・ドリフト・レート[sec/sec^2]
- IODE：軌道情報の発表時刻[sec]，Crs：軌道半径の正弦補正[m]，Delta n：平均運動の計算値に対する補正値[rad/sec]，M0：元期の平均近点角[rad]
- Cuc：緯度引き数に対する正弦補正[m]，e：軌道の離心率，Cus：緯度引き数に対する正弦補正[rad]，sqrt(A)：軌道長半径の平方根[$\sqrt{m}$]
- Toe：時刻補正係数の元期(GPS週の経過秒)，Cic：軌道傾斜角に対する余弦補正[rad]，OMRGA：昇交点赤経[rad]，CIS：軌道傾斜角に対する正弦補正[rad]
- i0：軌道傾斜角[rad]，Crc：軌道半径に対する余弦補正[m]，omega：近地点引き数[rad]，OMEGA DOT：昇交点赤経の変化率[rad/sec]
- IDOT：軌道傾斜角の変化率[rad/sec]，Code on L2 channel，GPS Week(to go with TOE) GPS週番号，L2 P data flag
- SV accuracy，衛星の健康状態(MSBだけ)，電離層グループ遅延補正[sec]，時刻補正係数の発表時刻[sec]

います．

　現在利用されているRINEXは，**図4-17**の観測データ・ファイル(拡張子が.xxoのファイル，xxは西暦下2けた)と，**図4-18**の軌道情報ファイル(拡張子が.xxnのファイル，xxは西暦下2けた)の二つで構成されます．

　記号の意味は引用文献(2)を参照してください．データの詳細は日本GPSソリューションズ株式会社のウェブ・ページ[7]に掲載されています．また国土地理院からも和文による報告書[8]が発行されています．

第4章 Appendix
GPS以外の人工衛星を使った測位システム

米国以外の各国でも実用化に向けた開発が行われている

◆ GNSSのいろいろ

　日本では現在，測位衛星としてGPSが実用化されていますが，**表4A-1**のように各国でも整備を進めています．これらの衛星を総称してGNSS（Global Navigation Satellite System）と呼んでいます．

　GALILEOはGPSと同じスペクトル拡散変調方式で，GPSによく似たシステムです．日本の運輸多目的衛星（MTASAT）は，気象衛星ひまわりと同じ衛星で，GPSの欠点を補う補強システム情報と，GPSの一つの衛星として機能する電波を発射しています．

　準天頂衛星は**図4A-1**のように，日本の上空に来る軌道を持ち，三つの衛星でいつでも70°以上の高さに見えるようになります．ビルの谷間や山間部でも衛星が見えるようになって利用範囲が広がるでしょう．

表4A-1　GPS以外の測位システム

システム	GPS	GLONASS	GALILEO	COMPASS	*MTSAT	*準天頂衛星
運用国	米国	ロシア	欧州連合	中国	日本	日本
状況	実用化	一部実用化	試験中	試験中	試験中	計画中
衛星数	21＋3	21＋3	27＋3	30＋5（静止）	2	3
軌道数	6	3	3	不明	2	3
軌道半径	26600 km	25440 km	29600 km	21500? km	36000 km	42164 km
周回周期	11：58H	11：15H	14：07H	12：35?H	24H	23：56H
軌道傾斜角	55°	64°	56°	55°	0°	43±4°
送信周波数	$L_1, L_2, (L_5)$	L（衛星ごと）	L_1, E_5ほか	不明	L_1	L_1, L_2, L_5

＊印の衛星はGPSの補強システム

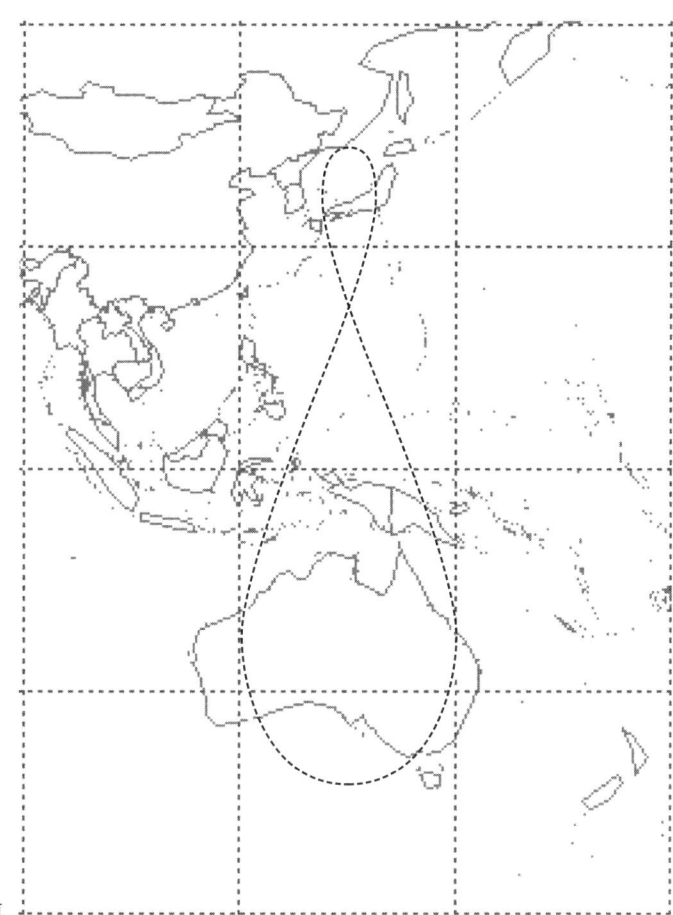

図4A-1[5]
準天頂衛星の軌道

表4A-2 高精度測位や民生利用への対応に向けて進化するGPSの仕様

搬送波の種類	L_1		L_2		L_5
中心周波数	1575.42 MHz (10.23 MHz×154)		1227.60 MHz (10.23 MHz×120)		1176.45 MHz (10.23 MHz×115)
疑似雑音コード	C/A	P	CM, CL（試験中）	P	I5, Q5（計画中）
チップ・レート	1 μs	0.1 μs	1 μs*	0.1 μs	0.1 μs
コード繰り返し時間	1 ms	1週間	20 ms/1.5 s	1週間	1 ms
コード長	1024	−	10230/767250	−	10230
バンド幅	1 MHz	10 MHz	1 MHz	10 MHz	10 MHz

*L_2のC（civil）コードは一部省略してある

Appendix GPS以外の人工衛星を使った測位システム | 第4章

◆ 進化するGPS

　GPSも各国の動きに負けないように近代化を進めています．近代化の計画では**表4A-2**のように第2周波数(L_2)への民生利用の信号を追加しています(Pを除くすべてが民生信号)．また第3の周波数(L_5)やL_1へのCM，CLコードの追加も計画しています．符号の変化率(チップ・レート)が速くなると，疑似ノイズ・コードによる測位の精度を上げられます．また，多周波数化は搬送波の位相を利用する分野での高精度化に寄与します．

　多くの衛星のいろいろな信号が利用できるようになると，高い信頼性でより精度良く測位できるため，利用できる範囲も広がって便利になるでしょう．

GPSのしくみと応用技術

第**5**章

1GHz高感度フロントエンドの試作

GPS衛星の微弱電波を増幅しフィルタリング

高度2万kmの上空から飛んでくる電波は，-130 dBm～-150 dBmと微弱です．これを復調用の信号処理ICに渡すために，受信性能の良好なフロントエンドが求められます．

携帯電話，無線LAN，GPS，Bluetooth，WiMAXなど，1 GHz以上の超高周波信号を利用したさまざまな携帯型のワイヤレス機器が普及しました．高い周波数を利用すれば，アンテナを小形化でき，携帯性が良くなります．携帯性の良さと移動のしやすさは，どんなワイヤレス機器にも求められます．

ワイヤレス機器の入り口には，アンテナや微弱で周波数の高い信号を増幅する低雑音増幅回路(LNA：Low Noise Amplifier)，搬送波を抽出するBPFなど，繊細なアナログ信号を処理する回路(フロントエンド)が組み込まれています(**図5-1**)．

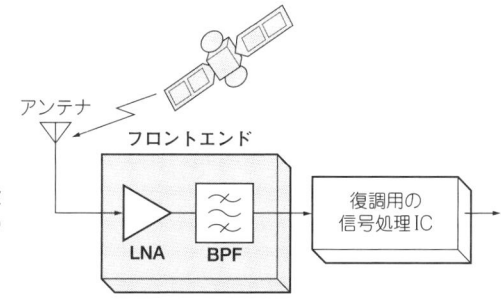

図5-1 ワイヤレス機器のアンテナの後段には低雑音増幅回路(LNA)やBPFなどの高周波アナログ回路がある
これをフロントエンドと呼ぶ

送信機との距離が大きい場合や，利用者が移動して電波が障害物でさえぎられても通信が途絶えないようにしたい場合には，受信性能の良好なフロントエンドが必要です．

今回は，携帯電話やカー・ナビゲーションに組み込まれている1 GHz以上の超高周波アナログ回路の一つの設計過程をお見せします．取り上げるのは，GPS衛星の送信信号（1.57542 MHz）をアンテナで受信したあとのアナログ信号処理回路（LNAとBPF）です．

5-1　低雑音増幅回路の試作

■ 働き

GPS衛星から送られてくる電波は，とても微弱です．

この信号を安定して受信するためには，アンテナで受信した微弱な信号をアンプで十分に増幅してから，復調用のディジタルICに入力する必要があります．

アンプの設計が悪く，アンプ自体から発生する雑音レベルが増幅後の信号レベルよりも大きいと，受信した信号が雑音に埋もれてしまいます．

アンテナで受信した信号はとても微弱で雑音に埋もれやすいため，雑音の発生が小さいLNAが使われます．LNAで信号を増幅すると，後段に接続されるフィルタやミキサなどで発生する雑音の影響も受けにくくなります．もちろん，復調用のディジタルICにも，高い受信感度を実現するためのさまざまな工夫が施されています．

■ 求められる性能

LNAに求められる性能は次の三つです．
① 低雑音特性のICやトランジスタを使って低雑音指数を実現すること
② ゲインが高いこと
③ 入力部のインピーダンス整合が最適であること

◆ 低雑音

もっとも大切な性能は低雑音です．指標になるのが，増幅回路で一般的に利用されている雑音指数（NF：Noise Figure）です．

雑音指数は，回路を通過した信号のS/Nの悪化量を表します．雑音指数が大きい回路ほど，その内部で発生する雑音が大きいことを意味します．

◆ 大きなゲイン

次に重要なのはゲインです．雑音指数など各種の性能を満足する範囲において，できるだけ大きく設定します．

図5-2に示すように，複数の回路ブロックがシリーズに接続されたシステム全体の雑音指数は次の手順で求めます．システム全体の雑音指数が低いということは，より低いレベルの信号を受信でき，感度が上がることを意味します．

▶雑音指数の計算式

[**手順1**] 単位を［dB］から真数［倍］に変換する

$$f_n = 10^{F_n/10} \qquad \cdots (5\text{-}1)$$

$$g_n = 10^{G_n/10} \qquad \cdots (5\text{-}2)$$

ただし，f, g：真数表示の雑音指数［倍］，F, G：dB表示の雑音指数［dB］

[**手順2**] 手順1で求めた値を次式に代入してf_{total}を求める

$$f_{total} = f_1 + \frac{f_2 - 1}{g_1} + \frac{f_3 - 1}{g_1 g_2} + \cdots + \frac{f_{n-1} - 1}{g_1 g_2 g_3 \cdots g_{n-1}} \qquad \cdots (5\text{-}3)$$

[**手順3**] 真数［倍］を［dB］に変換する

$$F_{total} = 10 \log_{10} f_{total} \qquad \cdots (5\text{-}4)$$

▶雑音指数の計算例

図5-3に示す4種類の回路で，LNAの有無とLNAの雑音性能の良し悪しが，回路全体にどのような影響を与えるかを調べます．先ほどの計算式を利用してトータルの雑音指数を求めます．

① LNAなし［図5-3(a)］

$$F_{total} = 8 \text{ dB} \qquad \cdots (5\text{-}5)$$

② LNAを追加［図5-3(b)］

$f_1 = 10^{1/10} = 1.259$倍

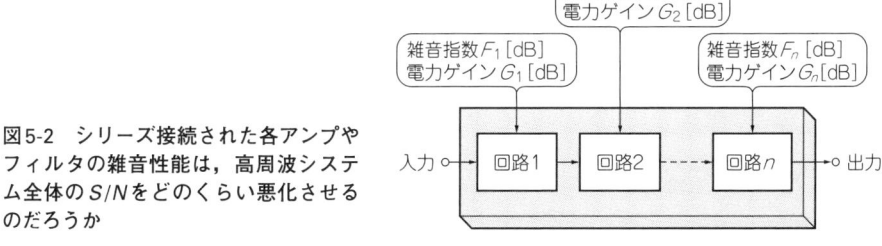

図5-2 シリーズ接続された各アンプやフィルタの雑音性能は，高周波システム全体のS/Nをどのくらい悪化させるのだろうか

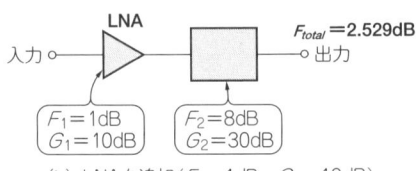

(a) LNAなし 雑音指数 $F_1=8$dB、電力ゲイン $G_1=30$dB、$F_{total}=8$dB

(b) LNAを追加（$F_1=1$dB，$G_1=10$dB） $F_1=1$dB，$G_1=10$dB，$F_2=8$dB，$G_2=30$dB，$F_{total}=2.529$dB

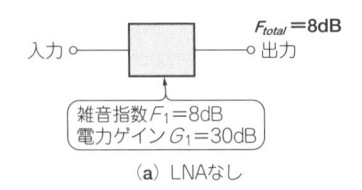

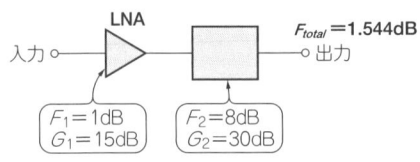

(c) LNAのゲインを5dB上げた場合 $F_1=1$dB，$G_1=15$dB，$F_2=8$dB，$G_2=30$dB，$F_{total}=1.544$dB

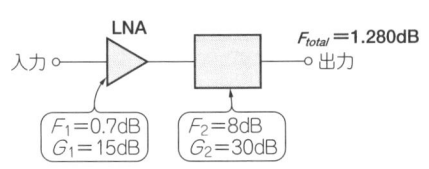

(d) (c)からLNAの雑音指数を0.3dB下げた場合 $F_1=0.7$dB，$G_1=15$dB，$F_2=8$dB，$G_2=30$dB，$F_{total}=1.280$dB

図5-3　LNAを追加するとS/Nを改善できる
追加するLNAの雑音指数は小さく，ゲインは大きいほどよい

$$g_1 = 10^{10/10} = 10 \text{ 倍}$$
$$f_2 = 10^{8/10} = 6.310 \text{ 倍}$$
$$f_{total} = 1.259 + \frac{6.310 - 1}{10} = 1.79 \text{ 倍}$$
$$F_{total} = 10 \log_{10} 1.79 = 2.529 \text{ dB}$$

③ ゲインの大きいLNAを追加［**図5-3(c)**］

$$f_1 = 10^{1/10} = 1.259 \text{ 倍}$$
$$g_1 = 10^{15/10} = 31.623 \text{ 倍}$$
$$f_2 = 10^{8/10} = 6.310 \text{ 倍}$$
$$f_{total} = 1.259 + \frac{6.310 - 1}{31.623} = 1.427 \text{ 倍}$$
$$F_{total} = 10 \log_{10} 1.427 = 1.544 \text{ dB}$$

④ 低雑音でゲインの大きいLNAを追加［**図5-3(d)**］

$$f_1 = 10^{0.7/10} = 1.175 \text{ 倍}$$
$$g_1 = 10^{15/10} = 31.623 \text{ 倍}$$
$$f_2 = 10^{8/10} = 6.310 \text{ 倍}$$
$$f_{total} = 1.175 + \frac{6.310 - 1}{31.623} = 1.343 \text{ 倍}$$
$$F_{total} = 10 \log_{10} 1.343 = 1.280 \text{ dB}$$

表5-1 高周波トランジスタのデータシートには最適信号源インピーダンスが示されている[8]
ここに示したのは，ヘテロジャンクションFET NE34018（V_{CE} = 2 V，I_C = 5 mA）の場合

周波数 f [GHz]	最小雑音指数 F_{min} [dB]	最適信号源インピーダンス Γ_{opt}		$R_n/50$
		振幅	位相 [°]	
0.9	0.51	0.69	15	0.26
1.0	0.52	0.68	17	0.25
1.5	0.57	0.63	25	0.24
2.0	0.61	0.61	35	0.23
2.5	0.62	0.56	46	0.21
3.0	0.65	0.44	59	0.17

注 ▶ R_n は雑音抵抗．$R_n/50$ は，50 Ωで正規化した値．この値が小さいほど，整合がずれたときの雑音指数が悪化する度合いが小さい

▶初段に雑音の小さいLNAを追加すると全体が低雑音化される

①〜④の結果から，次のことがわかります．
- LNAを挿入すると全体の雑音指数が大きく改善される
- LNAのゲインが大きいほど，後段の回路の雑音の影響が小さくなる
- LNAの雑音指数が低いほど，全体の雑音指数が低くなる

◆ 入力部のインピーダンス整合が取れていること

安易にLNAの入力のインピーダンスを50 Ωに整合すると，雑音指数が悪化します．

雑音指数を最適化するには，増幅素子の入力端子から信号源側（アンテナ側）を見たときの反射係数が，増幅素子のノイズ・パラメータ（Γ_{opt}）と一致するように，整合回路を設計します．Γ_{opt}とは，雑音指数を最小にしたい場合に設定すべき信号源側のインピーダンスで，**表5-1**に示すように増幅素子のデータシートに記載されています．

信号源側のインピーダンスをΓ_{opt}に合わせると，今度は入力VSWRやゲインなどが悪化します．雑音指数，入力VSWR，ゲインなどのトレードオフを考慮しながら整合回路を設計します．

■ 設計

◆ 増幅素子の選定

増幅素子は国内外の半導体メーカ各社が販売しており，電源を加えるだけで使える品種（MMIC：Microwave Monolithic IC）からディスクリート品まで，さまざま

表5-2 GPSのLNAに使える増幅素子の例

型 名	メーカ名	雑音指数 NF[dB]	ゲイン [dB]	IP_{1dB} [dBm]	P_{1dB} [dBm]	テスト条件
ALM-1106	アバゴ・テクノロジー	0.8	14.3	1.8		V_{DD}=2.85 V, I_{DS}=8 mA, f=1.575 GHz
MGA-635T6		0.74	14.5	2.5		V_{DD}=2.85 V, I_{DS}=6.3 mA, f=1.575 GHz
MC13820	フリースケール・セミコンダクタ	1.25	18	-10		V_{CC}=2.75 V, I_{CC}=2.8 mA, f=1.575 GHz
NJG1130KA1	新日本無線	0.65	29		11	V_{DD}=2.85 V, I_{DD}=5 mA, f=1.575 GHz
MAX2659	マキシム	0.8	20.5	-12		V_{CC}=2.85 V, I_{CC}=4.1 mA, f=1.57542 GHz
NE3509M04	NEC エレクトロニクス	0.4	17.5		11	V_{DS}=2 V, I_D=10 mA, f=2 GHz
NE34018		0.6	16			V_{DS}=2 V, I_D=5 mA, f=2 GHz
					12	V_{DS}=2 V, I_D=10 mA, f=2 GHz
NESG2031M05		0.8	17			V_{CE}=2 V, I_C=5 mA, f=2 GHz
					13	V_{CE}=3 V, I_C=20 mA, f=2 GHz
NESG3031M05		0.6	16			V_{CE}=2 V, I_C=6 mA, f=2.4 GHz
					13	V_{CE}=3 V, I_C=20 mA, f=5.8 GHz
μPC8211TK		1.3	18.5		-4	V_{CC}=3 V, I_{CC}=3.5 mA, f=1.575 GHz
μPC8215TU		1.3	27		5	V_{CC}=3 V, I_{CC}=10 mA, f=1.575 GHz
μPG2311T5F		1.2	37		5	V_{CC}=3 V, I_{CC}=17 mA, f=1.575 GHz
RF2373	RF Micro Devices	1.1	19	-5		V_{CC}=3.3 V, I_{CC}=10 mA, f=1.575 GHz
SGL-0622Z	Sirenza Microdevices (RF Micro Devices)	1.5	28		5.3	V_{CC}=3.3 V, I_D=10.5 mA, f=1.575 GHz

な品種から選ぶことができます．**表5-2**に示すのは，GPSのLNA用の増幅素子の例です．

増幅素子は，NPNのSiGe RFトランジスタ NESG2021M05を使います．**表5-2**

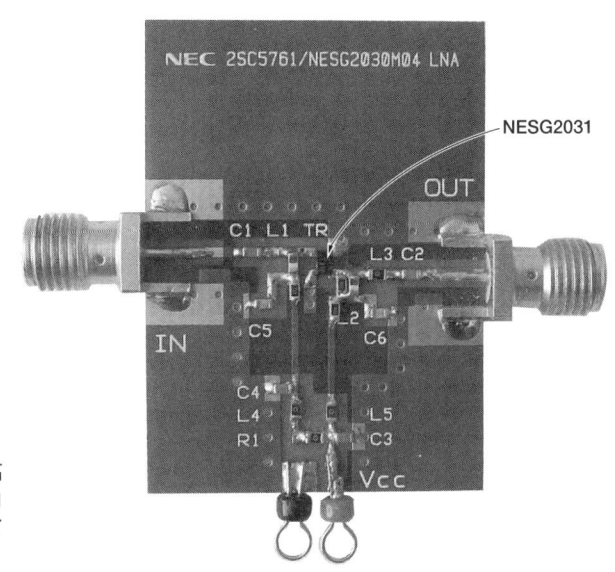

写真5-1 SiGeプロセスの高周波トランジスタ NESG2031M05の評価基板を利用してLNAを試作

からわかるように，NESGシリーズはLNAに必要な低い雑音指数と高いゲインをもちます．写真5-1に示すように，NESGシリーズの評価用基板を利用します．

◆ 目標性能

NESG2031M05のデータに掲載されている特性カーブをみると，雑音指数は$I_C = 3\,\text{mA}$付近で最小になり，ゲインは$I_C = 15\,\text{mA}$付近で最大になります．そこで，雑音指数の特性とゲインの特性のバランスを考え，$I_C = 5\,\text{mA}$に設定してみます．また，V_{CE}を高くしたほうが(1 Vよりも2 V)高いゲインを得られるので，$V_{CE} = 2\,\text{V}$に設定してみます．

データシートの特性データから，2 GHzにおいて$V_{CE} = 2\,\text{V}$，$I_C = 5\,\text{mA}$の条件で，雑音指数は$1.1\,\text{dB}_{max}$，ゲインは$15\,\text{dB}_{min}$なので，GPS電波の周波数(1575.42 MHz)において，次の性能を得ることを目標にします．

- 雑音指数：1.2 dB以下
- ゲイン：15 dB以上
- 入力 $VSWR$：2.5以下
- 出力 $VSWR$：2.5以下
- バイアス：$V_{CE} = 2\,\text{V}$，$I_C = 5\,\text{mA}$

◆ 初期設計

バイアスは**表5-2**のテスト条件を参照して，$V_{CE} = 2\,\text{V}$，$I_C = 5\,\text{mA}$に設定します．データシートでバイアス条件におけるh_{FE}とV_{BE}を調べると，$h_{FE} = 190$，$V_{BE} = 0.83\,\text{V}$になります．電源電圧$V_{CC} = 3\,\text{V}$として，固定バイアス回路で設計すると，**図5-4**のようになります．

h_{FE}がばらつくとLNAの各特性に影響します．h_{FE}のばらつきの影響を抑えるためには，アクティブ・バイアス回路[17]が有効です．

◆ 特性の最適化

▶ フリーのシミュレータを利用する

半導体メーカがホームページ上で公開しているデバイス・ライブラリを利用してシミュレーションします．ここではフリーのシミュレータAnsoft Designer SV版を使います．

Ansoft Designer SV版は，アンソフト・ジャパンのホームページ(http://www.ansoft.co.jp/)から入手できます．また，NESG2031M05のAnsoft Designer SV版向けのデバイス・ライブラリは，NECエレクトロニクスのホームページ(http://www.necel.com/microwave/ja/parameter/sigehbt_dp.html)から入手できます．

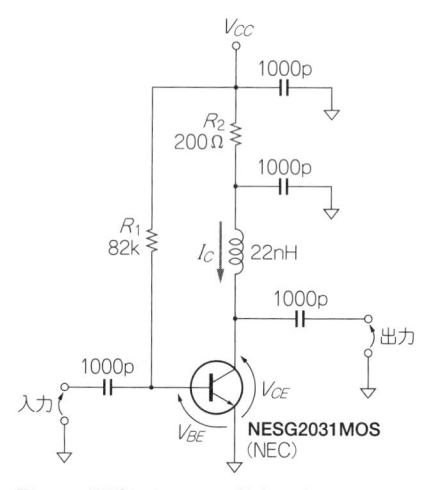

図5-4 設計したLNAの基本回路

▶寄生成分を含めて回路図を描く

図5-5に示すのは，必要な部品を並べて描いたシミュレーション回路です．高周波回路の場合は，これではシミュレーション結果になんの信憑性もありません．

高周波信号を扱う回路をシミュレーションする場合は，部品と部品をつなぐ銅箔のプリント・パターンや，コンデンサのリード電極に含まれるインダクタンス成分なども部品の一種と考えて，シミュレーション回路に取り込む必要があります．

図5-6に示すのは，**写真5-1**のプリント・パターンに合わせてベースのバイアス

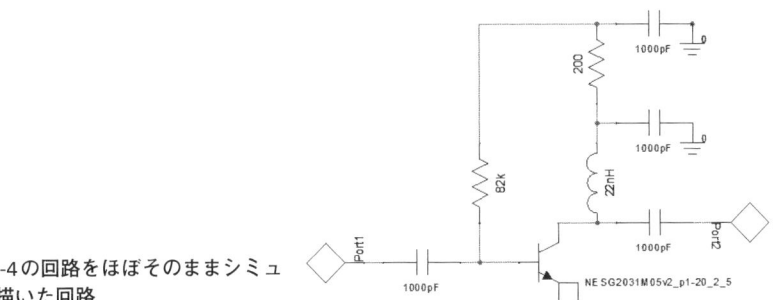

図5-5 図5-4の回路をほぼそのままシミュレータ上に描いた回路

W：パターン幅
P：長さ

＊1：チップ・コンデンサのインダクタンス成分
＊2：チップ・インダクタの容量成分

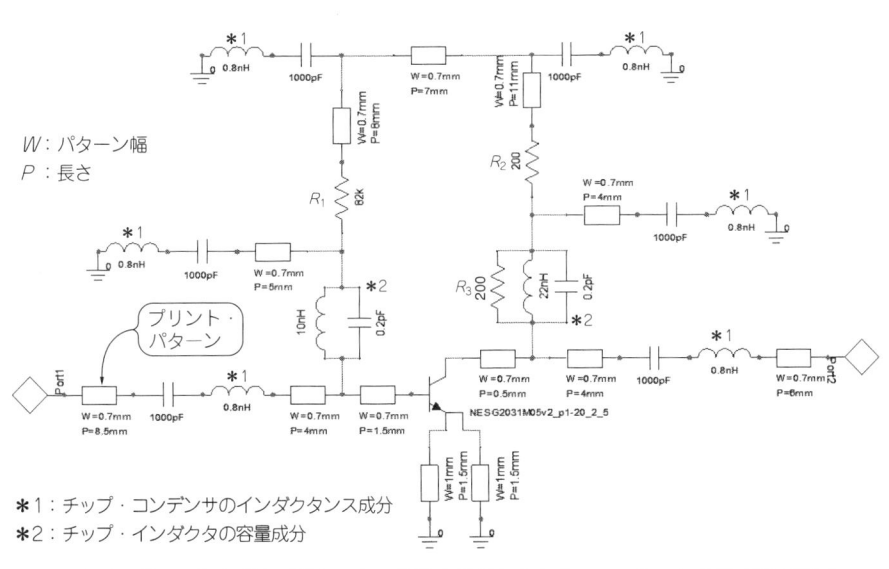

図5-6 実験に使った評価基板（写真5-1）の配線も考慮したシミュレーション回路（調整済み）

5-1 低雑音増幅回路の試作 | 第5章 | **121**

回路にインダクタを追加して，特性を調整したシミュレーション回路です．調整は雑音指数，ゲイン，入力 VSWR，出力 VSWR，安定係数（K ファクタ）を確認しながら行いました．

　コンデンサは1608サイズの積層セラミック・コンデンサを想定し，直列に追加するインダクタンス成分を 0.8 nH とします．インダクタは1608サイズの積層チップ・インダクタを想定し，並列に追加する容量成分を 0.2 pF としています．

▶最適化する

　図5-7に雑音指数，図5-8にゲイン，図5-9に入出力 VSWR，図5-10に入出力インピーダンス，図5-11に安定係数の周波数特性を示します．

　1575.42 MHz における各特性の値は，

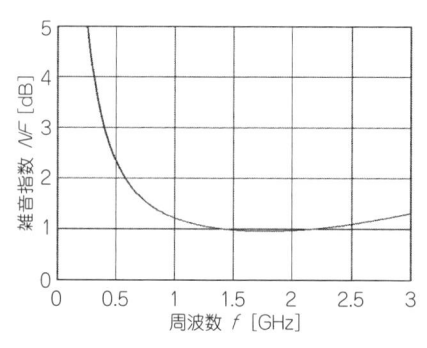

図5-7　設計したLNAの雑音指数の周波数特性を予測（シミュレーション）

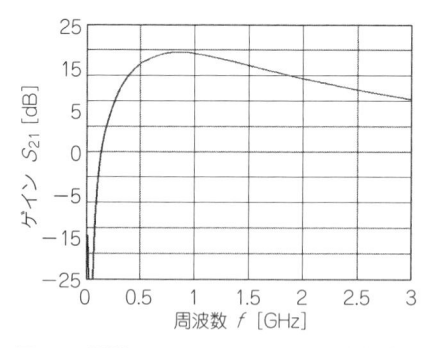

図5-8　設計したLNAのゲインの周波数特性を予測（シミュレーション）

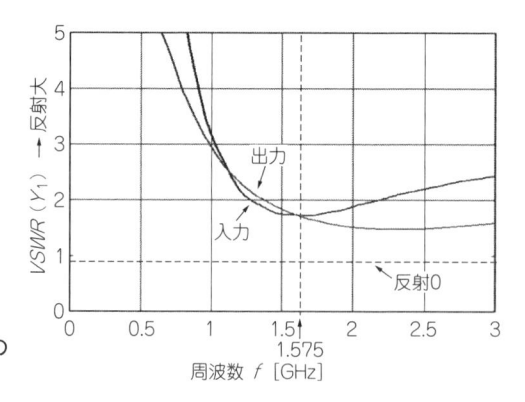

図5-9　設計したLNAの入出力反射特性の周波数特性を予測（シミュレーション）

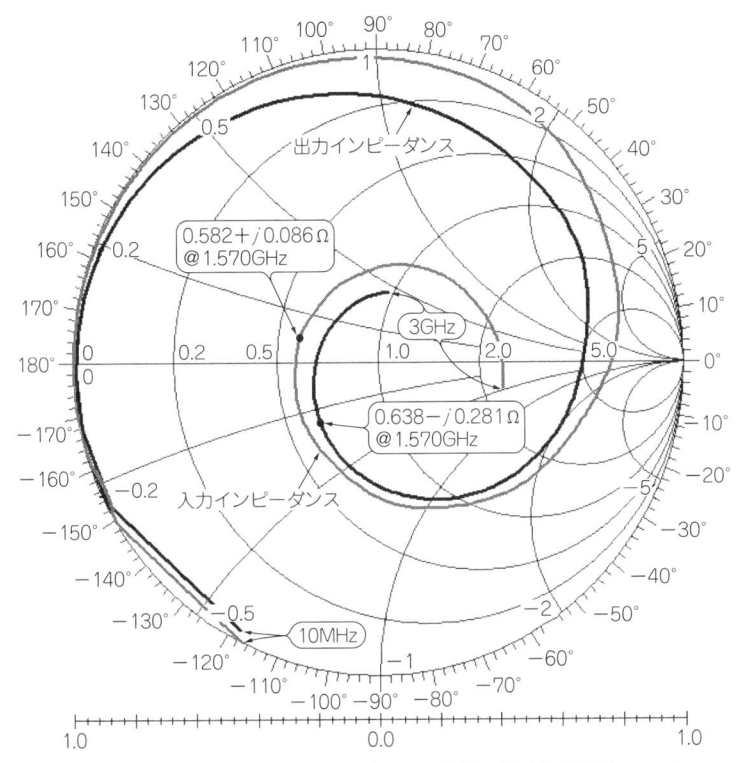

図5-10　設計したLNAの入出力インピーダンスの周波数特性を予測（シミュレーション）

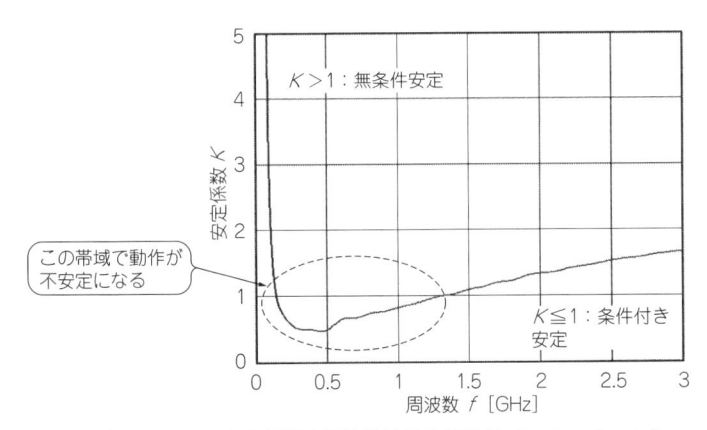

図5-11　設計したLNAの安定係数の周波数特性を予測（シミュレーション）
低域で1以下になっており，発振する可能性があることがわかった

5-1　低雑音増幅回路の試作　第5章　123

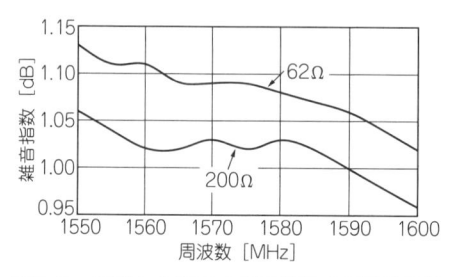

図5-12 設計したLNAの雑音指数の周波数特性（実測）

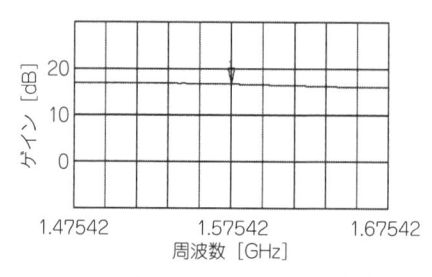

図5-13 設計したLNAのゲインの周波数特性（実測）

- 雑音指数：0.98 dB
- ゲイン：16.58 dB
- 入力 $VSWR$：1.74
- 出力 $VSWR$：1.76
- 安定係数：1.13

です．

▶抵抗 R_3 で安定度を調整

図5-11から，1575 MHz付近では $K>1$ を満足しており安定ですが，低域では $K<1$ となっており，発振の可能性があります．

R_3 を200 Ωから62 Ωに変更し，全帯域で $K>1$ となるように調整しました．ただし1575.42 MHzにおける雑音指数とゲインが，それぞれ1.04 dBと14.44 dBに悪化しました．ゲインが目標の15 dBを少し下回りますが，異常発振は致命的なので，安定度の確保を優先します．

入力 $VSWR$ は1.81，出力 $VSWR$ は1.14になり，入力の反射は少し悪化しますが，出力の反射はとても低くなっています．

◆ 試作した回路の性能

▶安定係数調整前（$R_3 = 200\ \Omega$）

写真5-1に示すLNAに電源を供給して動作を確認しました．I_C が5 mAよりも少なくなったので，図5-6の R_1 を82 kΩから75 kΩに変更しました．

図5-12に雑音指数，図5-13にゲイン，図5-14に入出力 $VSWR$，図5-15に入出力インピーダンスの周波数特性を示します．

1575.42 MHzにおける各特性値は次のとおりです．

- 雑音指数：1.02 dB
- ゲイン：16.80 dB
- 入力 $VSWR$：2.15
- 出力 $VSWR$：2.25

$VSWR$ はシミュレーションよりも少し悪くなりましたが，雑音指数とゲインはほぼシミュレーション結果に近くなりました．

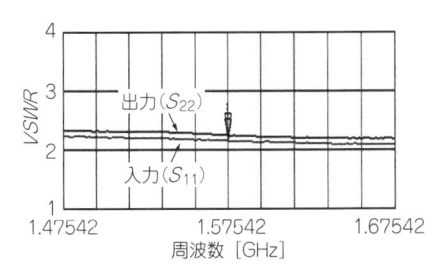

図5-14　設計したLNAの入出力反射特性の周波数特性(実測)

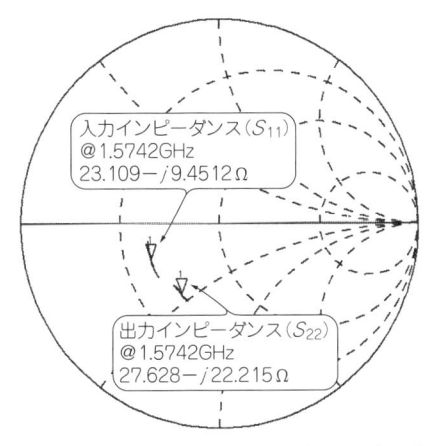

図5-15　設計したLNAの入出力インピーダンスの周波数特性(実測)

▶ 安定係数調整後($R_3 = 62\ \Omega$)

安定係数を1より大きくするために，図5-6の抵抗R_3を62 Ωに変えたときの1575.42 MHzの各特性値は，

- 雑音指数：1.09 dB
- ゲイン：15.0 dB
- 入力 $VSWR$：2.4
- 出力 $VSWR$：1.3

です．シミュレーション結果と同様に，雑音指数，ゲイン，入力 $VSWR$ が悪化して，出力 $VSWR$ が大きく改善されます．

5-2　BPFの設計

■ 働き

図5-16に示すように，受信アンテナには不要な信号が飛び込んできます．

アンテナ自体も帯域通過フィルタのような特性をもっていますが，かなり広いため，不要な信号が簡単に侵入してきます．

一般的な受信機は，受信したい信号とレベルが等しい不要な信号が復調回路に混入すると，受信できなくなります．不要な信号のレベルが受信信号より低くても，受信感度が低下します．こんなとき，適切に設計されたBPFに受信信号を入力すると，必要な信号だけが通過して出力されます．BPFの通過帯域幅を狭くすれば

するほど受信帯域内に含まれる雑音の電力が低下し，S/Nが向上し受信機の感度は上がります．

■ 求められる性能

高感度な受信を実現するために，BPFに要求される性能は，次の三つです．
① BPFの通過帯域幅を狭くして，受信帯域近くの妨害波を極力除去する
② BPFの減衰域の減衰量をできるだけ大きくして，後段に入る雑音電力を小さくする
③ BPFの挿入損失を小さくして，雑音指数を改善する

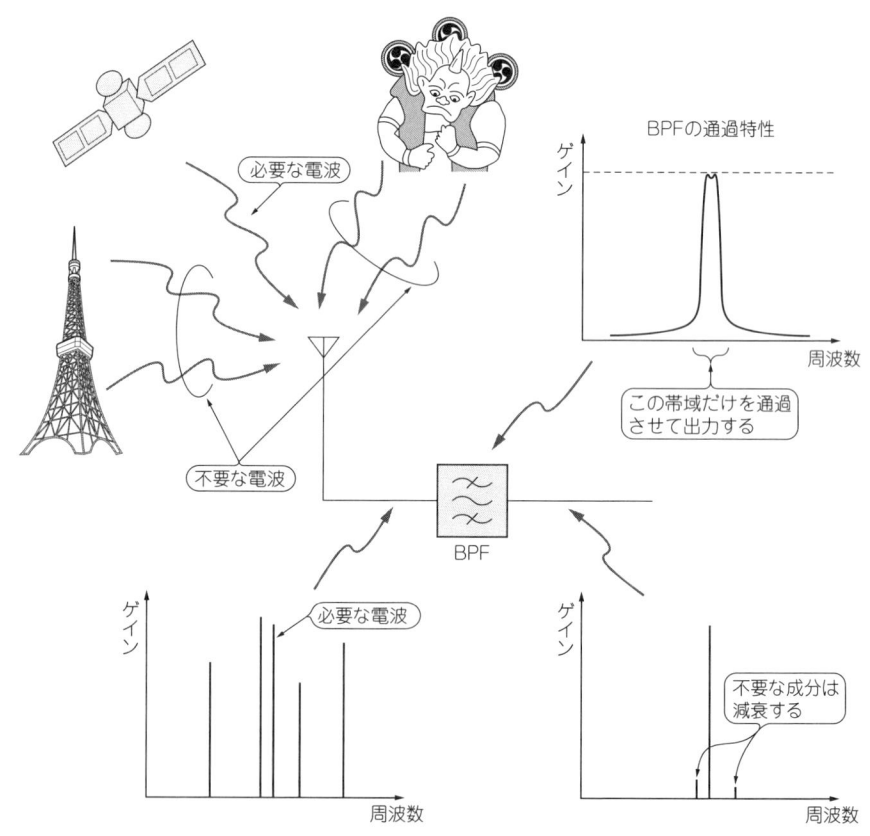

図5-16 BPFは必要な周波数成分だけを通過させる

■ BPFに必要な特性

通過帯域，減衰特性，反射特性，挿入損失が重要です．

◆ 通過帯域

信号を通過させる周波数帯域のことです．GPS受信機のBPFに求められる通過帯域は，1575.42 MHz ± 1.023 MHzです．

◆ 減衰特性

通過帯域外の減衰特性が急峻であることが求められます．

◆ 反射特性

反射特性は，BPF前後の回路とのインピーダンス整合が影響します．反射は小さい（$VSWR$が低い）ほうが使いやすいBPFです．

◆ 挿入損失

通過帯域内の損失で，できるだけ小さいことが望まれます．受信アンテナとLNAとの間に挿入損失の大きいBPFを配置すると，受信感度が低下します．

LNAの後ろにBPFを配置する場合は，挿入損失が多少大きくても問題ありません．

図5-17（a）〜（c）の回路で，BPFの挿入位置の影響が雑音指数にどう影響するか確認してみましょう．

① BPFなし（LNAだけ）［図5-17（a）］

　　F_{total} = 1.000dB

② 挿入損失1 dBのBPFをLNAの後ろに挿入［図5-17（b）］

　　$f_1 = 10^{1/10}$ = 1.259倍
　　$g_1 = 10^{15/10}$ = 31.623倍
　　$f_2 = 10^{1/10}$ = 1.259倍

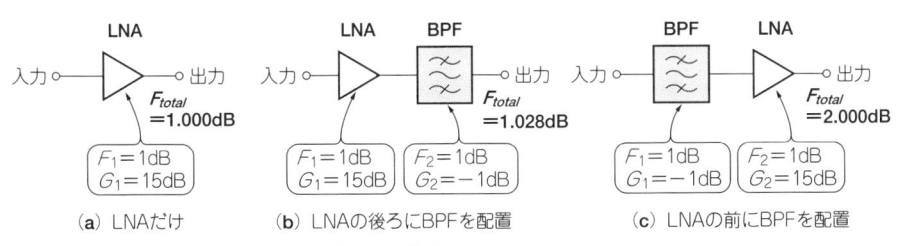

図5-17 BPFをLNAの前に置くと感度が悪化する
（a）LNAだけ　（b）LNAの後ろにBPFを配置　（c）LNAの前にBPFを配置

$$f_{total} = 1.259 + \frac{1.259 - 1}{31.623} = 1.267 \text{ 倍}$$

$$F_{total} = 10 \log_{10} 1.267 = 1.028 \text{ dB}$$

③ 挿入損失1 dBのBPFをLNAの前に挿入［**図5-17**（c）］

$f_1 = 10^{1/10} = 1.259$ 倍

$g_1 = 10^{-1/10} = 0.794$ 倍

$f_2 = 10^{1/10} = 1.259$ 倍

$$f_{total} = 1.259 + \frac{1.259 - 1}{0.794} = 1.585 \text{ 倍}$$

$$F_{total} = 10 \log_{10} 1.585 = 2.000 \text{ dB}$$

▶ BPFをLNAの前に置くと感度が悪化する

①と②の結果を比較すると，LNAの後ろにBPFを挿入した場合，その損失の影響はほとんどないことがわかります．①と③の結果を比較すると，LNAの前にBPFを挿入した場合，BPFの損失分だけ雑音指数が悪化することがわかります．

■ 設計

◆ 目標仕様

次の仕様を目標に設計します．
- 中心周波数：1575.42 MHz
- 通過帯域幅：10 MHz
- 入出力インピーダンス：50 Ω

◆ プリント・パターンで部品を作る

図5-18に示すのは，この仕様を満たすフィルタ回路です．ARLON社の25Nという高周波回路専用の基板を使うことを想定しています．

図5-19にシミュレーション結果を示します．

◆ 3拍子そろったBPFのいろいろ

図5-18に示すフィルタは，形状が大きく，挿入損失も5 dBと大きいため，GPS受信機には利用できません．インダクタとコンデンサを使った*LC*フィルタや**図5-18**に示した伝送線路フィルタは，GPS受信機のフィルタとしては現実的ではありません．

では，GPS受信機ではどんなフィルタが使われているのでしょうか．

小型，狭帯域な通過特性，急峻な減衰特性の3拍子そろったフィルタには，次のようなものがあります．

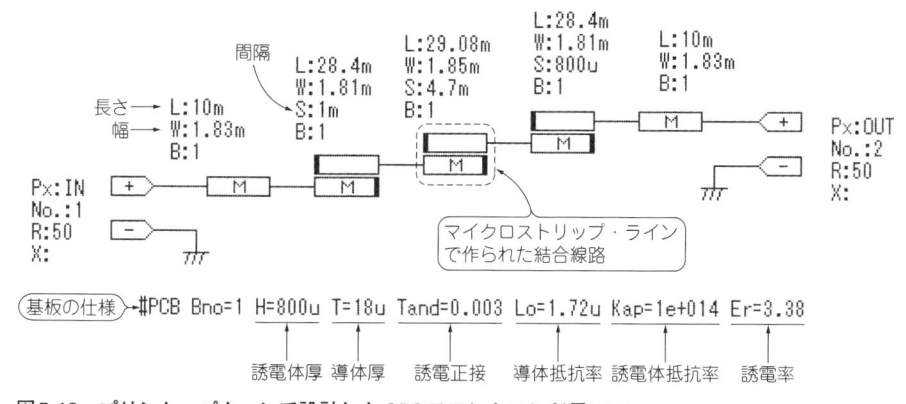

図5-18 プリント・パターンで設計したGPSフロントエンド用BPF
中心周波数1575.42 MHz, 通過帯域幅10 MHz, 入出力インピーダンス50 Ω

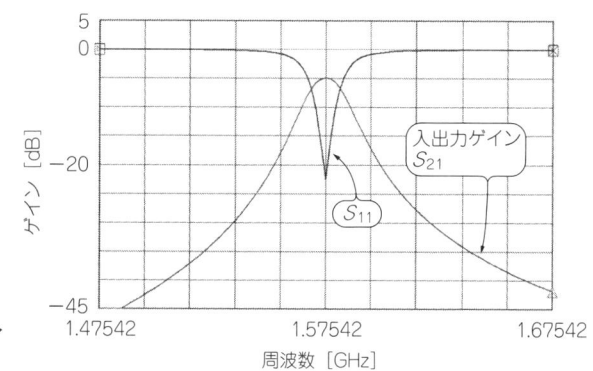

基板の仕様 → #PCB Bno=1 H=800u T=18u Tand=0.003 Lo=1.72u Kap=1e+014 Er=3.38
誘電体厚 導体厚 誘電正接 導体抵抗率 誘電体抵抗率 誘電率

図5-19 図5-18のBPFのゲイン-周波数特性

- SAWフィルタ
- 誘電体フィルタ
- BAW(またはFBAR)

表5-3にGPS用BPFの例を示します.BAW(Bulk Acoustic Wave)とFBAR (Film Bulk Acoustic Resonator)は,バルク弾性波と呼ばれる固体表面を伝わる波を利用したフィルタです.SAWフィルタが主に水晶基板でできているのに対し,BAWフィルタはシリコン基板でできているためワンチップ化に向いています.

◆ **LNAとBPFを内蔵したワンチップIC**

アバゴ・テクノロジーのALM-1412(**写真5-2**)は,LNAとBPFを内蔵したワン

表5-3 GPS用BPFの例

型　名	メーカ名	外　観
AFS1575.42S4	Abracon	
SAFEB1G57KB0F00	村田製作所	
SAFSE1G57KA0T05		
SAFSE1G57KA0T09		
B39162B9000C710S9	EPCOS	
CF6118002C	TDK	
SF14-1575F5UU01	京セラ	
SF14-1575F5UU03		
SF14-1575F5UU04		

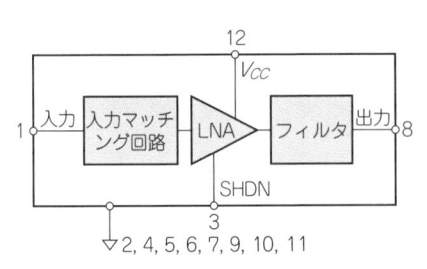

図5-20 LNAとBPFを内蔵したワンチップIC ALM-1412（アバゴ・テクノロジー）の内部ブロック図

写真5-2 LNAとBPFを内蔵したワンチップIC ALM-1412（アバゴ・テクノロジー）

チップICです．BPFは半導体基板上に作成可能なFBARフィルタが使われています．**表5-4**に，ALM-1412の諸特性を示します．LNAとBPFがワンチップ化されており，LNAとBPFとのマッチング回路が不要なので，部品点数を削減できます．**図5-20**に内部ブロック図を示します．

表5-4 LNAとBPFを内蔵したワンチップIC ALM-1412の電気的特性

項目	記号	単位	最小	標準	最大
ゲイン	G	dB	11	13.1	—
雑音指数	NF	dB	—	0.77	1.2
1 dBゲイン圧縮時の出力電力	IP_{1dB}	dBm	—	3.4	—
第3次インターセプト・ポイント (2トーン@f_C ± 2.5 MHz)	IIP_3	dBm	—	7.0	—
入力リターン・ロス	S_{11}	dB	—	−9.0	—
出力リターン・ロス	S_{22}	dB	—	−10	—
逆方向アイソレーション	S_{12}	dB	—	−23	—
GPS受信周波数(1.575 GHz)に対する827.5 MHzの減衰量		dBc	45	61	—
GPS受信周波数(1.575 GHz)に対する1885 MHzの減衰量		dBc	45	54	—
電源電流@ V_{SD} = 2.6 V	I_{DD}	mA	—	9	15
待機時電流@V_{SD} = 0 V	I_{sh}	μA	—	0.1	—

Column　距離2倍で受信電力は1/4，感度は−6 dB

　自由空間(真空中)において受信される信号の電力は，送信アンテナからの距離の2乗に反比例して低下します．例えば図5-Aに示すように，通信距離が2倍になると，受信信号電力は4分の1に減少します．これは受信機の感度が6 dB低下することに相当します．

　送信機と受信機の間に障害物(建物などの構造物)があると，電波は周辺の構造物で反射しながら受信機に到達します．到達した受信電波はとても弱まっているので，受信機内のフロントエンドの設計が悪いと，通信が途絶えてしまいます．

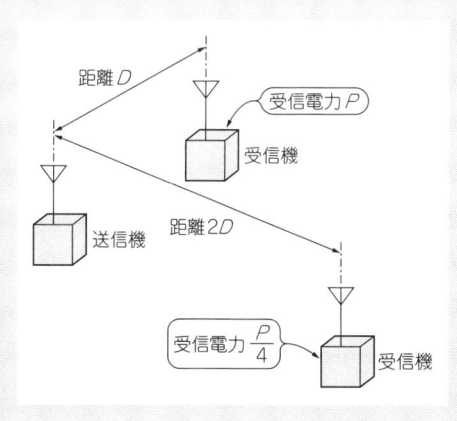

図5-A　距離が2倍になると受信電力は1/4に減衰

第6章

GPSのしくみと応用技術

GPS用アンテナの試作

1.5 GHzの電波を−150 dBm超の高感度で捕らえる

カー・ナビゲーション・システムなどに利用されているGPS受信モジュールにおいては，軽薄短小を実現するためにマイクロストリップ・アンテナを用いることが多いようです．ここではマイクロストリップ・アンテナの特性や設計例を紹介します．

GPSのシステムを動作させるためには，はるか上空のGPS衛星からやってくる電波(中心周波数：1575.42 MHz)をしっかり受信する必要があります．そのための受信アンテナは，とても重要な設計要素です．ここでは，GPS衛星から送られてくる電波の受信に適したアンテナ特性を調べて試作してみました．

6-1　電波の強さとアンテナの要件

◆ 地上に届く電波の強さは理想条件下でも−132 dBmと微弱

GPSの衛星は，地球の中心から約25000 km，地表から約20000 kmの高度を飛んでいます．また，その衛星から送信される電波の出力は50 W以下です．50 Wというと非常に大きな送信出力のように思われるかもしれませんが，皆さんの家の近くにある携帯電話の基地局からも同じくらいの出力の電波が送信されています．

皆さんが持っている携帯電話と基地局との距離はせいぜい数kmです．ところがGPSの場合，その1万倍前後の距離から送信された電波が地表付近に届くので，電波のレベルは非常に低くなります．それでは，地表にはどの程度の強さの電波が到来しているのでしょうか．

仮にGPS衛星の送信アンテナのゲインGが2倍（理想的な半波長ダイポール・アンテナ比），アンテナの効率ηを100 %，送信出力P_{TX}を50 W，衛星から地表までの距離dを20,000 km，GPS衛星が天頂方向（真上）にあり，大気等での減衰がゼロ，そして地面の影響もないとすると，地表での電界強度E [V/m] は，

$$E = \frac{7 \times \sqrt{\eta G P_{TX}}}{d} = \frac{7 \times \sqrt{1 \times 2 \times 50}}{20000 \times 10^3} = 3.5 \times 10^{-6} \quad \cdots\cdots (6\text{-}1)$$

になります．

GPS衛星から到達したこの電波を，理想的な半波長ダイポール・アンテナで受信したとすると，受信電力P_{RX}は次式で求まる電力P [W] の1/2になります（GPS衛星からは円偏波の電波が送信され，半波長ダイポール・アンテナは直線偏波アンテナのため受信電力は1/2になる）．

$$P = \frac{\left(E\frac{\lambda}{\pi}\right)^2}{4R} \quad \cdots\cdots (6\text{-}2)$$

ただし，λ：受信電波の波長[m]，R：半波長ダイポール・アンテナの放射抵抗（73.13 Ω）

GPSの電波の自由空間における波長λ [m] は，

$$\lambda = \frac{c}{f} = \frac{300000 \times 10^3}{1575.42 \times 10^6} = 0.19 \quad \cdots\cdots (6\text{-}3)$$

ただし，c：自由空間における光の速度[m/s]，f：周波数[Hz]

となり，従って受信電力P_{RX} [W] は，

$$P_{RX} = \frac{\left(3.5 \times 10^{-6} \times \frac{0.19}{\pi}\right)^2}{4 \times 73.13} \div 2 = 7.66 \times 10^{-17} \text{ [W]} = 7.66 \times 10^{-14} \text{ [mW]} \quad \cdots\cdots (6\text{-}4)$$

になります．これは非常に小さな電力です．高周波回路で一般に使われているdBm単位で表すと，

$$P_{RX} [\text{dBm}] = 10\log_{10}(7.66 \times 10^{-14}) = -131.16 \quad \cdots\cdots (6\text{-}5)$$

になります．

実際，上記の計算で仮定した条件よりも悪い条件での受信になると予想されるので，受信レベルはもっと低くなってしまいます．屋内やビルの陰に入ってしまうと，GPS衛星から直接届く電波の受信は期待できず，あちこちで反射して届いた電波の受信になってしまうので，さらに低いレベルになります．そのため，GPS受信機には−159 dBmといった非常に高い受信感度が必要になります．

dBmとは，1 mWを基準の0 dBmとした単位系で，例えば1 Wは1 mWの1000倍なので+30 dBmとなります．1 μWは1 mWの1/1000倍なので-30 dBmとなります．

6-2　アンテナの基礎知識とGPS用の特徴

◆ GHz用と数百MHz用のアンテナ

微弱無線や特定小電力などで使われる数百MHz帯では，受信信号の波長が長いため，機器を小型化するためには，波長に対してとても小さな形状のアンテナを使わざるを得ません．そのためアンテナに外付けするマッチング回路で，受信周波数を合わせ込む方法が多く使われます．一方，GHz帯では，受信信号の波長が短いため，無理な小型化をせずに基本どおりのアンテナを設計できます．

◆ アンテナにもゲインがある

信号の入り口であるアンテナの性能は，受信機の感度にも大きく影響します．アンプにゲインがあるように，アンテナにもゲインがあります(アンテナ・ゲイン)．「アンテナ・ゲインの向上＝受信機に入力される信号レベルの増加」になるので，アンテナ・ゲインを上げたぶんだけ受信感度がよくなります．ただしアンテナ・ゲインは，アンテナの指向性や形状，大きさと深く関係するので，簡単に上げられません．

◆ GPS用途に向くアンテナ

GPS衛星は，地上から見た場合に常に移動しているので，電波が送られてくる方向は定まっていません．また，複数個の衛星からの電波を捕らえなければならないため，鋭い指向性をもったアンテナは使用できません．ただし複数個のアンテナを使って，別々の衛星をそれぞれ自動追尾できれば，鋭い指向性のアンテナを使うことも可能です．

GPS衛星から送られてくる電波は，主に頭上からやってきます(正確には水平面上のすべての方向からやってくる可能性がある)．その信号を受けるためには，**図6-1(a)**に示すように上方向に広い指向性をもったアンテナや，**図6-1(c)**に示すような無指向性のアンテナが適しています．

◆ 広指向性，軽薄短小を両立できるマイクロストリップ・アンテナ

受信回路はGPS受信復調用のICを使用すれば，とてもコンパクトに作れます．それにつなぐ受信アンテナも，軽薄短小(軽く，薄く，短く，小さい)なもののほうが適しています．

上方向の広い指向性と軽薄短小という要求を満足できるアンテナには，マイクロストリップ・アンテナ，またはパッチ・アンテナがあります．マイクロストリップ・アンテナは図6-2に示すように，両面基板の片面をべたグラウンドにし，もう片面に放射電極を配置した構造になっています．マイクロストリップ・アンテナはカー・ナビゲーション・システムにおけるGPSアンテナとして，よく使われています．

GPSと同じように衛星からの電波を受信するCS放送やBS放送の場合は，地上から見た場合に衛星が静止して見える(静止衛星)ので，図6-1(b)に示すように鋭い指向性(単一指向性)のパラボラ・アンテナ(ベランダなどに取り付けている皿型のアンテナ)を利用できます．

◆ GPSアンテナは円偏波用がいい

GPS衛星から送られてくる電波は，右旋円偏波(右回り円偏波)と呼ばれる偏波(電界の方向)をもっています．円偏波は図6-3に示すように，水平の電界成分(水平偏波)と垂直の電界成分(垂直偏波)をもっています．図6-3の原点において，Z軸方向へ進んでいく電波を観測したときに，水平偏波と垂直偏波を合成した電界が，

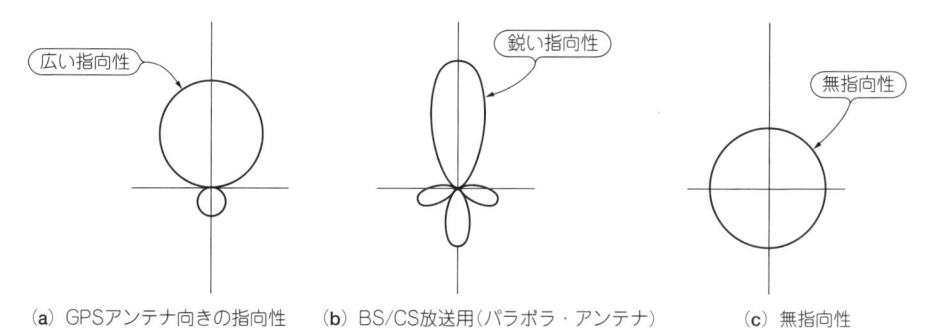

(a) GPSアンテナ向きの指向性　　(b) BS/CS放送用(パラボラ・アンテナ)　　(c) 無指向性

図6-1　GPS用のアンテナの指向性は広いほうがいい

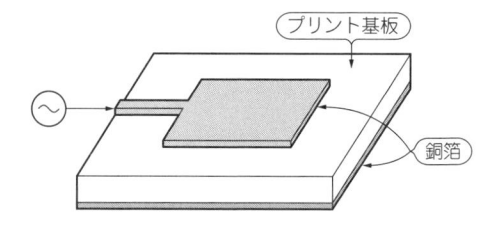

図6-2　マイクロストリップ・アンテナの構造

時間とともに時計回り方向に回転する場合を右旋円偏波，反時計回り方向に回転する場合を左旋円偏波と呼びます．したがって図6-3は，右旋円偏波を表しています．

　円偏波を受けるためには，円偏波用のアンテナが必要になりますが，直線偏波（水平偏波または垂直偏波）用のアンテナでも受信できます．ただし，GPS衛星が天頂方向（頭の真上方向）にある場合でも，3 dB以上ゲインが低下します．また，GPS衛星が水平線に近づくに従って，さらにゲインが低下します．

◆ 実際はどのようなアンテナが利用されているのか

　GPSを利用したさまざまな機器では，どのような方式および形状のアンテナが使われているのでしょうか．

　GPSが必要不可欠であるカー・ナビの場合，アンテナをほぼ空方向に向けて設置できるので，上方向の指向性をもつマイクロストリップ・アンテナが使われています．高誘電率のセラミック基板上にマイクロストリップ・アンテナを構成し，給電位置を調整することにより円偏波に対応しています．高誘電率の基板を使っているので，小型化（20 mm × 20 mm × 4mm前後）されています．東光，ヨコオなどが製造・販売しています．

　GPS機能が内蔵されている携帯電話の場合，アンテナについては軽薄短小化と無指向性に近い指向特性が強く求められます．前述のマイクロストリップ・アンテナでは形状が大きすぎて内蔵することができず，指向性も適していません．携帯電話の場合には，高誘電率のセラミック・ブロック上に，逆Fアンテナやモノポール・アンテナを形成した，チップ・アンテナが使われています．形状は非常に小型で，上記マイクロストリップ・アンテナの1/20程度の体積しかありません．村田製作所，ヨコオなどが製造・販売しています．

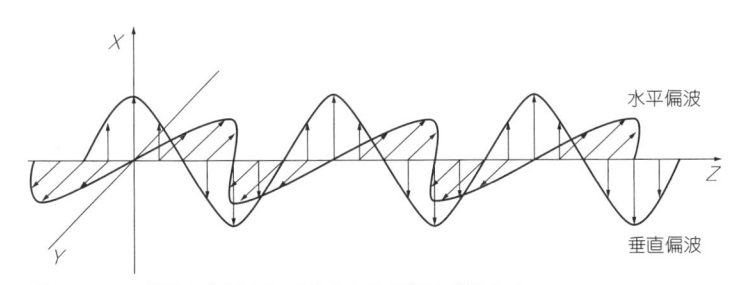

図6-3　GPS衛星から送られてくる右旋円偏波の進み方

6-3　GPS用薄型アンテナの試作

■ 直線偏波用を作る

　円偏波のマイクロストリップ・アンテナの設計，試作，調整は，手間がかかって大変な作業になります．そこで，ここでは設計，試作，調整が容易な，直線偏波用のマイクロストリップ・アンテナを設計してみましょう．マイクロストリップ・アンテナの目標仕様を**表6-1**に示します．

■ 銅箔パターンの形状を設計する

◆ 縦と横の長さを算出する

　図6-4に示す，長方形の放射電極をもつ銅箔パターンの縦(L)と横(W)は，次の手順で求まります．

[手順1]　放射電極の幅(W)を求める

$$W = \frac{c}{2f_0} \sqrt{\frac{2}{\varepsilon_r + 1}} \quad \cdots\cdots\cdots (6\text{-}6)$$

　　ただし，c：自由空間での光の速度(3×10^8)[m/s]，f_0：共振周波数[Hz]，ε_r：比誘電率

[手順2]　マイクロストリップ・アンテナの実効誘電率(ε_{eff})を求める

$$\varepsilon_{eff} = \frac{\varepsilon_r + 1}{2} + \frac{\varepsilon_r - 1}{2} \times \left(1 + 12 \times \frac{h}{W}\right)^{-1/2} \quad \cdots\cdots (6\text{-}7)$$

表6-1　設計するマイクロストリップ・アンテナの仕様

項目	仕様
中心周波数	1575.42 MHz
帯域幅	2.046 MHz以上
VSWR	2以下
入力インピーダンス	50 Ω typ

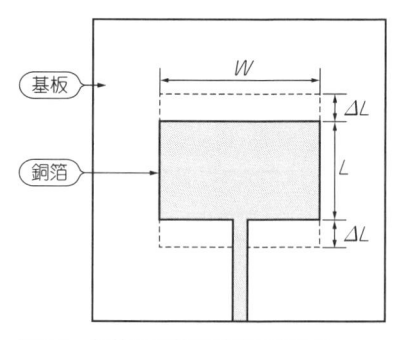

図6-4　銅箔の形状を計算で求める

［手順3］ 長さの補正値（ΔL）を求める

$$\Delta L = h \times 0.412 \times \frac{(\varepsilon_{eff} + 0.3) \times \left(\dfrac{W}{h} + 0.264\right)}{(\varepsilon_{eff} - 0.258) \times \left(\dfrac{W}{h} + 0.8\right)} \quad \cdots\cdots(6\text{-}8)$$

［手順4］ 放射電極の長さ（L）を求める

$$L = \frac{c}{2 f_0 \sqrt{\varepsilon_{eff}}} - 2 \times \Delta L \quad \cdots\cdots(6\text{-}9)$$

入手が容易な高周波用の基板25N（米国ARLON社製）と，ガラス・エポキシ基板（FR-4），この2種類の基板で必要な寸法を計算してみます．

▶ アンテナ1 … ARLON 25N, $\varepsilon_r = 3.38$, $h = 0.8$ mm

$$W = \frac{30 \times 10^9 \text{cm}}{2 \times 1575.42 \times 10^6} \times \sqrt{\frac{2}{3.38 + 1}} = 6.434 \text{cm}$$

$$\varepsilon_{eff} = \frac{3.38 + 1}{2} + \frac{3.38 - 1}{2} \times \left(1 + 12 \frac{0.08}{6.434}\right)^{-1/2} = 3.300$$

$$\Delta L = 0.08 \times 0.412 \times \frac{(3.300 + 0.3) \times \left(\dfrac{6.434}{0.08} + 0.264\right)}{(3.300 - 0.258) \times \left(\dfrac{6.434}{0.08} + 0.8\right)} = 0.039 \text{ cm}$$

$$L = \frac{30 \times 10^9 \text{cm}}{2 \times 1575.42 \times 10^6 \sqrt{3.300}} - 2 \times 0.039 = 5.163 \text{ cm}$$

▶ アンテナ2 … FR-4, $\varepsilon_r = 4.5$, $h = 0.8$ mm

$$W = \frac{30 \times 10^9 \text{cm}}{2 \times 1575.42 \times 10^6} \times \sqrt{\frac{2}{4.5 + 1}} = 5.742 \text{ cm}$$

$$\varepsilon_{eff} = \frac{4.5 + 1}{2} + \frac{4.5 - 1}{2} \times \left(1 + 12 \frac{0.08}{5.742}\right)^{-1/2} = 4.370$$

$$\Delta L = 0.08 \times 0.412 \times \frac{(4.370 + 0.3) \times \left(\dfrac{5.742}{0.08} + 0.264\right)}{(4.370 - 0.258) \times \left(\dfrac{5.742}{0.08} + 0.8\right)} = 0.037 \text{ cm}$$

$$L = \frac{30 \times 10^9 \text{cm}}{2 \times 1575.42 \times 10^6 \times \sqrt{4.370}} - 2 \times 0.037 = 4.481 \text{ cm}$$

◆ 基板の縦と横の長さは2L以上にする

　マイクロストリップ・アンテナの場合，基板の大きさ（裏面のべたグラウンド面の大きさ）がアンテナの特性に影響を与えます．基板の大きさや形状の影響を小さくするためには，基板の縦と横の長さを先に求めたパターンの長さ（L）の2倍以上に設定する必要があります．

■ 銅箔パターンと信号源の接続方法

◆ マイクロストリップ・ラインまたは同軸線路でつなぐ

　マイクロストリップ・アンテナに信号を入出力する（給電）場所は二つあります．一つは図6-5(a)に示すように，マイクロストリップ・ラインを使って，放射電極の幅（W）側の近く（放射電極の端面）に給電する方法です．もう一つは図6-5(b)に示すように，基板の裏面から同軸線路（例えばSMAコネクタなど）を使って放射電極に直接給電する方法です．

　それぞれの給電の具体的な方法を見てみましょう．

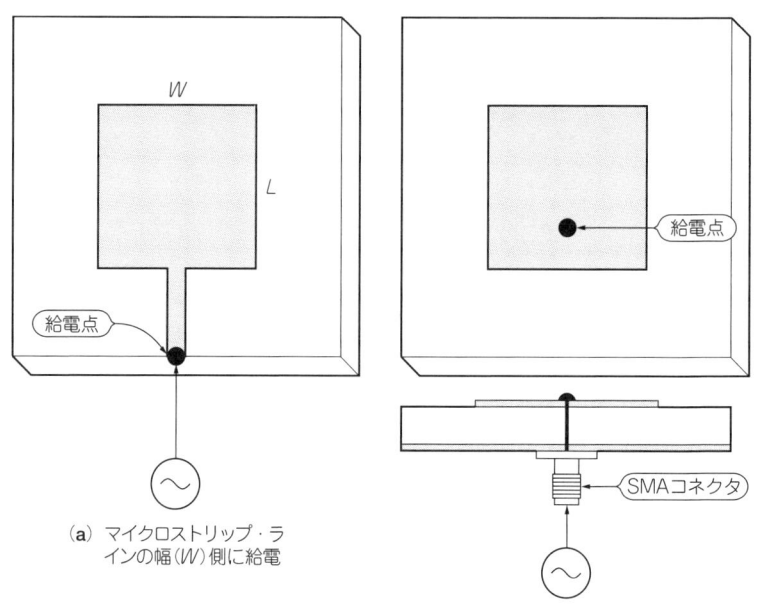

(a) マイクロストリップ・ラインの幅（W）側に給電

(b) 基板の裏面から同軸線路を使って放射電極へ給電

図6-5　基板上の銅箔パターンと信号源との接続箇所

◆ インピーダンス整合を取る
▶ マイクロストリップ・ラインで給電する場合

　一般に給電用には，特性インピーダンス50Ωのマイクロストリップ・ラインを使い，マイクロストリップ・アンテナの近くの中央に接続します．ところが，マイクロストリップ・アンテナの近くの中央の入力インピーダンスは50Ωではありませんので，図6-5(a)のようにマイクロストリップ・ラインを単純に接続してもインピーダンス整合がまったく取れていません．

　したがってGPS用のマイクロストリップ・アンテナとして機能させるためには，1575.42 MHzでインピーダンス整合を取る必要があります．図6-6(a)に示すように給電用のマイクロストリップ・ライン部分に整合回路を設ける方法もありますが，図6-6(b)に示すように放射電極部分に切り込みを入れ，切り込みの深さを調整することによりインピーダンス整合を取る方法のほうが一般的です．測定器で反射特性を確認しながら，調整を行います．

▶ 同軸線路で給電する場合

　最も簡単な方法は，写真6-1(a)に示すようなSMAレセプタクルなどを用意し，写真6-1(b)のように中心導体をフランジ面から「基板の厚さ＋0.数mm」だけ残して，ほかの部分を取り去ります．

　アンテナ基板の給電点部分に穴を開け，加工したSMAのレセプタクルを基板背

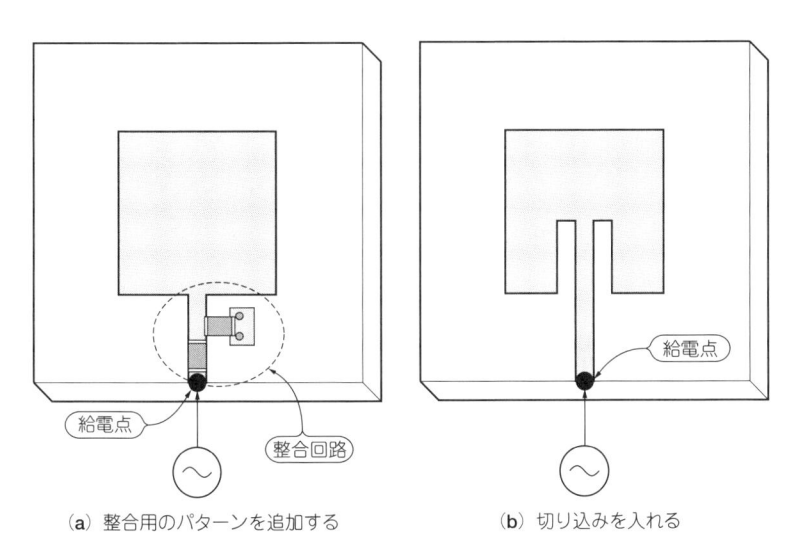

(a) 整合用のパターンを追加する　　　(b) 切り込みを入れる

図6-6　銅箔を加工して信号源と銅箔アンテナ部のインピーダンスを整合させる

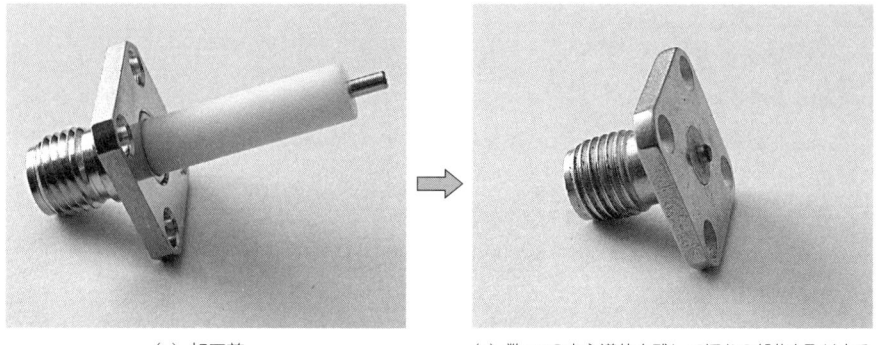

(a) 加工前
(b) 数mmの中心導体を残してほかの部分を取り去る

写真6-1 銅箔アンテナ部と信号源をつなぐSMAレセプタクル・コネクタの加工法

(a) 直線偏波の場合
(b) 右旋円偏波の場合

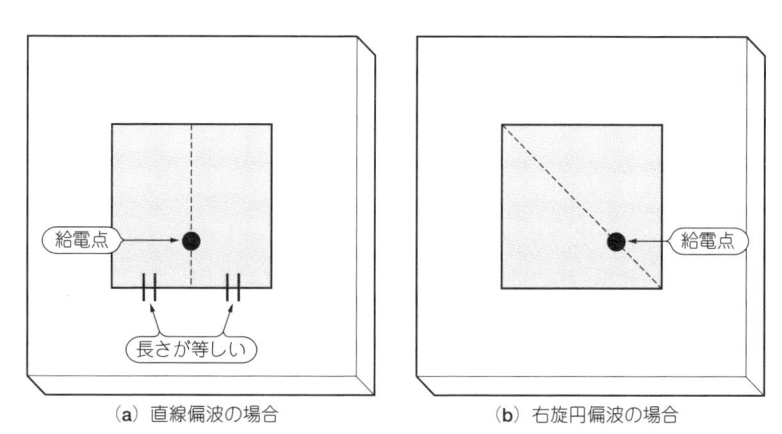

図6-7 同軸線路と銅箔パターンの接続位置

面から取り付けます．中心導体は放射電極とはんだ付けし，レセプタクルの本体は裏面グラウンドとはんだ付けします．

直線偏波の場合には，図6-7(a)に示すように，幅(W)の辺の中心線上に給電し，給電点の位置でインピーダンス整合の調整を行います．

右旋円偏波の場合は，図6-7(b)に示すように対角線上に給電点を設けます．

■ 試作前の特性予測と調整作業

最近は高周波回路シミュレータにも2.5次元の電磁界解析機能が付属しているので，プリント・パターンで作成したマイクロストリップ・アンテナの解析ができま

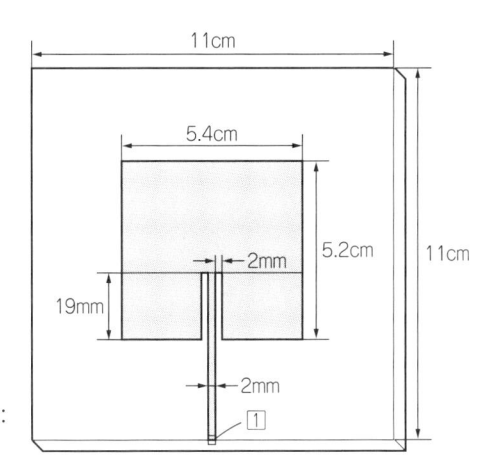

図6-8 試作するアンテナ その1(使用基板：25N，端面給電，調整済み)

す．今回はS-NAPを使ってGPS用マイクロストリップ・アンテナを解析しました．

◆ **3種類のアンテナを解析**

▶ アンテナ1…使用基板25N，端面給電

先の計算で$W = 6.434$ cm，$L = 5.163$ cmが得られたので，$W = 6.4$ cm，$L = 5.2$ cmとして解析しました．基板の外形寸法はLの2倍以上になるように，11 cm×11 cmに設定しました．放射電極の1辺に50 Ωのマイクロストリップ・ラインを接続し，放射電極部分への切り込みを調整し，インピーダンス整合を行いました．

図**6-8**に調整後のパターンを示します．調整の結果，放射パターンの形状は，5.4 cm×5.2 cmになりました．切り込み部分の深さ19 mm，切り込み幅2 mmで50 Ωにインピーダンスを整合できました．図**6-9**に調整後の入力インピーダンス特性と，入力$VSWR$特性を示します．$VSWR = 2$を実用的な帯域幅と仮定すると，20 MHz以上確保できているので，GPSアンテナとしての仕様を満足しています．

図**6-10**にこのアンテナの放射パターンを示します．放射電極側の方向(上側)にだけ放射が見られ，基板の下側にはまったく放射が見られません．

▶ アンテナ2…使用基板FR-4，端面給電

先の計算で$W = 5.742$ cm，$L = 4.481$ cmが得られたので，$W = 5.7$ cm，$L = 4.5$ cmとして解析しました．基板の外形寸法はアンテナ1と同じように，Lの2倍以上になるように11 cm×11 cmに設定しました．放射電極の1辺に50 Ωのマイクロストリップ・ラインを接続し，放射電極部分への切り込みを調整し，インピーダンス整合を行いましたが，切り込みの調整だけではインピーダンス整合がうまく取

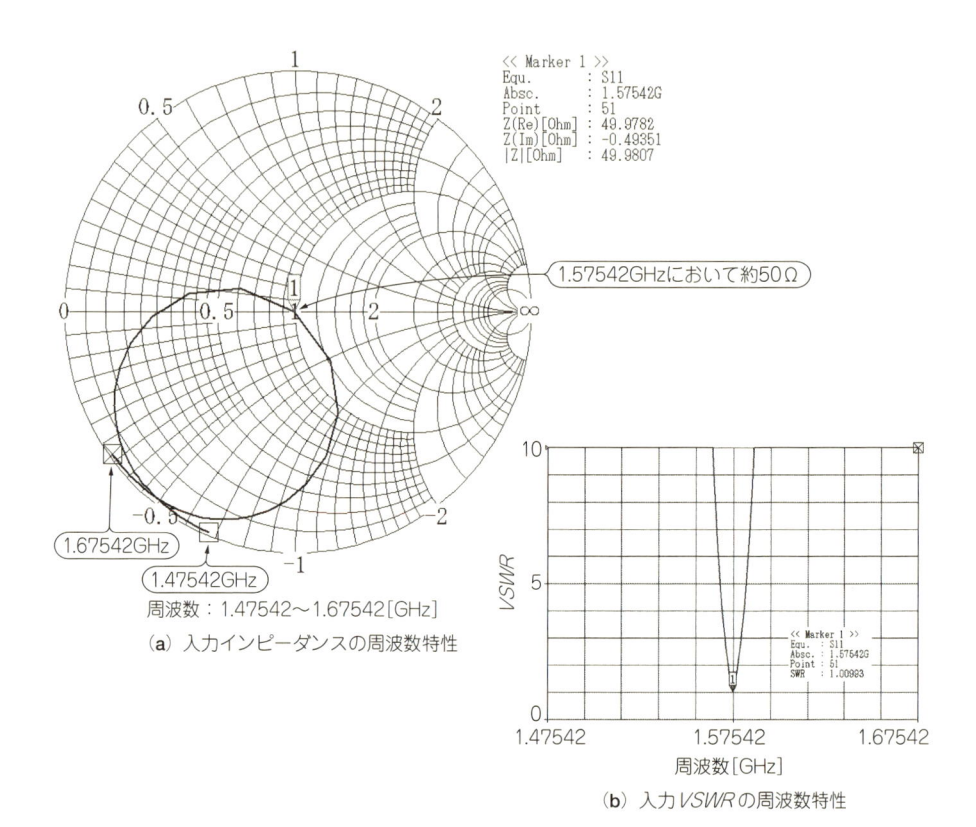

<< Marker 1 >>
Equ.   : S11
Absc.   : 1.57542G
Point   : 51
Z(Re)[Ohm] : 49.9782
Z(Im)[Ohm] : -0.49351
|Z|[Ohm]   : 49.9807

1.57542GHzにおいて約50Ω

1.67542GHz
1.47542GHz
周波数：1.47542〜1.67542[GHz]
(a) 入力インピーダンスの周波数特性

<< Marker 1 >>
Equ.   : S11
Absc. : 1.57542G
Point : 51
SWR   : 1.00993

周波数[GHz]
(b) 入力VSWRの周波数特性

図6-9 アンテナ1の入力インピーダンスと反射特性(シミュレーション)
GPSアンテナとしての仕様を満たしている

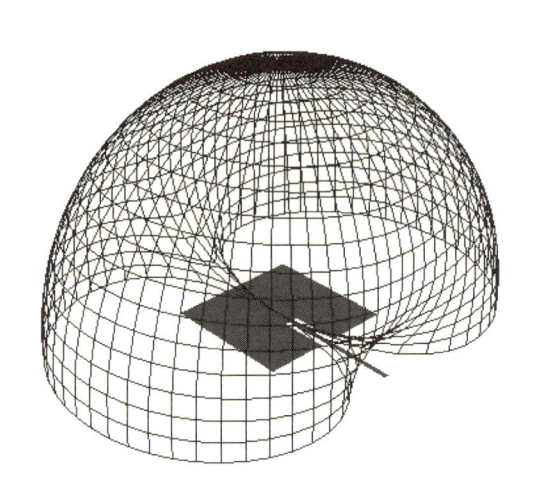

図6-10 アンテナ1の放射パターン
(シミュレーション)
基板の下側には放射していない

れませんでした．そのため，マイクロストリップ・ライン部分での調整も行っています．

図6-11に調整後のパターンを示します．調整の結果，放射パターンの形状は4.6 cm×4.5 cmになりました．マイクロストリップ・ライン部分では，その一部のライン幅を細くし，直列のインダクタンス成分を作り出すことによってインピーダンス調整を行っています．切り込み部分の深さと幅は，それぞれ10 mmと1.5 mmです．図6-12に調整後の入力インピーダンス特性と入力$VSWR$特性を示します．$VSWR=2$を実用的な帯域幅と仮定すると，約190 MHzもあります．25Nの場合の10倍近い帯域幅となっている原因は，FR-4基板のほうが基板での損失が大きいために，アンテナとしてのQが低下したためと考えられます．ちなみに25NとFR-4の$\tan\delta$は，それぞれ0.003と0.03として解析しています．

▶ アンテナ3…使用基板25N，同軸給電

アンテナ1と同じように$W=6.4$ cm，$L=5.2$ cmとして解析しました．また，基板の外形寸法はLの2倍以上になるように11 cm×11 cmと設定しました．同軸給電位置を調整し，入力インピーダンスが50 Ωになるように調整しました．

図6-13に調整後のパターンを示します．調整の結果，放射パターンの形状は，5.7 cm×5.5 cmになりました．給電位置は幅(W)側の辺の中央線上で基板端から1.4 cmの位置になりました．図6-14に調整後の入力インピーダンス特性と入力$VSWR$特性を示します．$VSWR=2$を実用的な帯域幅と仮定すると，この給電方式でも20 MHz以上を確保できているので，GPSアンテナとしての仕様を満たしています．アンテナ1の端面給電よりも少し帯域幅が狭くなっているので，アンテナ

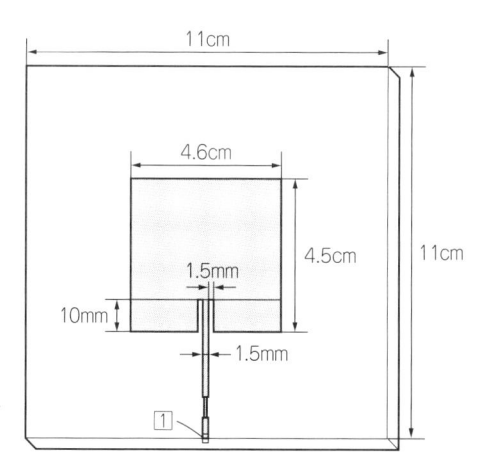

図6-11 試作するアンテナ その2（使用基板：FR-4，端面給電，調整済み）

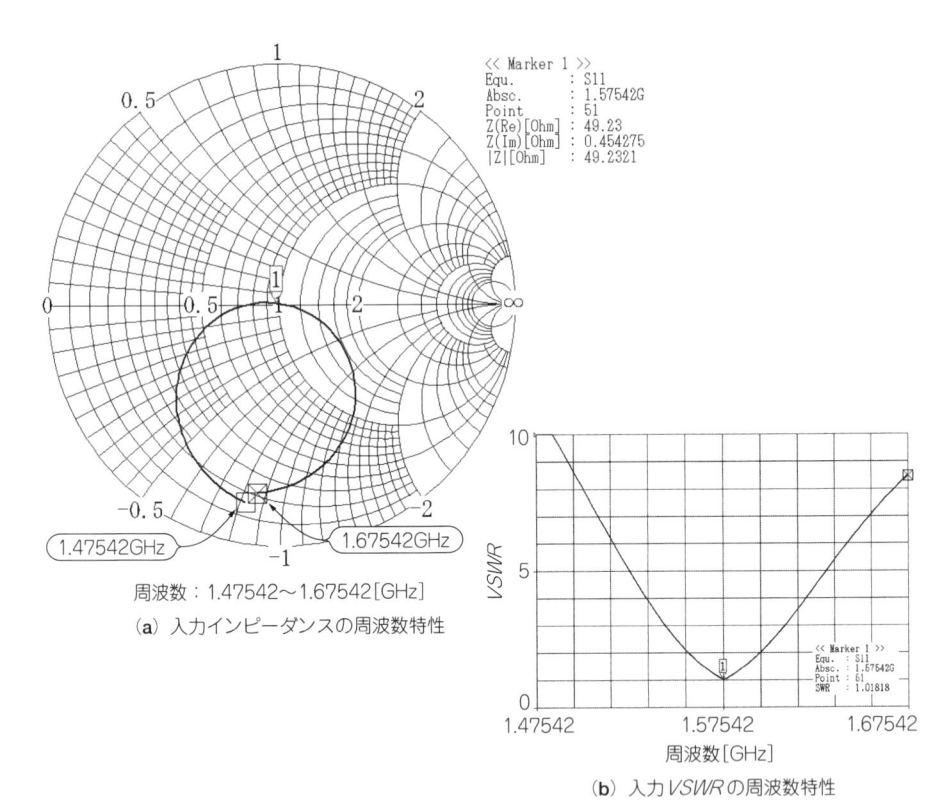

図6-12 アンテナ2の入力インピーダンスと反射特性(シミュレーション)
25Nの10倍近い帯域幅をもつ．アンテナとしてのQが低下している

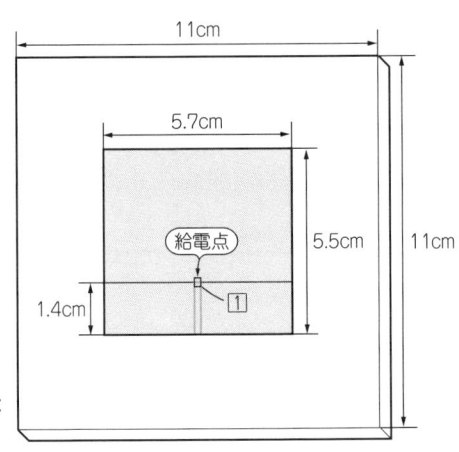

図6-13 試作するアンテナ その3(使用基板：25N，同軸給電，調整済み)

1.47542GHz

<< Marker 1 >>
Equ.   : S11
Absc.   : 1.57542G
Point   : 51
Z(Re)[Ohm]: 45.2663
Z(Im)[Ohm]: -2.22313
|Z|[Ohm] : 45.3208

1.67542GHz

周波数：1.47542〜1.67542[GHz]

(**a**) 入力インピーダンスの周波数特性

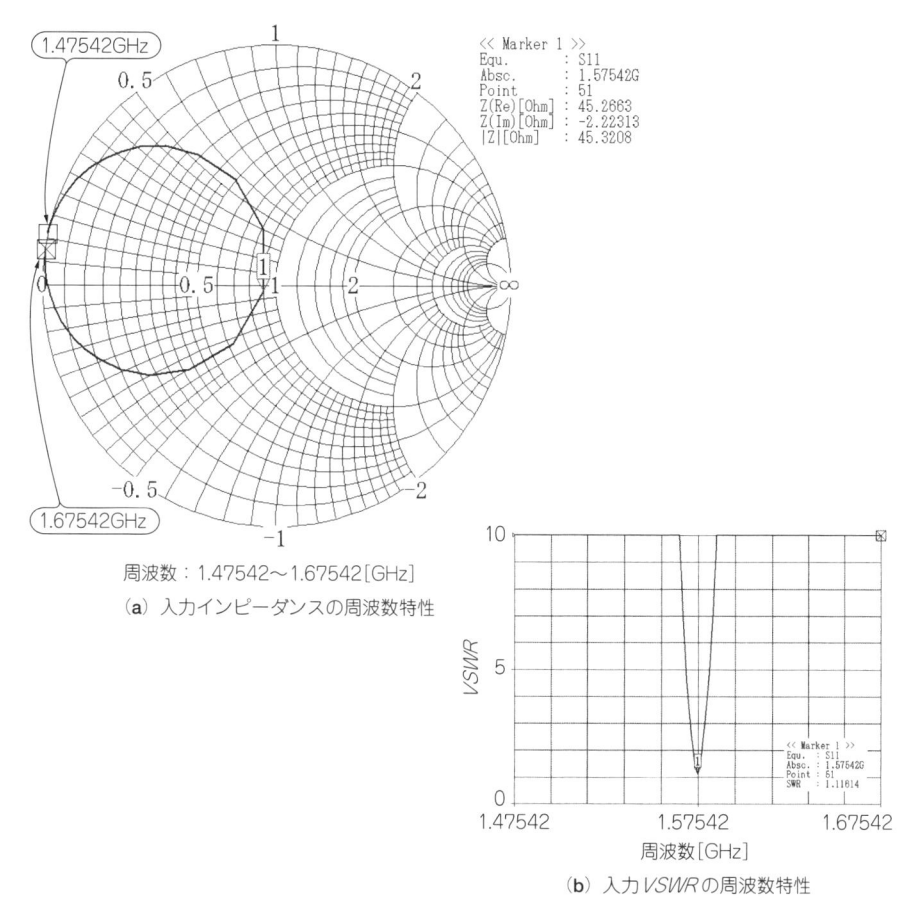

<< Marker 1 >>
Equ. : S11
Absc. : 1.57542G
Point : 51
SWR   : 1.11614

(**b**) 入力 VSWR の周波数特性

図6-14 アンテナ3の入力インピーダンスと反射特性（シミュレーション）
GPSアンテナとしての仕様を満たしている

としての Q は同軸給電のほうが高いと考えられます．

■ アンテナ1を試作して特性を確認

　同軸給電方式の場合，1回の試作で特性が得られないとSMAレセプタクルの取り外しにかなりの労力が必要になります．そこでマイクロストリップ・ラインを使った端面給電方式で試作を行いました．基板は高周波回路用の25Nを使用しました．

　まずはシミュレーションで求めた寸法をもとに，少し大きめにパターンを作成し

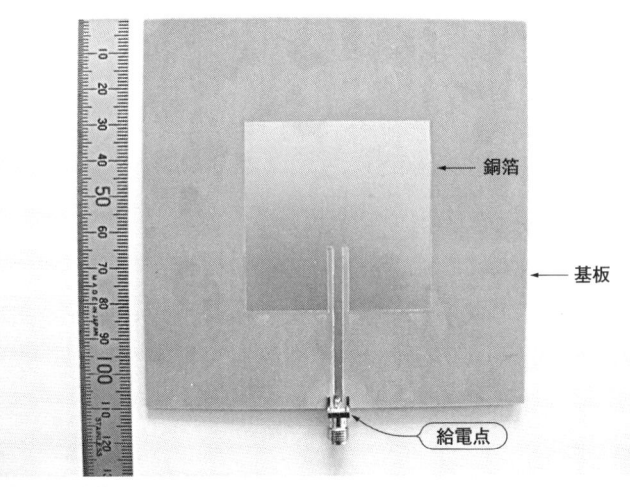

写真6-2 試作したアンテナ1

ました．パターン作成はエッチングではなく，銅はくに切り込みを入れて，不要な部分をはがす方法で行いました．

放射電極の長さと幅の微調整，切り込み部分の微調整を行い，1575.42 MHzでインピーダンス整合の取れたGPS用のアンテナを作成できました．調整後のアンテナの外観を**写真6-2**に示します．

調整後の各部の寸法は次のとおりです．

　W = 5.3 cm，L = 5.25 cm，切り込み深さ：18.0 mm，切り込み幅：1.5 mm．

最終的にはシミュレーションで求めた寸法とほぼ同じになりました．

図6-15に調整後の入力インピーダンス特性と入力 $VSWR$ 特性を示します．$VSWR$ = 2を実用的な帯域幅と仮定すると，50 M～60 MHz確保できているので，GPSアンテナとしての仕様を満たしています．しかし，シミュレーションよりも帯域幅が2倍以上広くなっています．

＊

市販のGPS用アンテナは，誘電率の高い誘電体セラミック基板上に放射電極を形成して，小型化を図っています．また高周波回路用基板(25N)はARLON社の国内代理店である中尾貿易株式会社(http://www.nakaocorp.co.jp/)から購入できます．16 × 36インチ(約41 cm × 91 cm)の両面基板が2万円前後で入手できます．

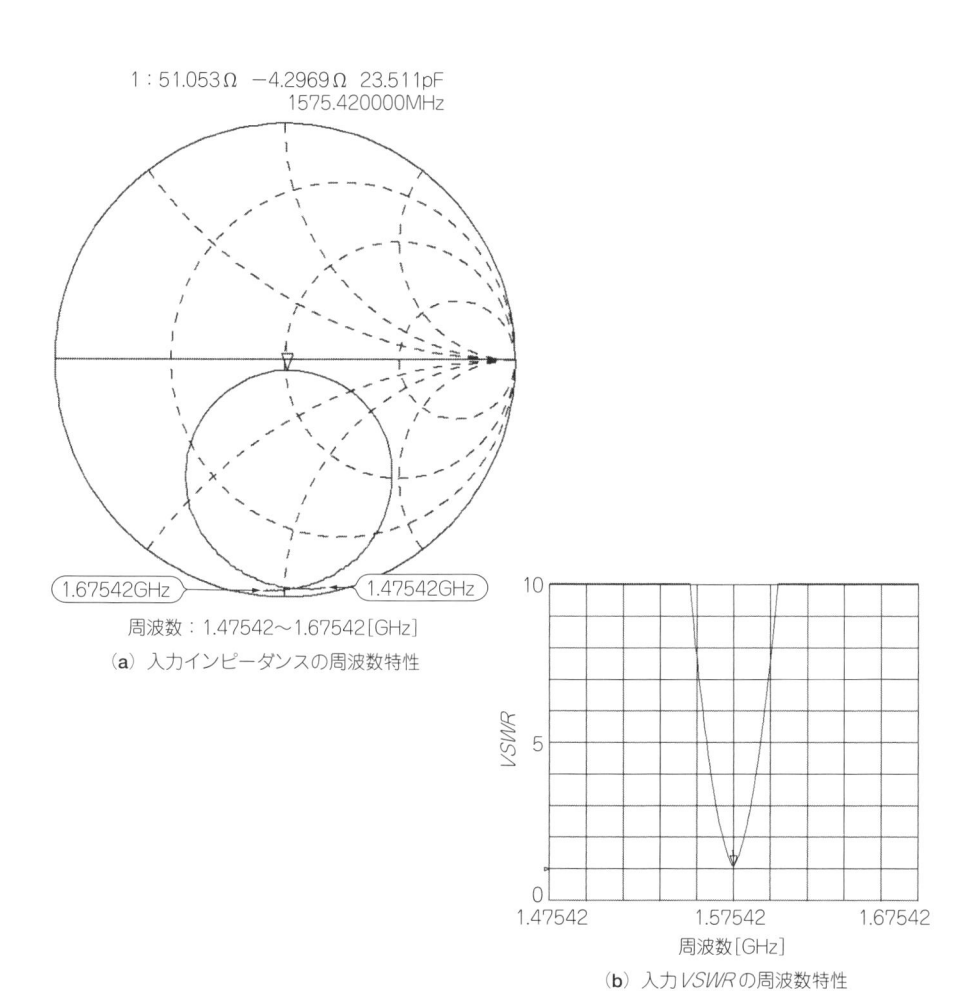

1 : 51.053Ω －4.2969Ω 23.511pF
1575.420000MHz

1.67542GHz 　　　　1.47542GHz
周波数：1.47542〜1.67542[GHz]
（a）入力インピーダンスの周波数特性

VSWR

1.47542　　　　1.57542　　　　1.67542
周波数[GHz]
（b）入力 VSWR の周波数特性

図6-15　試作したアンテナ1の入力インピーダンスと入力 VSWR
シミュレーションよりも帯域幅が2倍以上広いが，アンテナとしての仕様を満たしている

GPSのしくみと応用技術

第7章

ノートPCを使った簡易ナビゲーションの試作

衛星モニタ・ツールで受信状態もチェック

本章では，市販のGPS受信モジュールGPS-72（ポジション）を使用して，ノート・パソコンにカー・ナビゲーション機能を追加してみます．

写真7-1は本試作器を車中に持ち込んで，実際に使用しているところです．写真7-2は製作した基板の外観，図7-1はノート・パソコンのディスプレイに表示された地図ソフトウェアと移動の軌跡です．

◆ 製作に必要なもの

準備する必要があるのは，下記の2点です．
（1）地図ソフトウェア：0円～2万円
（2）GPSモジュールと周辺部品：1万～2万円

地図ソフトウェアは，体験版でよければフリーのものがあります．ここでは，試用期間が1か月の「プロアトラスSV3体験版（アルプス社）」を使います．

安くなってきたとはいえ，カー・ナビゲーションは諸費用込みで数万円以上します．ノート・パソコンを所有していれば，1万～2万円ほどでログ機能つきのポータブル・ナビゲーションを作ることが可能です．

▶ 本格的ではないけれど十分な精度

市販のカー・ナビゲーションの現在地表示マークは，ほとんど路線をはみ出すことはありません．これは，GPS衛星の情報だけに頼らず，地図の道路情報を併用する「マップ・マッチング」という技術を使っているからです．屋内を移動中，GPSの電波が途絶えても，車速パルスや角速度を検出して位置を推測する自律航

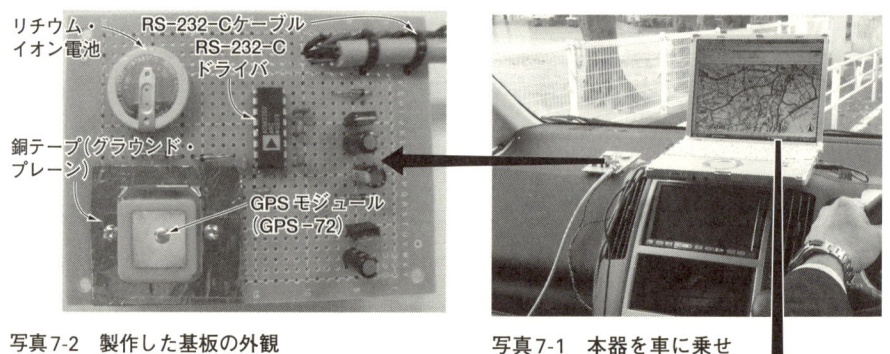

写真7-2 製作した基板の外観

(ラベル)
- リチウム・イオン電池
- RS-232-Cケーブル
- RS-232-Cドライバ
- 銅テープ(グラウンド・プレーン)
- GPSモジュール(GPS-72)

写真7-1 本器を車に乗せて運転しているところ

図7-1 ノート・パソコンに表示された地図ソフトウェア

(地図内ラベル) 現在地／これらの点が走行した軌跡

法が可能なカー・ナビゲーションもあります．

　本章で製作したナビゲーションは，GPSで得られた情報だけを頼りに現在地を表示します．ここで使用したGPS-72をはじめとする最近の受信機は，感度が高く位置精度が良好なので十分使用することができるでしょう．

▶GPSの電波状況をツールでチェック

　本器を製作する過程で，GPS受信モジュールの出力データをリアルタイムに解読し，時刻，衛星の配置情報，緯度，経度，電波のレベル（*C/N*）などをチェックできるGPS受信モニタ・ツール（GPSVP）も使ってみました（後出の**図7-5**）．

7-1　受信基板の製作

　図7-2に製作した基板（**写真7-2**）の回路を，**表7-1**に部品表を示します．

◆ 製作時の注意点

▶RS-232-Cシリアル・ケーブルの加工

　ケーブルは切断して使うので，ストレート・ケーブルでもクロス・ケーブルでもかまいませんが，必ずコネクタ・ピンがメスのものを使います．

▶GPS-72への電源供給

　GPS-72のV_{CC}端子とBATT端子の両方に電圧を供給しないと，内部のCPUコアに電源が加わらず動作しません．

　電源がOFFしている間，CPUはバックアップ電源で32.768 kHzの水晶振動子で動作しながら，時刻データを更新し続けます．これは，次に電源がONされたあとすぐに位置を表示するための工夫です．

▶アンテナの設置方法

　GPS衛星から送信される微弱な右円偏波信号（−130 dBmの電力）をロスなく受波しなければなりません．

　アンテナの下に金属（グラウンド・プレーン）を置くと，上方向への指向性が高まり，受信感度が2〜3 dB上がります．**写真7-2**のGPS-72の下に張った銅テープは，グラウンド・プレーンの役割を果たしています．グラウンド・プレーンは大きいほどよいのですが，50 mm × 50 mm以上になると効果が出なくなります．銅テープがない場合は，家庭で使うアルミ箔でもかまいません．

▶GPS-72のシールド・ケースの処理

　GPS-72のシールド・ケースは内部のグラウンドに接続されており，アンテナが機能するために必要なグラウンド・プレーンの役割を果たしています．

▶ケースに入れるときは電波を通す素材の中に

　GPSの電波はとても弱いので，ケースに入れるときは，樹脂，ゴム，ガラスな

C/N▶Carrier to Noise Ratio．連続のキャリア信号対雑音の比．本章では1 Hz当たりでの値を示している．

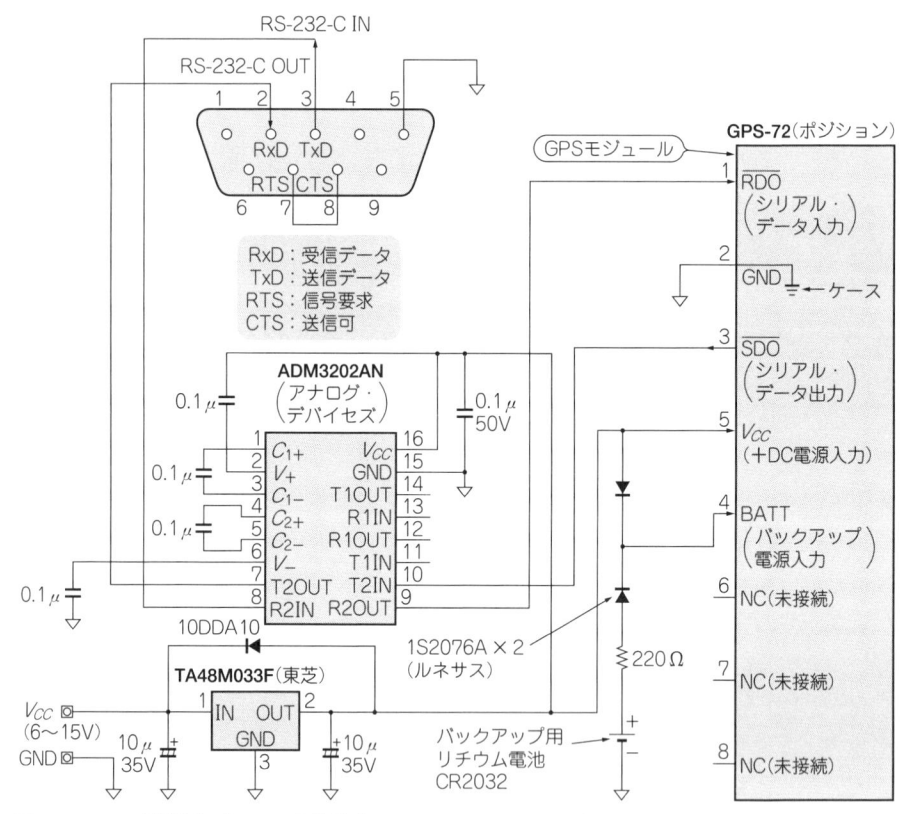

図7-2 GPS受信機とパソコンを接続するインターフェース回路

ど，電波を通す素材を選びます．アルミなど金属は電波を通しませんから，正常に動作しなくなります．ケースとアンテナは2mm以上離します．誘電体が近づくとアンテナの共振周波数がずれて感度を低下させるからです．

◆ **受信基板ができたら地図ソフトウェアをセットアップして電源ON**

　プロアトラスSV3をインストールしたら，デバイスマネージャを開いて，本器のRS-232-Cコネクタを挿し込むCOMポートの番号を確認します．本器は，Windows標準のCOMポート・ドライバで動作します．パソコンにUSBポートしかない場合は，市販のシリアル-USB変換ケーブルを使ってください．

表7-1 製作した簡易ナビゲーション基板に使用した部品一覧

品 名	型名・仕様	メーカ名	数量	備 考
GPS受信機	GPS-72A(B)038	ポジション	1	アンテナ一体/基板実装型
RS-232-CドライバIC	ADM3202AN	アナログ・デバイセズ	1	-
コイン形リチウム電池	CR2032	-	1	-
3端子レギュレータ	TA48M033F	東芝	1	3.3V出力.5V仕様のアンテナを使うときは48M05F(東芝)を追加する
電解コンデンサ	10 μ/35V	-	3	-
積層セラミック・コンデンサ	0.1 μ/50V	-	5	-
シリコン・ダイオード	1S2076 A	ルネサステクノロジ	4	-
抵抗	220 Ω	-	1	-
RS-232-Cシリアル・ケーブル	メス型	-	1	-
ユニバーサル基板	約70 mm × 95 mm	-	1	-

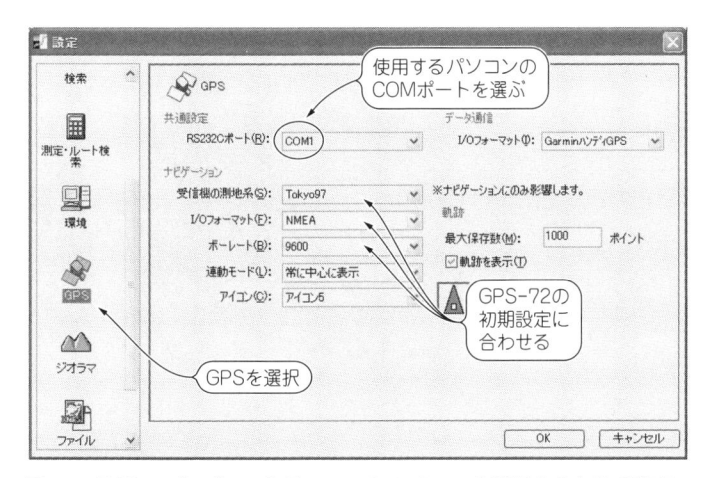

図7-3 地図ソフト プロアトラスSV3とGPS-72と通信するための設定

プロアトラスSV3を起動して，ツール・バー上の［ツール］-［設定］を選ぶと開くダイアログ(**図7-3**)で［GPS］を選択し，次のように設定します．
- 出力形式：NMEA-0183
- 測地系：TOKYO
- ビット・レート：9600 bps

連続モードを［常に中心に表示］に設定すると，走行中の現在地表示が常に地図

の中央部に位置するようになります．

　製作した基板に電源を入れるとGPS-72が起動します．測位に成功すると地図上に現在地が表示されます(**図7-4**)．**写真7-3**に示すのは，GPS-72の3番ピン(SDO)の出力信号です．

◆ 受信状態をチェックできるモニタ・ツールを利用
▶GPSVPとは

　図7-5に起動画面を示します．GPSVPとは，GPS-72が出力するNMEA-0183フォーマットのデータを読み取り，パソコンに表示するアプリケーション・ソフト

図7-4　GPS-72が測位に成功すると，プロアトラスSV3上に現在地マークが表示される

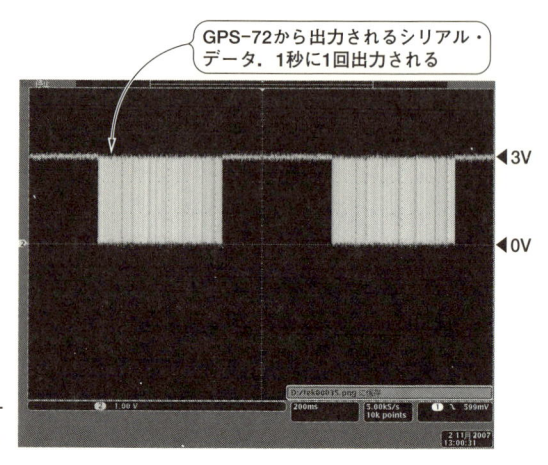

写真7-3　GPS受信モジュールGPS-72の出力データ(1 V/div，200 ms/div)

ウェアです．頒布サービスを利用すれば入手できます．NMEA-0183フォーマットのデータであれば読み込めるので，GPS-72以外のGPS受信モジュールも利用できます．
▶ 専用のGPS受信モニタ・ツールを使う
　本器が正常に動作したら，GPSの受信状態を確認します．本器を空が開けてい

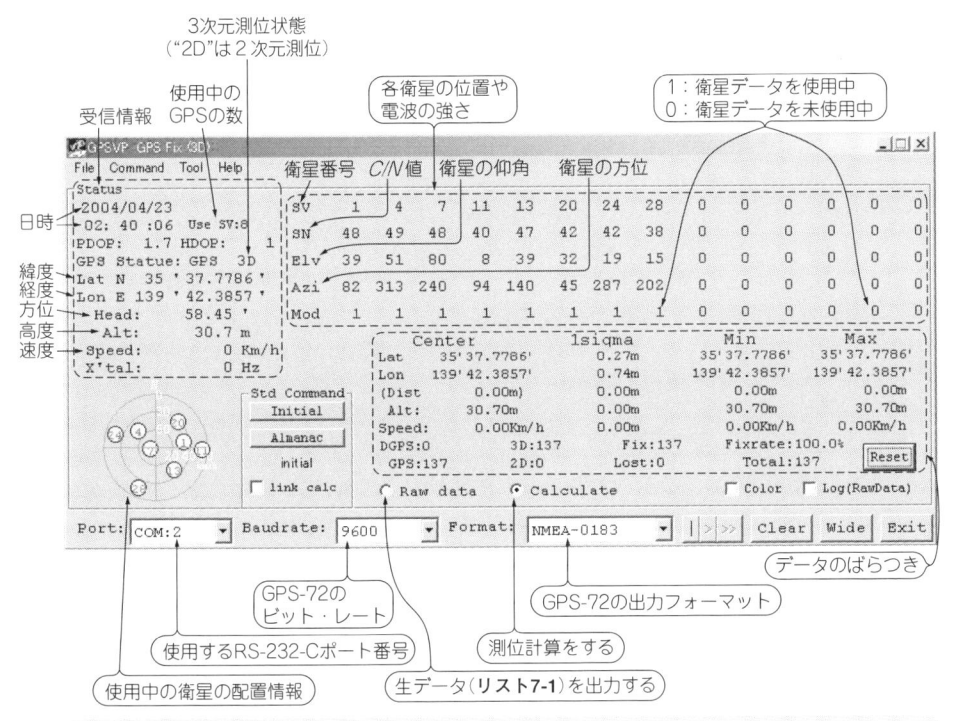

図中ラベル:
- 3次元測位状態（"2D"は2次元測位）
- 使用中のGPSの数
- 受信情報
- 各衛星の位置や電波の強さ
- 1：衛星データを使用中
- 0：衛星データを未使用中
- 衛星番号　C/N値　衛星の仰角　衛星の方位
- 日時
- 緯度
- 経度
- 方位
- 高度
- 速度
- データのばらつき
- GPS-72の出力フォーマット
- GPS-72のビット・レート
- 測位計算をする
- 使用するRS-232-Cポート番号
- 生データ（リスト7-1）を出力する
- 使用中の衛星の配置情報

注▶ PDOPとHDOPは衛星の配置から算出される精度の係数．DOP=6は，DOP=3より精度が2倍悪いことを意味する．
注▶ DGPS(Differential GPS)：GPS衛星に加えて，静止衛星(米国のWAAS，日本のMSASなど)を捕らえることで測位精度を上げることができる．2007年9月27日，運輸多目的衛星用衛星航法補強システム(MSAS)の試験信号が正式な信号に切り替えられ，DGPSが利用できるようになった．ここでは，'0'になっているので未使用中．
注▶ *PDOP*(Position Dilution of Precision)：位置精度劣化度．GPS衛星の幾何学的な配置を数値化したもの．この値が小さいほど位置精度が高く，大きければ位置精度が低い．*PDOP*の水平成分，垂直成分を数値化したものが，*HDOP*(Horizontal Dilution of Precision)と*VDOP*(Vertical Dilution of Precision)．*PDOP*，*HDOP*，*VDOP*の間には，次の関係がある．
$$PDOP^2 = HDOP^2 + VDOP^2$$

図7-5　GPS受信モニタ・ツールGPSVPの起動画面
GPS-72の出力データを取り込んで解析したり表示する．8個のGPS衛星を捕捉していることがわかる

Column　測位結果が得られるまでの時間

基板が完成して最初に電源を入れた場合は，測位が完了するまでに多少時間を要します．これをコールド・スタートと呼んでいます．一般に，空が開けている場所で約40秒要します．

▶コールド・スタート
測位データがすべてバックアップされていない初期状態(初めて電源投入)で測位を開始することです．GPS-72の場合は約60秒要します．

▶ウォーム・スタート
過去の位置，アルマナック・データ(軌道上におけるすべての衛星に関する起動情報)を保持し測位を開始することです．GPS-72の場合は約38秒です．
すべてのアルマナック・データ情報を収集するためには，12.5分間連続測位する必要があります．アルマナック・データは，約1年間有効です．よって電源遮断後1年以内でしたらウォーム・スタートが可能です．

▶ホット・スタート
過去の位置と有効時間内のエフェメリス・データ(個々の衛星の起動情報や時計の補正情報)を保持した状態から測位を開始することです．GPS-72の場合は約8秒です．エフェメリス・データは約4時間有効ですから，電源遮断後4時間以内であればホット・スタートが可能です．

リスト7-1　GPS受信モジュールGPS-72から出力されているNMEA-0183フォーマットの生データ

```
$GPGGA,080908.000,3538.1003,N,13942.9409,E,1,06,01.4,00000.8,M,0039.4,M,000.0,0000*48
$GPGSA,A,3,20,17,28,11,04,23,,,,,,,02.4,01.4,01.9*02
$GPGSV,3,1,09,20,72,089,39,28,53,234,37,17,51,320,40,11,43,062,38*72
$GPGSV,3,2,09,04,21,256,33,23,16,131,34,01,07,044,,19,02,118,*70
$GPGSV,3,3,09,13,01,162,*46
```

○：C/N値
△：衛星番号
□：衛星の仰角
◯：衛星の方位

る場所に設置してください．

リスト7-1に示すのは，GPS-72から出力されるNMEA-0183フォーマットの生データの一部です．C/N値や衛星の番号，衛星の仰角，方位などのデータが示されています．データはハイパーターミナルを使うか，前述のGPSVP(**図7-5**)を使って見ることができます．

GPSVPを使うと，GPS-72が捕らえている衛星の情報が簡単にわかります．初期設定を次のようにしました．

- RS-232-Cポート番号(Port)：COM：2
- ボー・レート(Baud rate)：9600
- フォーマット(Format)：NMEA-0183

本器に電源を入れると，GPS-72からデータが出力されて，衛星から得られたいろいろなデータがディスプレイに表示されます．

▶ 受信感度

受信感度には，捕捉感度と追尾感度があります．

捕捉感度は，衛星を捕捉するのに必要な信号レベルです．

追尾感度は，いったん衛星を捕捉した後，どの信号レベルまで追尾できるかをいいます．衛星を捕捉するときのほうが，衛星を追尾するよりも大きな受信電力(感度)が必要です．

GPS-72は，C/N値が28 dB/Hz以上あれば衛星を捕捉できます．28 dB/Hzは実際の信号強度で－140 dBmに相当します．

衛星を追尾できるC/Nの限界値は12 dB/Hzです．この値が実際の信号強度で－155 dBmに相当します．dB/Hzは1 Hzでの帯域幅に換算したC/N値です．GPSVPの画面上(図7-5)で「SN」と表示されているのがC/N値です．この値の大小で受信が良好かどうかがわかります．

$SN(C/N$値)が大きいほど受信している衛星の信号が強いことを示しています．

使用環境によりますが，C/N値が40 dB/Hz以上ある衛星を3基以上捕らえていれば，ほぼ問題なく測位ができると考えてよいでしょう．受信機の近くに雑音源があったり，空が開けていない場合はこの値が低くなります．本器は雑音源になるノート・パソコンからできるだけ離してください．

7-2　アンテナ一体形の受信モジュールを使用

使用したGPS受信機は，アンテナ一体形のGPS-72(ポジション)です．図7-6にGPS-72の内部ブロックを，表7-2に主な仕様を示します．

◆ アナログ部

GPS信号は，GPS-72のシールド・ケース上に取り付けられたセラミック製のパッチ・アンテナで受信します．微弱な受信信号をすぐに低雑音アンプ(LNA)で増幅して，表面弾性波(SAW)バンドパス・フィルタ(BPF1)で帯域制限したあと，GPS IC内部のRFアンプに供給します．LNAの雑音指数は2 dB以下，ゲインは約15 dBです．BPFの通過帯域は1575.42 MHz ± 10 MHzです．

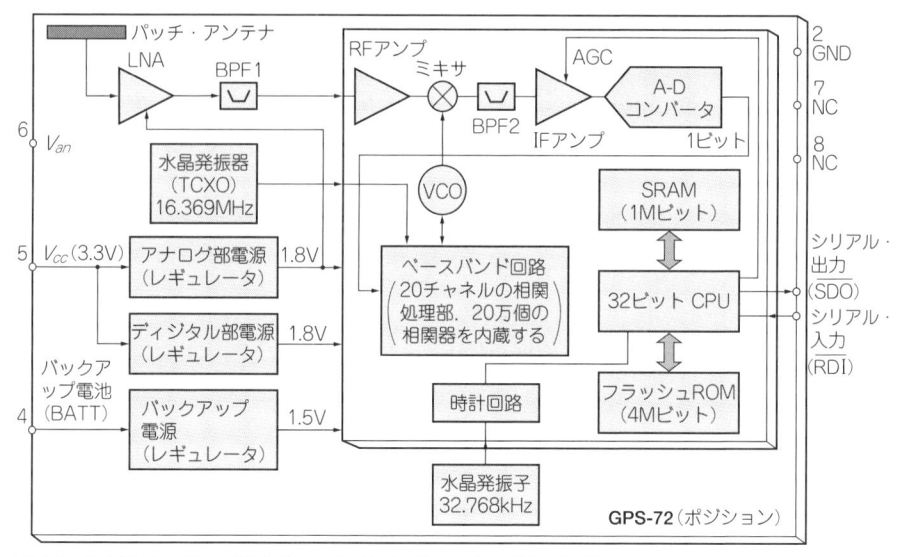

図7-6 使用したGPS受信モジュールGPS-72の内部ブロック図

ミキサ回路で，RFアンプで増幅した高周波信号をVCOの出力信号（1500 MHz帯）と混合し，中間周波数（4 MHz帯）に変換します．VCOは，基準発振器（TCXO）の出力信号（16.369 MHz）に同期して動作します．

中間周波数はBPF2で約2 MHzに帯域制限し，中間周波数アンプで所定のレベルまで増幅します．中間周波数アンプは，受信した信号の強度に応じて出力が一定レベルになるように，ゲインが制御されています．中間周波数信号を1ビットのディジタル信号にA-D変換してベースバンド回路に送り出します．

◆ ディジタル部

GPS-72のベースバンド回路は，最大20チャネルのGPS信号を処理できます．

各衛星からの受信信号を並列に相関処理してC/Aコードを再生し，同時に各衛星の疑似距離を測定します．

32ビットのCPUは，再生したC/Aコードから航法メッセージ・データ（第4章参

ベースバンド▶ 変調前の信号を復調した信号情報．一般にキャリア信号より低い周波数帯域を指す．AMラジオ変調のベースバンドは元の音声信号．

TCXO▶ Temperature Compensated Crystal Oscillator．温度補償型水晶発振器．水晶発振子は温度によって特性が変動するが，センサで温度を検出してこの特性変動を小さくする機能を備える．

表7-2 使用したGPS受信モジュール GPS-72の仕様

項　目	内　容
通信方式	全2重，調歩同期式
ボー・レート	9600 bps
スタート・ビット	1ビット
データ・ビット	8ビット
ストップ・ビット	1ビット
パリティ・ビット	なし
入力信号レベル	$0\,V \sim V_{CC}$，通常 "H"
出力信号レベル	$0\,V \sim 2.8\,V$，通常 "H"

(a) 通信仕様

注▶「15 m 以下（2 drms）」は「95％の確率で15 m以下である」という意味

項　目		内　容
受信方式		12チャネル，パラレル
受信周波数		1575.42 MHz ± 1MHz (C/A コード)
受信電力	追　尾	-155dBm 以下
	捕　捉	-140dBm 以下
測定精度	水平位置	15 m 以下(2drms)[注]． GPS 測位 (SA = OFF, $PDOP \leq 3$)
	速　度	1 m/s：GPS 測位 (SA = OFF, $PDOP \leq 3$)
追従性能	高　度	$-500\,m \sim 18000\,m$
	速　度	1800 km/h 以下
	加速度	$2g$ 以下
測位開始時間	コールド・スタート	40 s_{typ} @常温
	ウォーム・スタート	38 s_{typ} @常温時
	ホット・スタート	8 s_{typ} @常温時
最小測定単位	緯度，経度	10^{-4} 分
	高　度	10^{-1} m
	速　度	10^{-2} km/h
	方　位	10^{-2} 度
測位更新時間		1秒ごと
測位モード		2D(2次元)と3D(3次元)の自動切り替え
低消費電力モード		任意の時間設定とON/OFF制御
出力フォーマット		NMEA-0183 準拠
電源電圧	通常動作	$+3.1 \sim +3.6\,V_{DC}$ @常温時
	バックアップ動作	$+2.1 \sim +3.6\,V_{DC}$ @常温時
消費電流	通常動作	40 mA_{typ} @常温時
	バックアップ動作	6 μA_{typ} @常温時
環境条件	動作温度範囲	$-30 \sim +80$℃
	保存温度範囲	$-40 \sim +85$℃
外形寸法		$23.0(W) \times 20.8(D) \times 7.4\,mm(H)$ シールド・カバーとGPSアンテナを含む．突起部は含まず
重量		11 g 以下（シールド・カバーとGPSアンテナ含む）

(b) 性能

照)を再生します．CPUは，各衛星からの疑似距離と解読したメッセージ・データから，位置と速度を計算で求め，その結果をシリアル・データとして出力します．

　出力データのフォーマットは，ナビゲーション・システムで標準的に利用されているNMEA-0183です．

航法メッセージ・データ▶GPSレシーバが位置を算出するために必要とする衛星データ．衛星の位置データ(衛星軌道要素)や，衛星の時刻補正データ，衛星時刻などから構成される．

GPSのしくみと応用技術

第8章
GPSモジュールを高精度クロック源として利用する方法

周波数偏差±0.1Hzの発振器を評価できる
周波数カウンタを製作

> GPS受信モジュールは，安定した高精度な1Hzのパルス信号（1PPS信号）を出力する発振モジュールとしても利用できます．この1PPS信号を基準クロックとして取り込み，機器の内部クロックと比較し校正することで，常に製品の内部クロックを高精度に保つことができます．

◆ GPSモジュールは長期安定，超高精度なクロック源

第1章Appendixに，高精度高安定のGPS周波数発生器が紹介されています．**表8-1**は，そこで紹介されている主な周波数発生器の安定度です．TCXO（Temperature Compensated X'tal Oscillator；温度補償型水晶発振器），OCXO（Oven Controlled X'tal Oscillator；恒温槽付き水晶発振器）までは，比較的容易に入手可能ですが，周波数精度，安定度が良くなるとそれだけ高価になります．またルビジウム発振器やセシウム発振器は一般的ではありません．

表8-1[(1)] GPSモジュールは手軽に得られる超高精度クロック信号源
第1章Appendixの表1A-1を引用した

種類	経過時間				
	1秒	1日	1か月	1年	10年
TCXO	1×10^{-9}	1×10^{-7}	5×10^{-7}	1×10^{-6}	−
OCXO	1×10^{-11}	5×10^{-10}	5×10^{-9}	2×10^{-8}	−
Rb（ルビジウム）	*	1×10^{-12}	5×10^{-11}	5×10^{-10}	−
Cs（セシウム）	1×10^{-11}	1×10^{-13}	5×10^{-14}	1×10^{-13}	−
GPS制御	*	5×10^{-13}	5×10^{-13}	5×10^{-13}	5×10^{-13}

* 使用する水晶発振器の精度による

高精度に周波数を測定するためには，定期的に校正される周波数カウンタが必要です．しかし一般的に高価で，メンテナンス費用もかかります．

　一方，GPSの場合，その安定度は5×10^{-13}であり，極めて高安定で，かつメンテナンスはまったく不要です．この安定したクロック情報は，1 PPS（Pulse Per Second）の信号が出力されているGPSモジュールを使えば，簡単に利用できます．

　そこで，この1 PPSを基準クロックとしたユニバーサル・カウンタ（以降，GPSカウンタ）を製作しました．簡単かつ高精度に周波数を測定できるので，個人でもつ周波数標準としても十分に使えます．

8-1　GPSカウンタを作る

◆ 周波数と周期を測定できる

　図8-1にGPSカウンタの全体構成を，**表8-2**に仕様を，**写真8-1**に外観を示します．

　GPSモジュールから正確に出力される1 PPSのパルスを基準信号として利用し，入力信号の周波数をカウントします．カウンタとしてはマイコンに内蔵の16ビット・カウンタを使いました．カウンタのオーバー・フロー割り込み回数をカウントすることにより，実質的なカウント数は48ビット相当で，周波数表示のけた数が不足することはないでしょう．

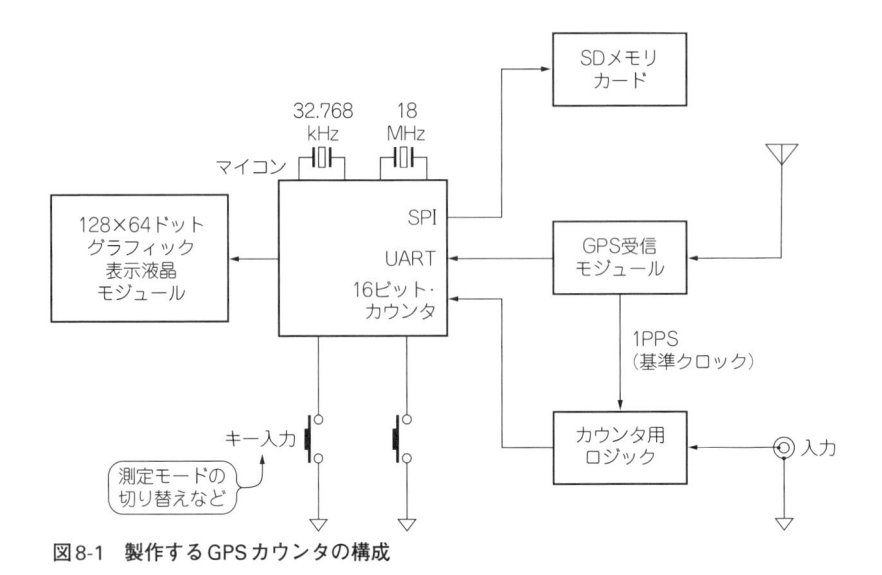

図8-1　製作するGPSカウンタの構成

周波数カウンタだけでなく，周期も測定できます．カウンタ用ロジック回路はやや複雑になりますが，マイコンで制御することによって極力，ハードウェアへの負担を軽くしています．

基準周波数用クロック源として次の三つを用意しました．
- GPSモジュールからの1 PPS出力
- 1 PPS出力が使えない間機能させるバックアップ用の時計用水晶発振子(32.768 kHz)

表8-2 製作するGPSカウンタの仕様

項　目	仕　様
測定可能な周波数	20 MHz
時間精度	100 ns 以下
カウント可能なカウンタ数	48 ビット
サンプリング可能な最高周期	1×10^7 s
クロック安定性	5×10^{-13} 以下
保存データ数	SDカードの容量に依存

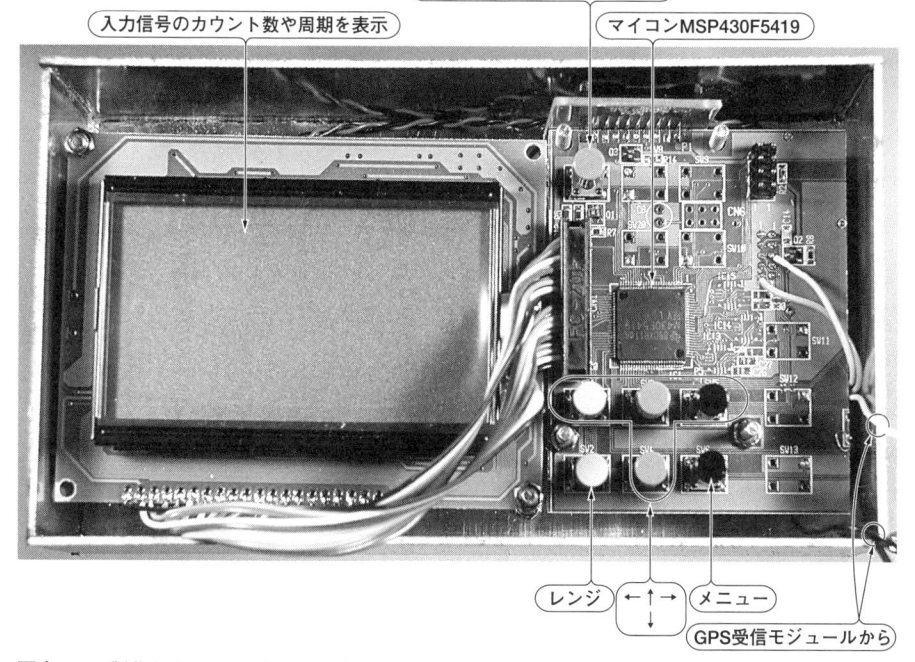

写真8-1　製作したGPSカウンタの内部

● 周期測定用の18 MHz水晶発振子

各水晶発振子の発振周波数はGPSモジュールが出力する1 PPS信号で定期的に校正するため，常に高い精度が保たれます．

測定した周波数，周期は128×64ドットのグラフィック表示液晶モジュールに表示させました．ここではGPSの受信状態などを表示することによって使いやすい構成としました．また，周波数校正などは長時間に及ぶことがあるので，SDメモリカードにカウント数を記録し，後からパソコンで解析できるようにします．カウンタ数を記録すると，水晶発振子の発振周波数の温度特性などを自動的に取ることもできます．

8-2　　　　　本器の性能を評価

◆ 10 MHz発振器とマイコン内のACLKを評価

1 PPSの出力信号がカウンタの基準クロックとして使えることはわかりました．しかし，どのくらいの精度で求まるのか，ジッタがどのくらいあるのかはわかりませんでした．

▶ 10 MHzのOCXO

かといって超高精度のカウンタや基準発振器はもっていないので，とりあえず基準クロックとしても使える10 MHzのOCXO（恒温槽付き水晶発振器）を使って測定してみました．これは－10～＋60℃の範囲で±0.05 ppm（±0.5 Hz）の安定性です．

実際に測定した結果を図8-2に示します．周波数の計算は100個の測定値を平均して求めました．長時間の測定で，その偏差は±0.1 Hz（±0.01 ppm）以内です．非常に安定して高精度の周波数が求まっていることがわかります．また，周波数はGPSからの信号なので，絶対精度には高い信頼性があります．

OCXOの発振周波数は9.999990 MHzで，約10 Hz発振周波数が低いことがわかりました．発振周波数が大きくずれていたのでショックを受けたのですが，長い間校正していなかったので「こんなものかな」とも思いました．当然，すぐに校正し，今では正確な10 MHzのクロックとして使っています．

▶ 32.768 kHzのACLK

次にMSP430F5419のACLK（32768 Hz）を測定しました．結果を同じように図8-2に示します．これも±0.1 Hz程度の変動があります．これは3 ppm程度の変動で，ACLKは時計用の廉価な水晶発振子といっても，少々悪い値です．従って，これはACLKの周波数変動ではなく，1 PPSのジッタに起因する変動と考えられます．

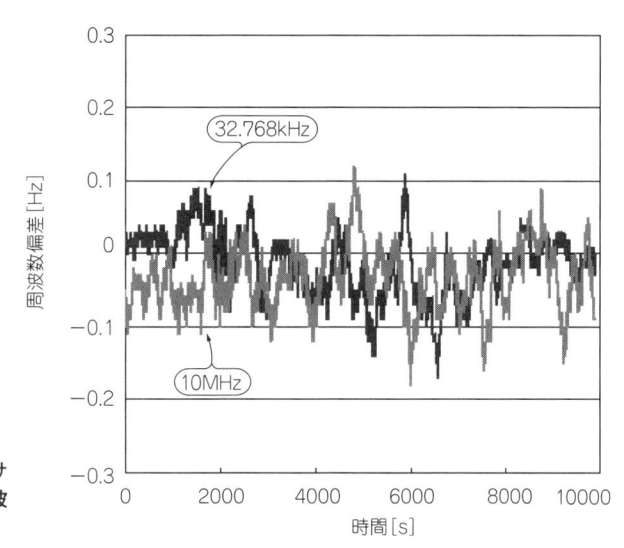

図8-2 製作したユニバーサル・カウンタが出力する周波数のばらつきを測定した結果

このジッタの影響を避けるためには，基準時間発生器として長時定数のループ・フィルタを搭載するPLL発振回路が必要となります．または測定時間を長くして，ジッタの影響を減らす必要がありますが，その長時間の測定で，測定信号の周波数が変動する可能性がある，使い勝手が悪い，などの理由で，あまり実用性はありません．従って1 MHz以下の周波数測定時に，0.1 Hz以下の精度で周波数を測定したい場合は，1 PPSで校正した別クロックを使うことで解決します．

8-3　本器のハードウェア

図8-3に回路を，製作したGPSカウンタの内部を**写真8-1**にそれぞれ示します．マイコンとしてテキサス・インスツルメンツ社のMSP430F5419を使いました．二つのクロック源が使えて，SPI，UARTなどのシリアル通信インターフェースが充実しており，本器に最適なマイコンです．マイコンのほかに必要なICは，ロジック部の二つのTTL IC（74HC10Aと74HC74A）だけです．

◆ 1 PPS出力をもつGPSモジュールを利用する

GPSモジュールとして，1 PPS出力機能をもつGN‐80C1M/F‐H‐S（古野電気）を使いました．ほかのGPSモジュールを使う場合は，1 PPS出力が受信モジュールから出ていることを確認する必要があります．この受信モジュールの場合，制御部

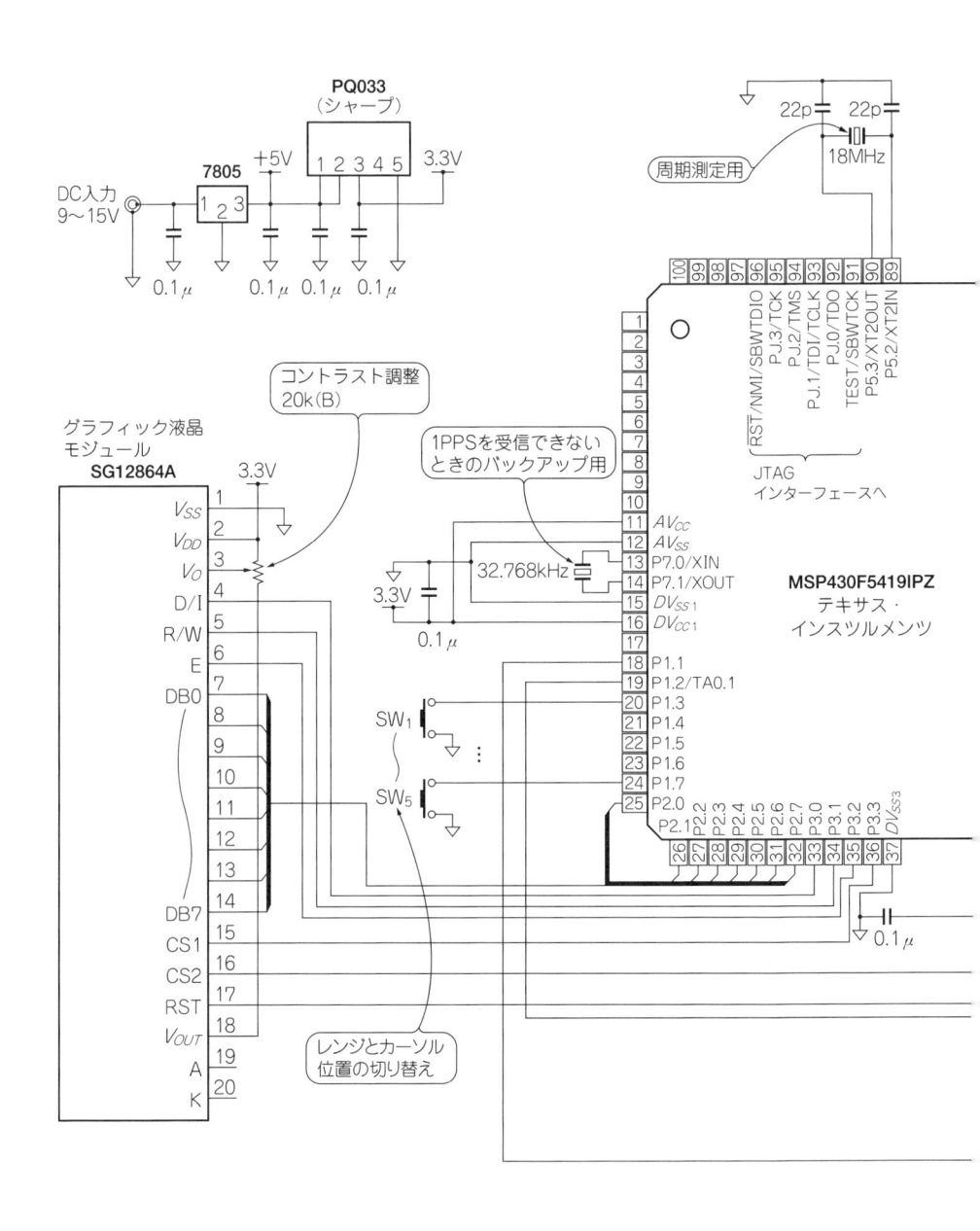

図8-3 製作するGPSカウンタの回路

図中のテキスト:

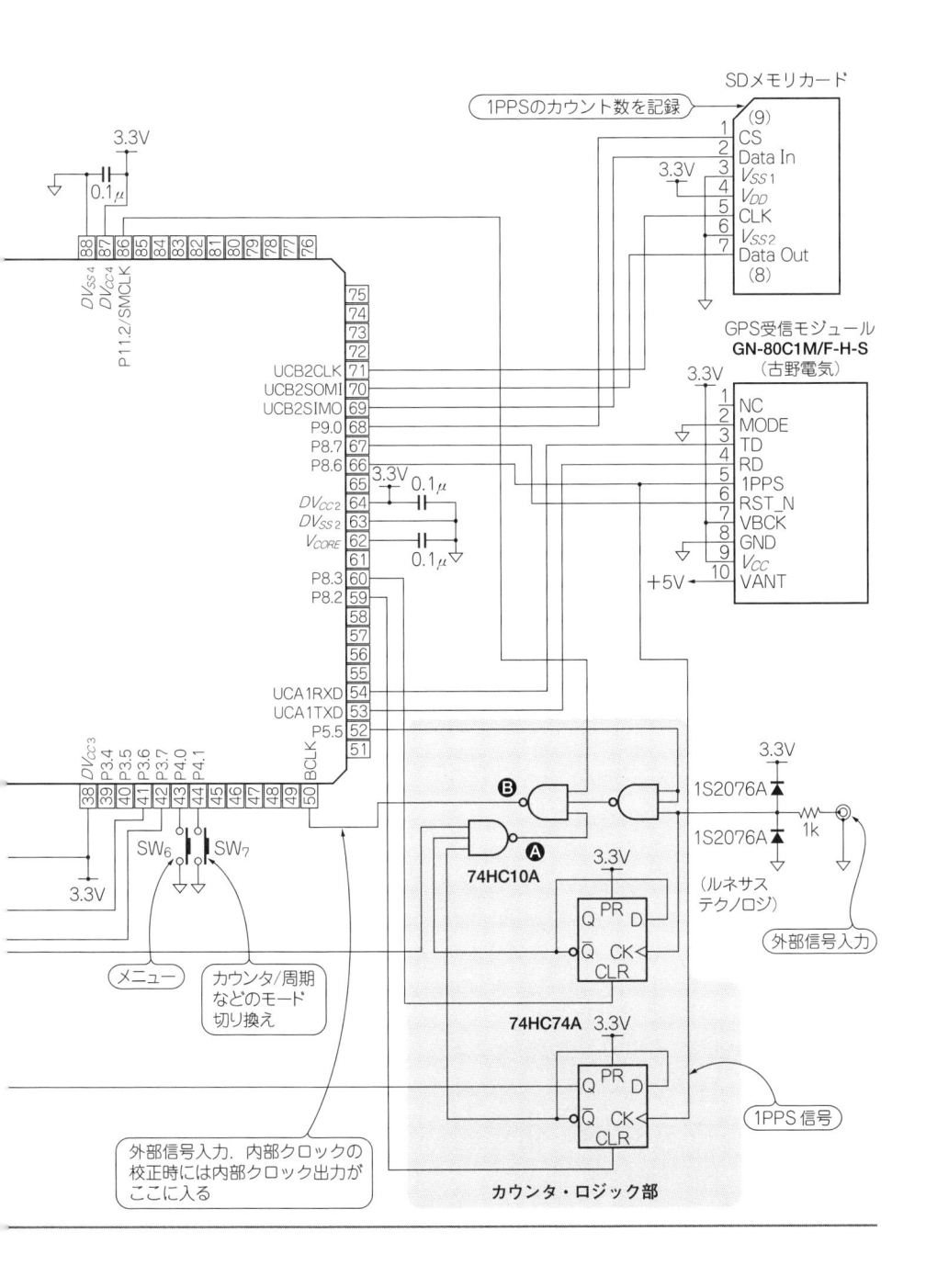

- 3.3V
- 0.1μ
- SDメモリカード
- 1PPSのカウント数を記録
- (9) CS
- 1 CS
- 2 Data In
- 3 V_{SS1}
- 4 V_{DD}
- 5 CLK
- 6 V_{SS2}
- 7 Data Out
- (8)
- 3.3V
- DV_{SS4} 88
- DV_{CC4} 87
- 86
- P11.2/SMCLK 85
- 84
- 83
- 82
- 81
- 80
- 79
- 78
- 77
- 76
- 75
- 74
- 73
- 72
- UCB2CLK 71
- UCB2SOMI 70
- UCB2SIMO 69
- P9.0 68
- P8.7 67
- P8.6 66
- 65 3.3V 0.1μ
- DV_{CC2} 64
- DV_{SS2} 63
- V_{CORE} 62
- 61 0.1μ
- P8.3 60
- P8.2 59
- 58
- 57
- 56
- 55
- UCA1RXD 54
- UCA1TXD 53
- P5.5 52
- 51
- DV_{CC3} 38
- P3.4 39
- P3.5 40
- P3.6 41
- P3.7 42
- P4.0 43
- P4.1 44
- 45
- 46
- 47
- 48
- 49
- BCLK 50

- GPS受信モジュール
- GN-80C1M/F-H-S
- （古野電気）
- 3.3V
- 1 NC
- 2 MODE
- 3 TD
- 4 RD
- 5 1PPS
- 6 RST_N
- 7 VBCK
- 8 GND
- 9 V_{CC}
- +5V
- 10 VANT

- 3.3V
- 1S2076A
- 1S2076A
- 1k
- （ルネサス テクノロジ）
- 外部信号入力

- 74HC10A
- Ⓐ
- Ⓑ
- 74HC74A 3.3V
- Q PR D
- Q̄ CK
- CLR
- 1PPS 信号
- カウンタ・ロジック部

- SW_6
- SW_7
- 3.3V
- メニュー
- カウンタ/周期 などのモード 切り換え
- 外部信号入力．内部クロックの 校正時には内部クロック出力が ここに入る

8-3 本器のハードウェア　第8章

の電源電圧は3.3 Vなので MSP430F5419 に直結できますが，アンテナ・モジュールの電源は＋5 Vなので，別途＋5 Vを用意する必要があります．GPSモジュールから測位データを取得する際UART（4800 bps）を使いますが，本器はこの信号を利用しません．

◆ 1 PPS 信号が途絶える期間は水晶発振子 XT1 を基準とする

　バックアップ用基準クロック源として，32.768 kHzの水晶発振子をXT1モジュールに接続しました．このXT1モジュールは水晶用負荷容量を内蔵しているので，外部に負荷容量を接続する必要がありません．ただし，内蔵負荷容量は 2 p/5.5 p/8.5 p/12 pFと，とびとびの値となるので，負荷容量が水晶発振子と合わない場合や，正確な32.768 kHzという周波数を得たい場合は，外部に調整用トリマ・コンデンサが必要です．本器はGPSで測定し発振周波数を校正するので，調整用のトリマ・コンデンサは外付けしませんでした．

◆ 周期測定用の水晶発振子 XT2

　周期測定用の18 MHzの水晶はXT2モジュールで使いました．XT2モジュールには負荷容量が内蔵されていないので，必ず負荷容量を取り付けます．この発振周波数もGPS受信信号によって校正できるので，発振周波数を微調整するトリマ・コンデンサは必要ありません．

◆ カウント数の記録はSD メモリカードに

　SDメモリカードとのインターフェースはSPIです．従ってMSP430F5419のシリアル通信用のUSCIB2モジュールをSPIモードで使いました．大容量化にも対応するために，SDHCも使えるようにしました．SDメモリカードの制御方法などは，第9章を参考にしてください．

◆ カウント数や周期の表示はグラフィック液晶モジュールに

　カウンタ値の表示などにはSunlike Display Tech社のグラフィック液晶モジュール「SG12864A」を使いました．3.3 Vでも動作できるので，MSP430F5419に直結できます．このモジュールは128×64ドット構成なので，日本語の表示も容易です．

◆ 9～15Vで動作可能

　車載用バッテリ（9～15 V）でも動作するように，5 Vと3.3 Vの電圧レギュレータICを使いました．LCDモジュールのバックライト用LEDには360 mA流れるので，5 Vの電圧レギュレータICには放熱器を付けてください．

◆ カウンタ・ロジック部の動作

　ロジック部における動作を図8-4に，74HC74Aの真理値表を表8-3にそれぞれ示します．これは1 PPSを基準クロックとした周波数測定の場合で，MSP430F5419

の各出力端子は図のようにしておきます．ほかの動作モードは後述します．

　1 PPS出力は74HC74AのCLK端子に配線されているので，1 PPSの各立ち上がりで74HC74Aの出力信号は反転します．入力信号は❹点における信号が"H"のときだけゲートを通過できるので，❺点の波形となります．入力信号が通過できる時間は1 PPS信号を使っているので，正確に1 sです．この1 s間に通過するパルス数をカウントすれば，入力信号の周波数がわかります．

◆ 実用的な周波数カウンタに仕上げる

　周波数の測定だけならば前記の方法で十分ですが，一般的なカウンタは周期も測定できるユニバーサル型です．また，後述するようにGPSモジュールからは，常に1 PPSの信号が出ているわけではありません．それでもカウンタとして使えるように，バックアップ用の基準クロックを用意します．水晶発振子を利用するので，

表8-3　セットおよびリセット付きDフリップフロップ 74HC74Aの真理値表

入　力				出　力	
PR	CLR	CLK	D	Q	$\overline{Q}$
L	H	X	X	H	L
H	L	X	X	L	H
L	L	X	X	H	H
H	H	↑	H	H	L
H	H	↑	L	L	H
H	H	L	X	Q0	$\overline{Q0}$

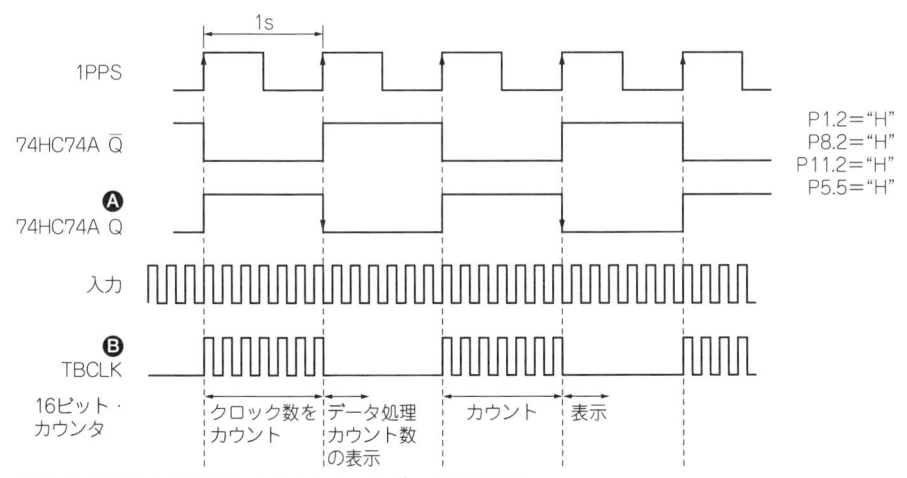

図8-4　図8-3右下に示したカウンタ・ロジック部の動作

表8-4 各測定モードにおけるマイコンI/O端子の設定値

測定モード	P1.2 (TA0.1)	P5.5 (入力制御)	P8.2 (74のCLR)	P8.3 (74のCLR)	P11.2 (SMCLK)
カウンタ 基準＝1 PPS	"H"	"H"	"H"	"L"	"H"
カウンタ 基準＝F5419	TA0.1	"H"	"L"	"L"	"H"
周期 基準＝SMCLK	"H"	"H"	"L"	"H"	SMCLK
n X ACLK校正	"H"	"L"	"H"	"L"	SMCLK
X2校正	"H"	"L"	"H"	"L"	SMCLK

発振周波数の精度，安定度はそれほど高くありません．そこで，その周波数を校正できるモードも必要です．表8-4に，各動作モードにおけるMSP430F5419の各出力端子の設定値を示します．

▶1 PPS信号が得られない期間の補償

1 PPS信号が出ていない場合，基準クロックとしてMSP430F5419のX1端子に接続されている時計用水晶発振子の32.768 kHzを使います．このクロックは内部のタイマ・モジュールTimerA0で1/32768とし，1 sのパルス幅をTA0.1 (P1.2)から得ます．74HC74AのCLR端子を"L"にすると，$\overline{Q}$端子は"H"に固定となるので，1 PPS信号は遮断されます．ただし1 PPS信号はP8.6端子にも接続されているので，信号が復活したら自動的に基準クロックを32.768 kHzの水晶振動子から1 PPSに変更してもよいでしょう．

▶周期測定機能を追加する

周期測定はMSP430F5419のXT2端子に接続された18 MHzの水晶振動子を使います．P8.3を"H"とすると，入力信号の立ち上がりに同期してQの出力が反転します．そして🅐の信号が"H"の間だけ，SMCLK端子からの18 MHzの信号をカウントします．そのカウント値が入力信号の周期となります．

32.768 kHzと18 MHzの発振周波数をGPSからの1 PPSで校正できるモードの説明は省略します．

8-4　本器のソフトウェア

図8-5はカウンタ部のフローチャートです．カウンタは16ビット・カウンタの

TimerBモジュールを使いました.タイマの入力はTBCLKで,最高カウント周波数は約20 MHzでした.

　まずメイン・プログラムで各種初期設定を行い,タイマなどのモジュールが使えるようにしたら割り込みを可とし,ロー・パワー・モードに入ります.これ以降は割り込みが入ったときだけ,プログラムは実行されます.

　割り込みはタイマBのオーバー・フロー割り込みと,P1.1の入力エッジ(立ち下がり)割り込みの2種類です.タイマBは16ビット・カウンタなので,65536のパルスをカウントするとオーバー・フローし,タイマBオーバー・フロー割り込みが入ります.ここでは単にオーバー・フローの回数を示すovf_cntを1だけインクリメントします.従ってカウント数の制限は実質ありませんが,ovf_cntをlong変数としたので,タイマBの16ビットと合わせ,48ビットのカウンタを構成できます.

　カウントの終了は図8-3に示すように,74HC74AのQ出力をP1.1端子に接続しているので,そこの立ち下がりにおける割り込みを使いました.立ち下がりから次の立ち上がりまでの時間はゲートによって入力信号が遮断されているので,タイマBのカウンタ値は不変です.従って処理時間は特に気にする必要がありません.ここではまず,ovf_cnt × 65536 + TBRによってカウント数を計算します.この値がそのまま周波数となります.

　次のカウントに備えovf_cntとTBRをクリアします.最後にカウント値をLCD

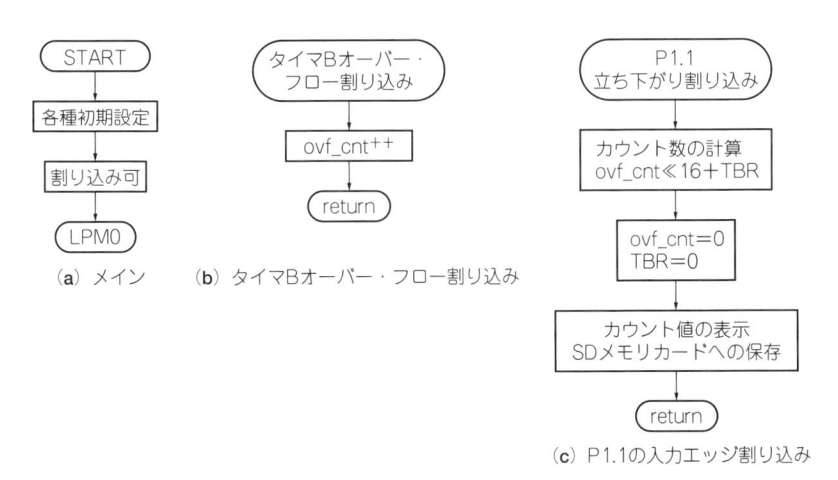

図8-5　周波数カウンタ部のフローチャート

に表示し，SDメモリカードにデータを保存すれば終了です．このルーチンは2sごとに割り込みが入るので，データ更新は2sごととなります．

また，1PPSのデータ出力が中断された場合，GPS時間からその中断時間を計算することによって中断に関係なく周波数は求まりますが，データ更新は遅くなります．1PPSの信号が出力されない場合，基準クロック源をACLK/32768として，自動切り換えしてもよいでしょう．

◆ 1 PPS補償用の32.768 kHzクロック源の校正

GPSモジュールからの1PPSの信号は，電源投入後，測位できるまで数分間信号が出てこない場合があります．測位状態によっては1PPSの信号の出力が中断されることもあります．これでは正確な周波数が測定できないかのように思えます．

これらの対策として，1PPSの信号がない場合，代わりにACLKを基準クロックとして使用します．

ACLKは，1PPSの信号が出ていないときに周波数カウンタの機能を保つ重要なクロック源です．MSP430F5419の場合，ACLKとして廉価な時計用水晶振動子の32.768 kHzが使われます．

図8-6に使用した水晶振動子の温度安定性を示します．使用温度範囲内において10 ppm（0.3 Hz）程度の周波数変動があります．また，発振周波数そのものも，温度や負荷容量などで変化します．そこで精度の高い周波数カウンタとするためには，周波数を校正しておく必要があります．

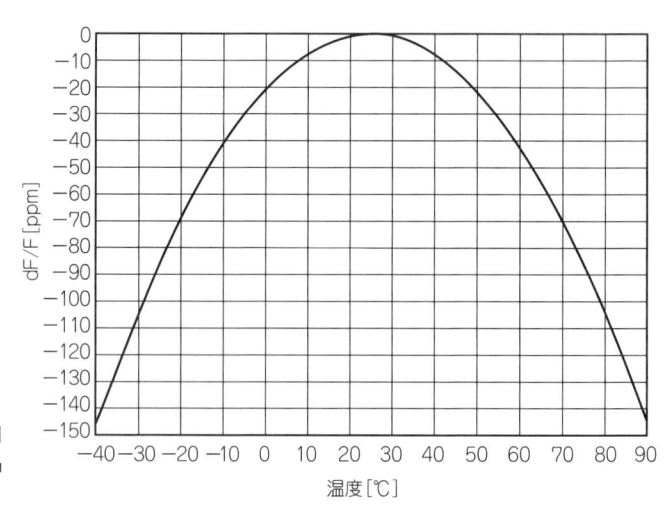

図8-6 時計用32.768 kHz水晶発振子の安定性

▶ 現状は0.1 Hz程度のジッタがあり，それ以上の精度で校正できない

1 PPSの基準クロックを使い，ACLKをそのまま測定した結果はすでに説明し，0.1 Hz程度のジッタがあることがわかりました．この変動は3 ppm程度なので，特に精度を要求しない場合，ACLKの校正に使えます．さらに高精度にするためには，カウント時間を増やし，このジッタの影響を少なくする必要があります．しかし，発振周波数は温度などで変動してしまうので，長期間の測定では何を測っているのかわからなくなってしまいます．

▶ 積分器を利用して平均値を得る

そこでACLKの校正には，MSP430F5419内部のMCLK発生モジュールであるFLL(Frequency Locked Loop)モジュールからのクロックを，SMCLK端子から測定することにしました．図8-7にFLLモジュールの概要を示します．ポイントは10ビットの周波数積分器です．

DCOは CR型の発振回路なので，発振周波数の安定性は良くありませんが，CPUのクロックとして直接使えるように，数十MHzまで発振できます．この出力は分周器で$(N+1)$分周されf_sとなり，10ビットの周波数積分器のマイナス端子に加えられます．一方，ACLKはプラス端子に加えられます．プラス端子のクロックは周波数積分器のカウント数をアップしていきます．一方，マイナス側はカウント数をダウンします．もし$f_r = f_s$の場合，カウント・アップおよびダウン数は同じとなるので，積分器のカウント数は変化しません．つまりDCOの発振周波数は変わらないことになります．

ここで$f_r > f_s$となると，積分器のカウント数が増えていき，DCOの発振周波数

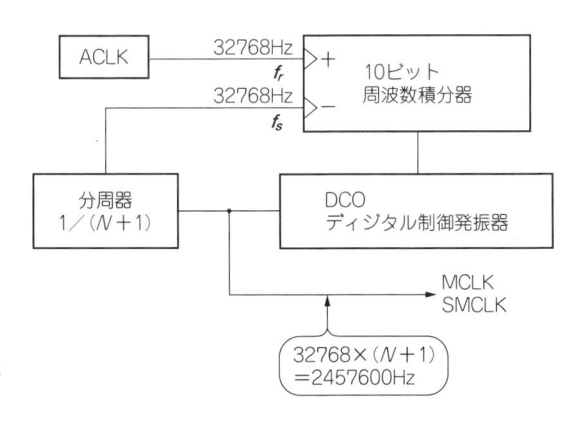

図8-7 マイコン内部のFLLモジュールをACLKの校正に用いる

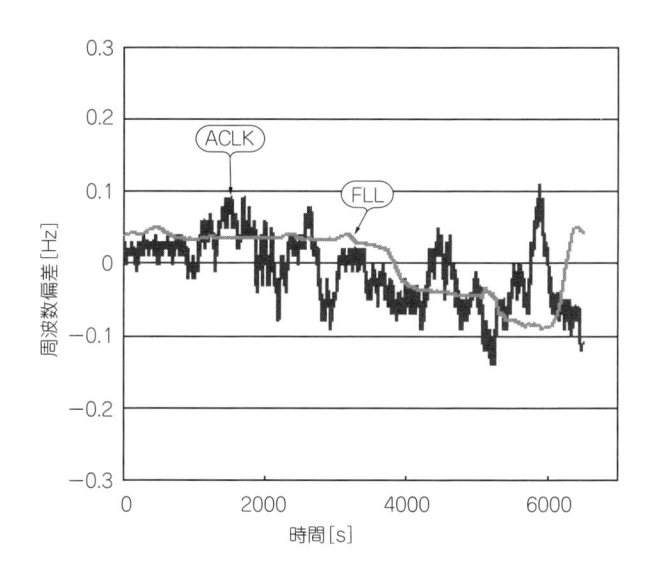

図8-8 ACLKの時間変化

をアップするようにDCOに制御出力が出ます. $f_r<f_s$の場合は逆の動作をします. このようにして$f_r=f_s$となるように, DCOの発振周波数が制御されます. 従ってDCOの発振周波数であるMCLK, SMCLKの周波数はACLKの$N+1$倍となります. 今回は$N=74$としたので, $32768\times75=2457600$ Hzとなります.

 FLLの場合, DCO/$(N+1)$とACLKの周波数差は, 周波数積分器でカウントされますので, 長い時間積分すると必ず, 積分器が0になるように制御されます. つまりDCOの発振クロック数は必ずACLKの$(N+1)$倍と同じになります. 従ってACLKと同じ精度のMCLKが常に得られることがわかります. ここがPLLと根本的に異なります.

▶ほとんどゆらぎのないACLKが得られた, これを利用し校正を行う

 以上のようにACLKの校正は, SMCLKの周波数を測定し, $1/(N+1)$すればよいことになります. そのようにして求めたACLKの時間変化を図8-8に示します. ACLKをそのまま測定した場合, 0.1 Hz程度のジッタがあるので, 正確なACLKは求まりませんでした. SMCLKを測定し, それを$1/(N+1)$することにより, 正確にACLKが求まりました. 発振周波数が変動しているのは温度による変化なので, 温度を同時に測定することにより, 発振周波数の温度変化を求められます.

◆ ACLKが1 PPSで常に自動校正されるように受信状況を良くしておく

 ACLKの発振周波数は定期的に1 PPSで校正しておけば, メンテナンス・フリー

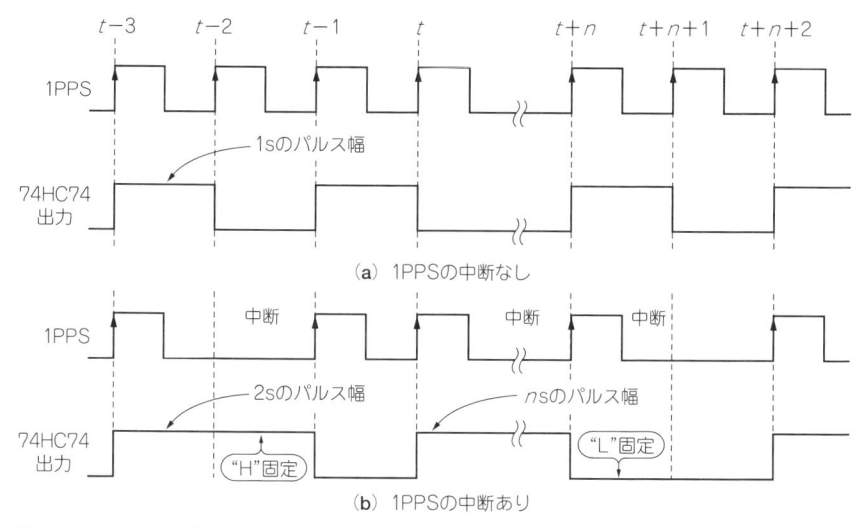

図8-9　1PPSが中断されると74HC74の出力は"H"または"L"に固定される

で正確な周波数を維持できます．

　周波数の記録中に中断があった場合，74HC74Aの出力は"H"または"L"に固定されます（**図8-9**）．もし"H"で固定された場合，入力信号のカウントは続行します．しかし1PPSのクロックの立ち上がりは非常に正確に1sごとなので，1PPSの信号が復活した場合，そのクロックの立ち上がりは必ずn秒ごとになります．従ってカウント数をnで割れば，正確に周波数が求まります．逆に"L"で固定した場合は，その間，周波数はカウントされないので，その時間が長いと記録データに大きな欠落部分が発生します．

　実際の測定結果を**表8-5**に示します．アンテナを部屋においたままなので，ときどき1PPSの信号が中断し，表のようにカウント数が大幅に異なる場合があります．しかし測定時間でカウント数を割ると，正確に周波数が求まることがわかります．ただし630sの測定時間の場合，32ビットのカウンタ値をオーバーしたので，表の値に2^{32}を加算してから，630で割りました．

　このように1PPSの信号の中断は致命的ではありませんが，やはり中断があると使いづらい面もあります．受信アンテナは1PPS出力が常に出てくる場所に設置するべきでしょう．

表8-5 製作したGPSカウンタで10 MHzOCXOの発振周波数を評価

時間[s]	カウント数	周波数[Hz]
1	9999989	9999989
1	9999989	9999989
1	9999988	9999988
2	19999977	9999988.5
1	9999989	9999989
1	9999988	9999988
18	179999794	9999988.556
1	9999989	9999989
630	2005025480	9999988.533
1	9999988	9999988
1	9999988	9999988
1	9999989	9999989
1	9999989	9999989

（中断あり）

*

　GPSから得られる1 PPSの信号にはジッタがある，となっていたので，短期的な周波数測定には向かないのかなと思っていましたが，実際に製作し，測定したら0.1 Hz程度の精度は容易に得られました．低い周波数の測定には，0.1 Hzの精度では不十分ですが，GPSで校正した基準クロックで周期測定を行えば，0.01 Hz程度までの測定は容易にできます．

GPSのしくみと応用技術

第9章

測位ロガーの製作と Googleマップの活用法
Google社地図サーバと通信しながら SDカードに貯めた位置データを表示

> 本章では移動の軌跡を記録・表示する装置の製作事例を紹介します．SDカードに緯度，経度，高度の情報を保存したあと，Googleマップ上に軌跡を描きます．

近ごろでは，GPS用受信モジュールも廉価に入手できるので，パソコンとワンボード・マイコンとを組み合わせて，簡単に位置情報ロガー・システムを構築できます．本システムを使うと長時間にわたって位置情報を記録できるほか，移動の軌跡をパソコンの地図上に表示できます(図9-1)．登山やオリエンテーリングのルートの記録や，長距離運送トラックの運行管理に使えます．

10年以上前に製作したGPSロガーでは，それほどの位置精度は得られず，川の中を走行しているようなデータが得られることもありました．現在では，どの車線を走行しているのか判別できそうなほどの高精度で位置を表示してくれます．

9-1　製作したシステムの概要

◆ 位置情報の取得と保存，表示と解析

図9-2に製作したシステムの概要を示します．次に示す二つの情報をもっています．
(1) GPS受信機による位置情報の取得
(2) 保存したデータの表示と解析

製作したGPSロガーの外観を写真9-1に示します．

▶ GPSで位置情報を取得しデータを保存

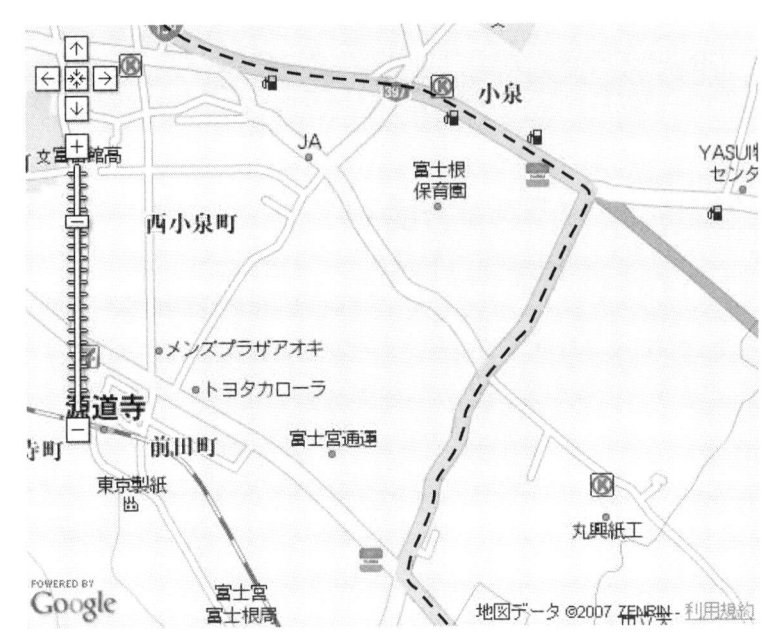

図9-1 GPSロガーに記録した走行データをGoogle Map上に表示

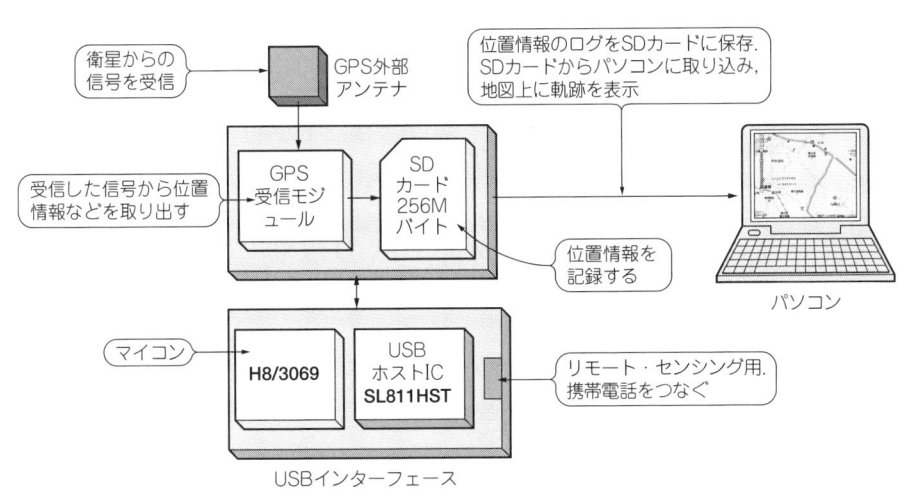

図9-2 製作したシステムの概要
位置情報の取得と保存，表示と解析を行う

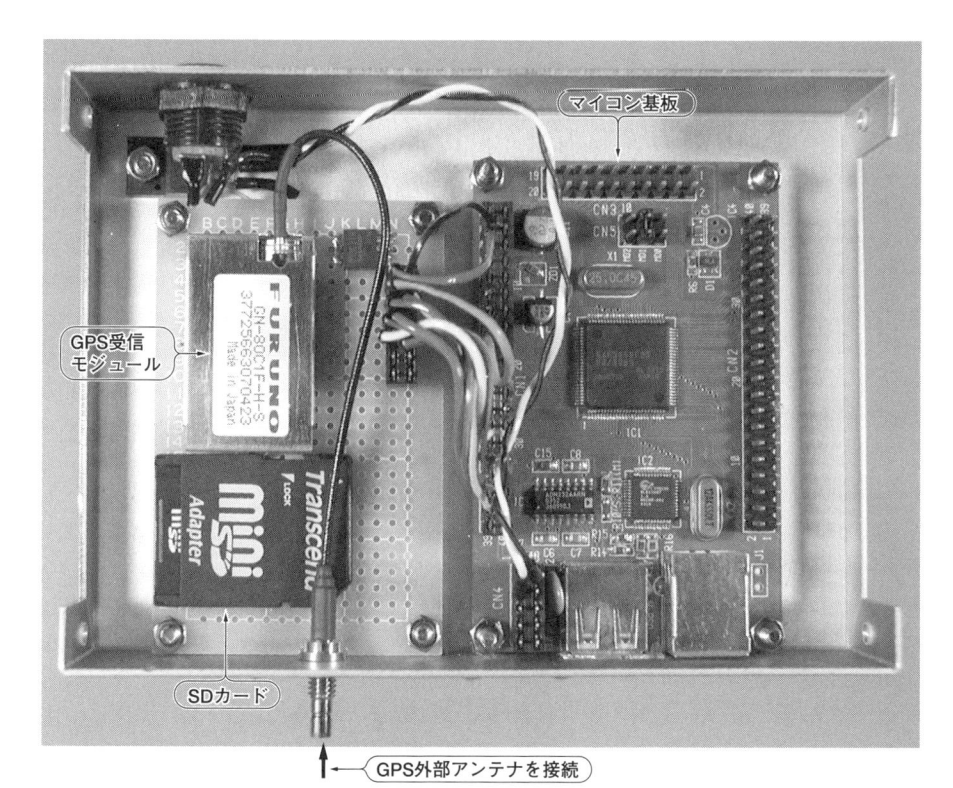

写真9-1 製作したGPSロガーの外観

　GPS受信機は，GN-80C1M/F-H-S（古野電気）を使いました．データの送受信には調歩同期式シリアル通信インターフェースを使うので，ワンボード・マイコンとも簡単に接続できます．得られたデータはSDカードに記録します．
▶位置情報をGoogleマップに表示
　SDカードに保存された位置情報を，パソコンを使いグラフィカルに表示します．今回は無料で使えるGoogleマップに移動ルートを表示します．

9-2　位置情報の取得にはGPS受信機を利用

◆ GPS受信機の概要

　GN-80C1M/F-H-Sの大きさは34 mm × 21 mm × 7 mmと小形で，携帯用システムを組むのも容易です．電源はアンテナのプリアンプ用が5 Vの20 mA，モジュ

ール用が3.3 Vの72 mA以下です.

　表9-1にGN-80C1M/F-H-Sの仕様を示します．表中の「初期捕捉時間」とは，電源を入れてから位置情報を受信し，測位するまでの時間です．

　表9-2にピン配置を示します．1 ppsは，測位できている状態で，世界標準時（UTC：Coordinated Universal Time）に同期して出力される1秒周期の信号です．電源は，モジュールとSRAMのバックアップ用に3.3 V，アンテナ用に5 Vが必要です．

　図9-3に1 pps信号出力とGPS測位データ出力の関係を示します．1 pps信号の立ち上がりを割り込み信号として利用すれば，測位間隔1 ppsに同期したデータ処理が可能です．

　表9-3に通信仕様を示します．出力される信号コードはNMEA-0183です．UART（Universal Asynchronous Receiver/Transmitter，シリアル・コミュニケーション・インターフェース）をもつマイコンを直結できます．

表9-1 使用したGPS受信モジュール GN-80C1M/F-H-Sの仕様

仕様項目		内容
受信信号		L1（1575.42MHz），C/A コード
測位方式		SPS 単独測位
		DGPS 測位（RTCM SC-104 プロトコル対応）
最大追尾衛星数		12 基
測位更新周期		1 秒
外部シリアル通信		調歩同期式シリアル
外部シリアル通信速度		4800 bps
出力データ・フォーマット		NMEA
初期捕捉時間	ホット・スタート[1]	9 秒 $_{typ}$
	ウォーム・スタート[2]	36 秒 $_{typ}$
	コールド・スタート[3]	43 秒 $_{typ}$
測位精度	水平精度（2 drms）	10.5 m
	垂直精度（2 σ）	12.5 m
1 pps	UTC 時刻に対する誤差	1 ms$_{max}$
受信感度		−138 dBm$_{min}$

注(1)▶：ホット・スタート：測位できている状態で，数時間以内に再度使用する場合
注(2)▶：ウォーム・スタート：測位できている状態で，数時間以上経過して再度使用する場合
注(3)▶：コールド・スタート：受信機を初めて使用する場合
間欠的に位置データをロギングする時はホット・スタートが使えるので，電池駆動の場合に消耗を抑えることができる．初期捕捉時間，測位精度値の測定条件は，日時：2002年12月，場所：兵庫県西宮市，条件：オープン・スカイで24時間の場合

表9-2 GPS受信モジュール GN-80C1M/F-H-Sのピン配置

ピン番号	信号名	I/O	条件	機能説明
1	NC	I	–	未接続端子 (何も接続しないこと)
2	MODE	I	マスク ROM仕様	RAM オール・クリア制御 L：ノーマル・モード H：RAM オール・クリア
			フラッシュ ROM仕様	フラッシュROM書き換え制御 L：ノーマル・モード H：RAM オール・クリアとフラッシュROM 書き換え
3	TD	O	–	調歩同期シリアル出力データ
4	RD	I	–	調歩同期シリアル入力データ
5	1pps	O	–	1秒UTC同期パルス
6	RST_N	I	–	モジュール・リセット信号 L：リセット H：リセット解除
7	V_{BCK}	I	–	SRAMバックアップ領域電源用
8	GND	–	–	グラウンド
9	V_{CC}	I	–	3.3Vモジュール電源用
10	V_{ANT}	I	–	5Vアンテナ・プリアンプ電源

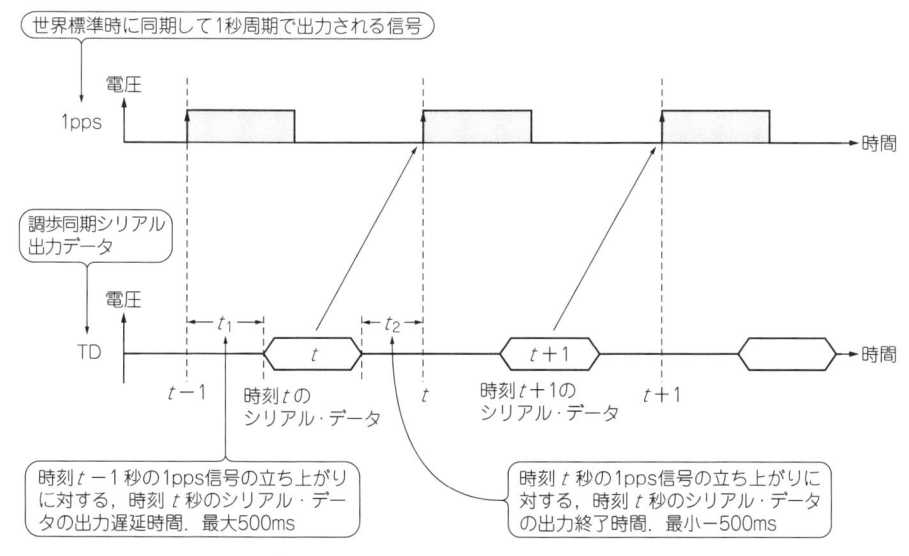

図9-3 1pps（1秒周期の信号）とデータ出力とのタイミング関係
測位間隔に同期した位置情報を得られる

表9-3 GPS受信モジュール GN-80C1M/F-H-Sの通信仕様

項　目	値など
通信ポート	TD1，RD1
通信手順	無手順
通信仕様	全二重調歩同期式
通信速度	4800 bps
スタート・ビット	1ビット
データ長	8ビット
ストップ・ビット	1ビット
パリティ・ビット	なし
データ出力間隔	1±1秒
信号コード形式	NMEA‐0183 Ver.2.30 データ準拠[1] ASCII コード RTCM SC‐104 データ準拠[2] 6of8 バイナリ・コード[3]
通信内容	次のデータから構成される ▶入力データ ①NMEA入力コマンド（GPS受信機パラメータ入力など） ②RTCM SC‐104　ディファレンシャルGPS入力データ） ①と②はGPS受信機が自動的に識別する ▶出力データ ③NMEA GPS出力データ（測位結果出力など）

注1 ▶ "NMEA0183 STANDARD FOR INTERFACING MARINE ELECTRONIC DEVICES Version2.30"
　　　（NATIONAL MARINE ELECTRONICS ASSOCIATION，March 1，1998）
注2 ▶ "RTCM RECOMMENDED STANDARDS FOR DIFFERENTIAL NAVSTAR GPS SERVICE Version2.1"（DEVELOPED BY RTCM SPECIAL COMMITTEE NO.104，January 3，1994）
注3 ▶ d7=0 および d6=1 として，1バイト8ビットの内6ビットを使用する通信形式である．

◆ GPSモジュールの標準的な通信規格 NMEA‐0183

　NMEAは米国海洋電子機器協会（National Marine Electronics Association）が定めた規格で，受信機とナビゲーション機器の通信に広く使用されているプロトコルです．**表9-4**にGN‐80C1M/F‐H‐Sに入出力されるコマンドやデータを示します．
　受信機に電源を入れた場合，デフォルトで出力されるデータ（GPDTM，GPGGA，GPZDA，GPGSV，GPVTG）について説明します．これらはマイコン側からデータを送り設定しなくても，自動的に受信機から出力されるデータです．
▶ GPS受信機の出力データ
　具体的な出力データを元に説明します．**図9-4**に，電源投入後に出力されるデータを示します．まだ測位できていない状態での出力データです．各項目は"，"（デ

表9-4 GPS受信モジュール GN-80C1M/F-H-Sの入出力データの一覧

優先順位	入力データ		出力データ		出力周期認定可否	デフォルト出力
	形式	意味	形式	意味		
高い	(任意の文字が入る)		GPDTM	測地系	○	○
↑	XXGGA	位置	GPGGA	位置, 測位時刻など	○	○
	XXZDA	時刻など	GPZDA	現在日時など	○	○
	XXGLL	位置	GPGLL	位置, 測位時刻	○	－
	－	－	GPGSA	測位状態, DDP	○	○
			GPGSV	衛星情報など	○	○
			GPVTG	速度, 方位	○	○
	XXRMC	位置, 時刻	GPRMC	位置, 測位時刻, 速度, 方位	○	○
	－	－	GPanc	アルマナック日付	○	－
			GPacc	SV アキュラシ	○	－
			GPast	測位結果(位置, ローカル時刻)	○	－
			GPtst	セルフテスト結果	○	－
	GPsrq	受信機パラメータの確認	GPssd	受信機パラメータの確認出力	×	－
	GPirq	データの出力周期の確認	GPisd	データの出力周期の確認出力	×	－
	－	－	GPdie	DGPS受信ステータスの出力	○	－
	GPclr	再スタート・コマンド	－	－		
	GPtrq	セルフテスト・コマンド				
	GPset	受信機パラメータの設定				
低い	GPint	データの出力周期の設定				

※ 確認用のデータが入力されたときだけ出力される

出力データは優先順位が高いものから出力される(ただし最優先はGPGGA). GPDTM データは, GPGGA, GPGLL, GPRMC, GPast の各データが出力される場合に, 自動的に各データの前に出力される. GPDTM データの出力を止めたい場合は, GPint(データ出力周期の設定)で設定する. 入出力データに関しては, 1秒間に扱えるデータ数に制限がある

リミタと呼ぶ)で仕切られています.

データの大きさには固定長と, 可変長がありますが, **図9-4**にあるデータはすべて固定長なので, マイコンでのデータ処理が容易です. 各出力データの内容を**表9-5**に示します. **図9-5**に測位状態でのGPS受信機からの出力データを示します. 実際に測位できているので, GPGGA出力に, UTC測位時間, 緯度, 経度などの情

```
$GPDTM,W84,,00.0000,N,00.0000,W,,W84*53
```
- ローカル測地系コード
- 緯度オフセット値（分）
- 符号 N：＋, S：－
- 経度オフセット値（分）
- 符号 E：＋, W：－
- 基準測地系コード．常に"W84"

(a) データ①

```
$GPGGA,,3444.0000,N,13521.0000,E,0,
```
- UTC測位時刻（時分秒）
- 北緯34度44.0000分
- 東経35度21.0000分
- GPS測位状態 0：未測位，1：単独測位，2：ディファレンシャル測位

```
00,00.00,000000.0,M,0036.7,M,,*72
```
- 測位使用衛星数（00〜12）
- DOP　2D測位時：HDOP，3D測位時：PDOP，未測位時：00.00
- 海抜高度（－00999.9〜04000.0m）
- 海抜高さの単位．"M"固定
- ジオイド高さ（－999.9〜9999.9m）
- ジオイド高さの単位．"M"固定

(b) データ②

```
$GPZDA,000005,01,01,2002,+00,00*66
```
- UTC時刻（時分秒）
- 日（01〜31）
- 月（01〜12）
- 年（2002〜2079）
- ローカル・ゾーン・タイム（時）（－13〜＋13），東経では"－"，西経では"＋"
- ローカル・ゾーン・タイム（分）

(c) データ③

```
$GPGSV,1,1,00*79
```
- メッセージの総数（1〜3）
- メッセージ番号（1〜3）
- 視野内（仰角≧5度）の衛星数（00〜12）

(d) データ④

```
$GPVTG,,T,,M,,N,,K,N*2C
```
- 真方位（000.0〜359.9度）方位が求められないときはヌル
- 真方位を示すフラグ
- 磁気方位（000.0〜359.9度）求められないときはヌル
- 磁気方位を示すフラグ
- 速度（0000.0〜999.9ノット）求められないときはヌル
- データの単位（ノットを示す）
- 速度（0000.0〜1851.9km/h）求められないときはヌル
- データの単位（km/h）
- 測位モード　A：単独測位，D：ディファレンシャル測位，N：未測位

(e) データ⑤

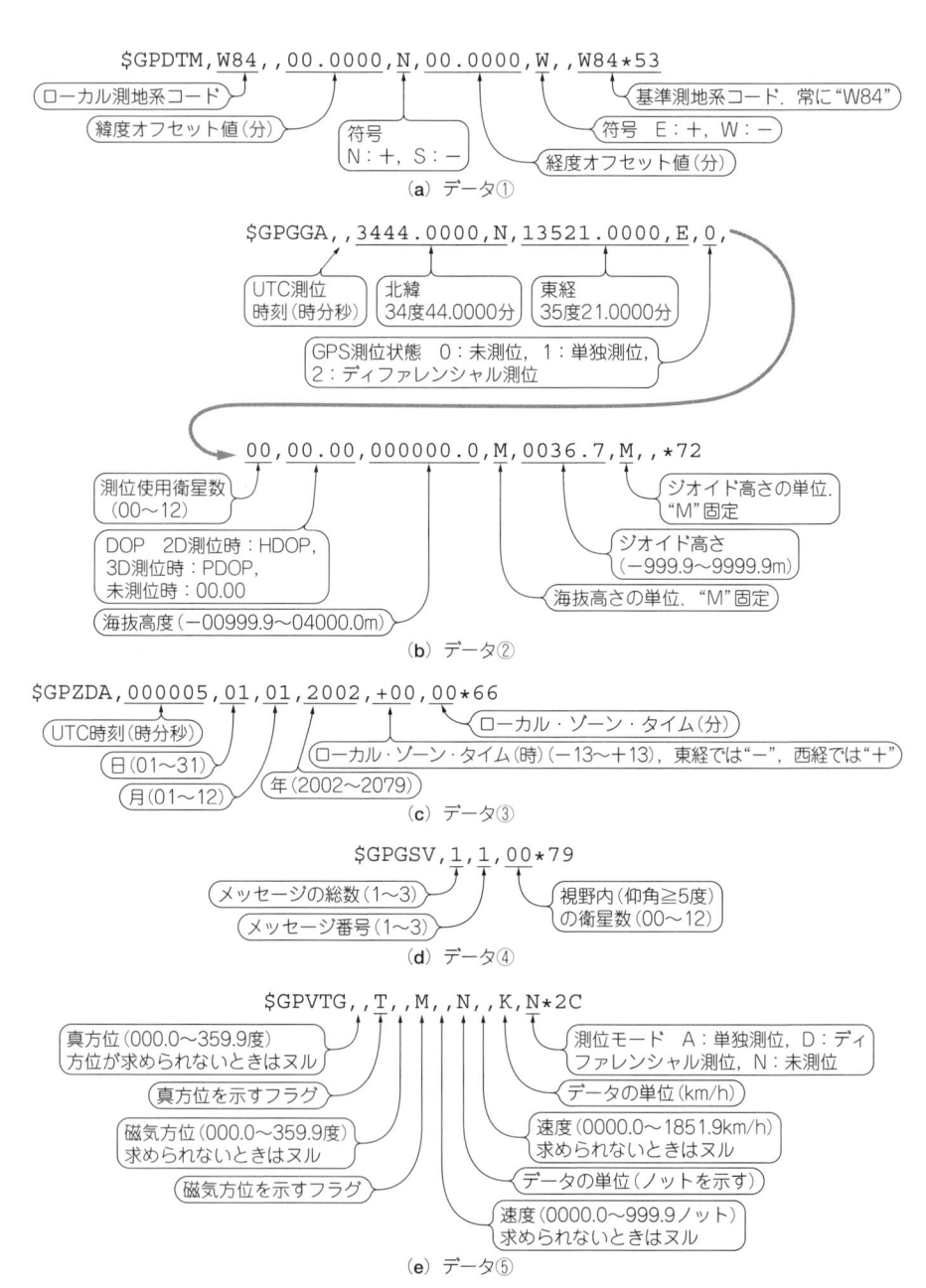

図9-4　電源ON直後のGPS受信機の出力データ

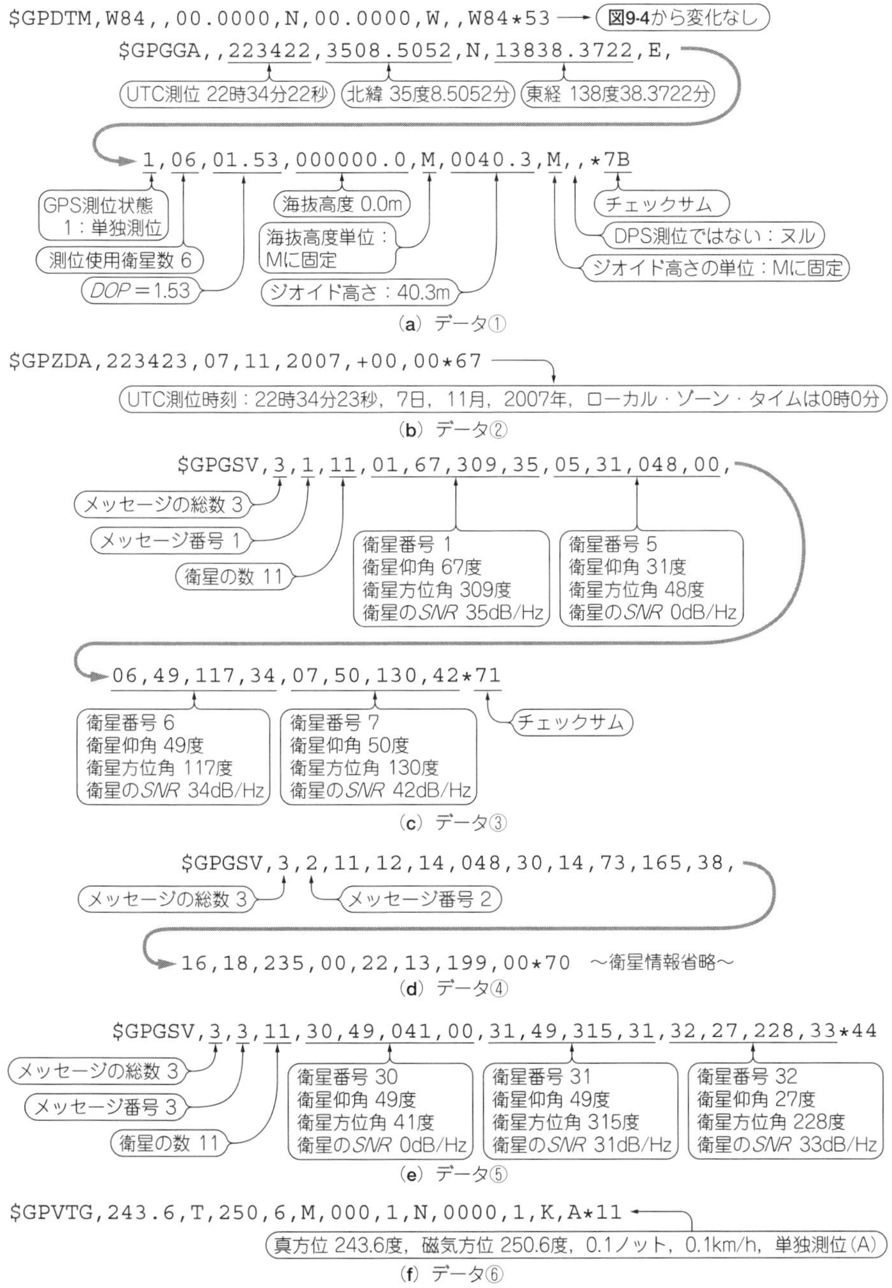

```
$GPDTM,W84,,00.0000,N,00.0000,W,,W84*53
```
→ 図9-4から変化なし

```
$GPGGA,,223422,3508.5052,N,13838.3722,E,
```
- UTC測位 22時34分22秒
- 北緯 35度8.5052分
- 東経 138度38.3722分

```
1,06,01.53,000000.0,M,0040.3,M,,*7B
```
- GPS測位状態 1：単独測位
- 測位使用衛星数 6
- $DOP = 1.53$
- 海抜高度 0.0m
- 海抜高度単位：Mに固定
- ジオイド高さ：40.3m
- ジオイド高さの単位：Mに固定
- DPS測位ではない：ヌル
- チェックサム

(a) データ①

```
$GPZDA,223423,07,11,2007,+00,00*67
```
UTC測位時刻：22時34分23秒，7日，11月，2007年，ローカル・ゾーン・タイムは0時0分

(b) データ②

```
$GPGSV,3,1,11,01,67,309,35,05,31,048,00,
```
- メッセージの総数 3
- メッセージ番号 1
- 衛星の数 11
- 衛星番号 1／衛星仰角 67度／衛星方位角 309度／衛星のSNR 35dB/Hz
- 衛星番号 5／衛星仰角 31度／衛星方位角 48度／衛星のSNR 0dB/Hz

```
06,49,117,34,07,50,130,42*71
```
- 衛星番号 6／衛星仰角 49度／衛星方位角 117度／衛星のSNR 34dB/Hz
- 衛星番号 7／衛星仰角 50度／衛星方位角 130度／衛星のSNR 42dB/Hz
- チェックサム

(c) データ③

```
$GPGSV,3,2,11,12,14,048,30,14,73,165,38,
```
- メッセージの総数 3
- メッセージ番号 2

```
16,18,235,00,22,13,199,00*70    ～衛星情報省略～
```

(d) データ④

```
$GPGSV,3,3,11,30,49,041,00,31,49,315,31,32,27,228,33*44
```
- メッセージの総数 3
- メッセージ番号 3
- 衛星の数 11
- 衛星番号 30／衛星仰角 49度／衛星方位角 41度／衛星のSNR 0dB/Hz
- 衛星番号 31／衛星仰角 49度／衛星方位角 315度／衛星のSNR 31dB/Hz
- 衛星番号 32／衛星仰角 27度／衛星方位角 228度／衛星のSNR 33dB/Hz

(e) データ⑤

```
$GPVTG,243.6,T,250,6,M,000,1,N,0000,1,K,A*11
```
真方位 243.6度，磁気方位 250.6度，0.1ノット，0.1km/h，単独測位（A）

(f) データ⑥

図9-5　測位状態にあるときのGPS受信機の出力データ

表9-5　GPS受信機が出力するデーター覧の内訳

項　目	内　容	データ長
ローカル測地系コード	通常 W84 で世界測地系（WGS‐84）	3バイト
ローカル測地系サブ・コード	W84 の場合ヌル	1バイト
緯度オフセット値［分］	－	7バイト
緯度オフセット値の符号	N：＋，S：－	1バイト
経度オフセット値［分］	－	7バイト
経度オフセット値の符号	E：＋，W：－	1バイト
高度オフセット値［m］	常にヌル	ヌル
基準測地系コード	常に"W84"	3バイト
チェックサム	－	2バイト

(a) GPDTM（位置データの測地系を出力）

項　目	内　容	データ長
UTC 測位時刻（時分秒）	測位するまではヌルを出力	6バイト
緯度（1/1000 分まで出力）	例：34 度 44.0000 分	9バイト
"N" または "S"	N：北緯，S：南緯	1バイト
経度（1/1000 分まで出力）	例 135 度 21.0000 分	10バイト
"E" または "W"	E：東経，W：西経	1バイト
GPS 測位状態	0：未測位， 1：単独測位 2：DGPS	1バイト
測位使用衛星数	00 から 12	2バイト
DOP	2D 測位時は，HDDP を出力 3D 測位時は，PDDP を出力 未測位時は，00.00 を出力	5バイト
海抜高度	－00999.9 ～ 040000.0	8バイト
海抜高度の単位	"M"に固定	1バイト
ジオイド高さ	－999.9 ～ 9999.9	6バイト
ジオイド高さの単位	"M" に固定	1バイト
DGPS データ時間	DGPS でないときはヌル	2バイト
DGPS ステーション識別番号	0 ～ 1023，ないときはヌル	4バイト
チェックサム	－	2バイト

(b) GPGGA（位置 / 測位時刻を出力）

項　目	内　容	データ長
UTC 時刻（時分秒）		6 バイト
日	01 ～ 31	2 バイト
月	01 ～ 12	2 バイト
年	2002 ～ 2079	4 バイト
ローカル・ゾーン・タイム［時］	－13 ～ +13，東経は－，西経は +	3 バイト
ローカル・ゾーン・タイム［分］	00 ～ 59	2 バイト
チェックサム	－	2 バイト

（c）GPZDA（現在日時などを出力）

項　目	内　容	データ長
メッセージの総数	1 ～ 3	1 バイト
メッセージ番号	1 ～ 3	1 バイト
視野内（仰角 5 度以上）の衛星数	00 ～ 12	2 バイト
1 個目の衛星番号	01 ～ 32	2 バイト
1 個目の衛星仰角	05 ～ 90	2 バイト
1 個目の衛星方位角	000 ～ 359	3 バイト
1 個目の衛星の SNR	信号の C/N 00 ～ 99，単位 dB/Hz	2 バイト
あれば，2 個目の衛星番号～ SNR	－	9 バイト
あれば，3 個目の衛星番号～ SNR	－	9 バイト
あれば，4 個目の衛星番号～ SNR	－	9 バイト
チェックサム	－	2 バイト

（d）GPGSV（衛星情報などを出力―一部抜粋）

項　目	内　容	データ長
真方位	000.0 ～ 359.9 度，求められないときはヌル	5 バイト
真方位であることを示すフラグ	"T"	1 バイト
磁気方位	000.0 ～ 359.9 度，求められないときはヌル	5 バイト
磁気位であることを示すフラグ	"M"	1 バイト
速度	000.0 ～ 999.9 ノット，求められないときはヌル	5 バイト
単位がノットであることを示すフラグ	"N"	1 バイト
速度	0000.0 ～ 1851.9 km/h，求められないときはヌル	6 バイト
単位が km/h であることを示すフラグ	"K"	1 バイト
測位モード表示	A：単独測位， D：ディファレンシャル測位 N：未測位	1 バイト
チェックサム	－	2 バイト

（e）GPVTG（速度・方位を出力）

報が出力されます．受信できている衛星の数は11です．1回のGPGSV出力では四つの衛星情報しか出力されないので，GPGSVのメッセージは3回出力されます．

9-3　GPSロガーのハードウェア

　製作したGPSロガーの回路を図9-6に示します．使用したマイコンはH8/3069F（ルネサス テクノロジ）です．シリアル・コミュニケーション・インターフェースを3回路もっているので，GPS受信機（SCI0），モニタ（SCI1），SDカード（SCI2）にそれぞれ接続します．

◆ 電源の配線

　GPS受信機とSDカードの電源電圧は3.3Vなので，リニア・レギュレータPQ033EZ01（シャープ）を使い5Vから3.3Vに降圧しました．本装置は電源電圧5Vで動作しますが，車などで使うことを考え，電源用レギュレータICの7805を付けたので，外部電源8～15Vで動作可能です．

◆ 異なる電圧で動作するチップ間のインターフェース

　電源電圧はGPS受信機とSDカードが3.3V，H8/3069Fが5Vなので各I/O端子

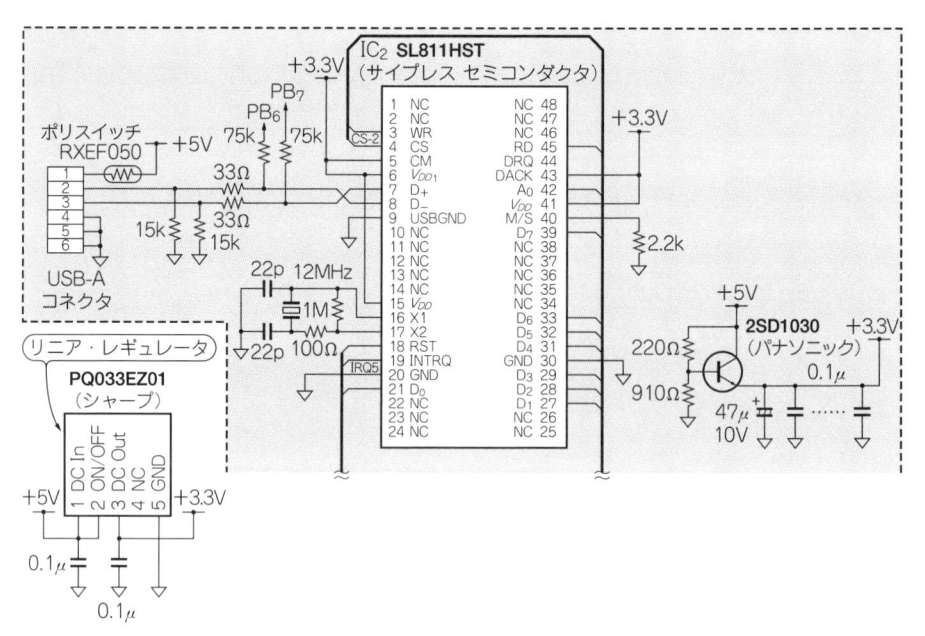

図9-6　製作したGPSロガーの回路

図9-3 GPSロガーのハードウェア 第9章

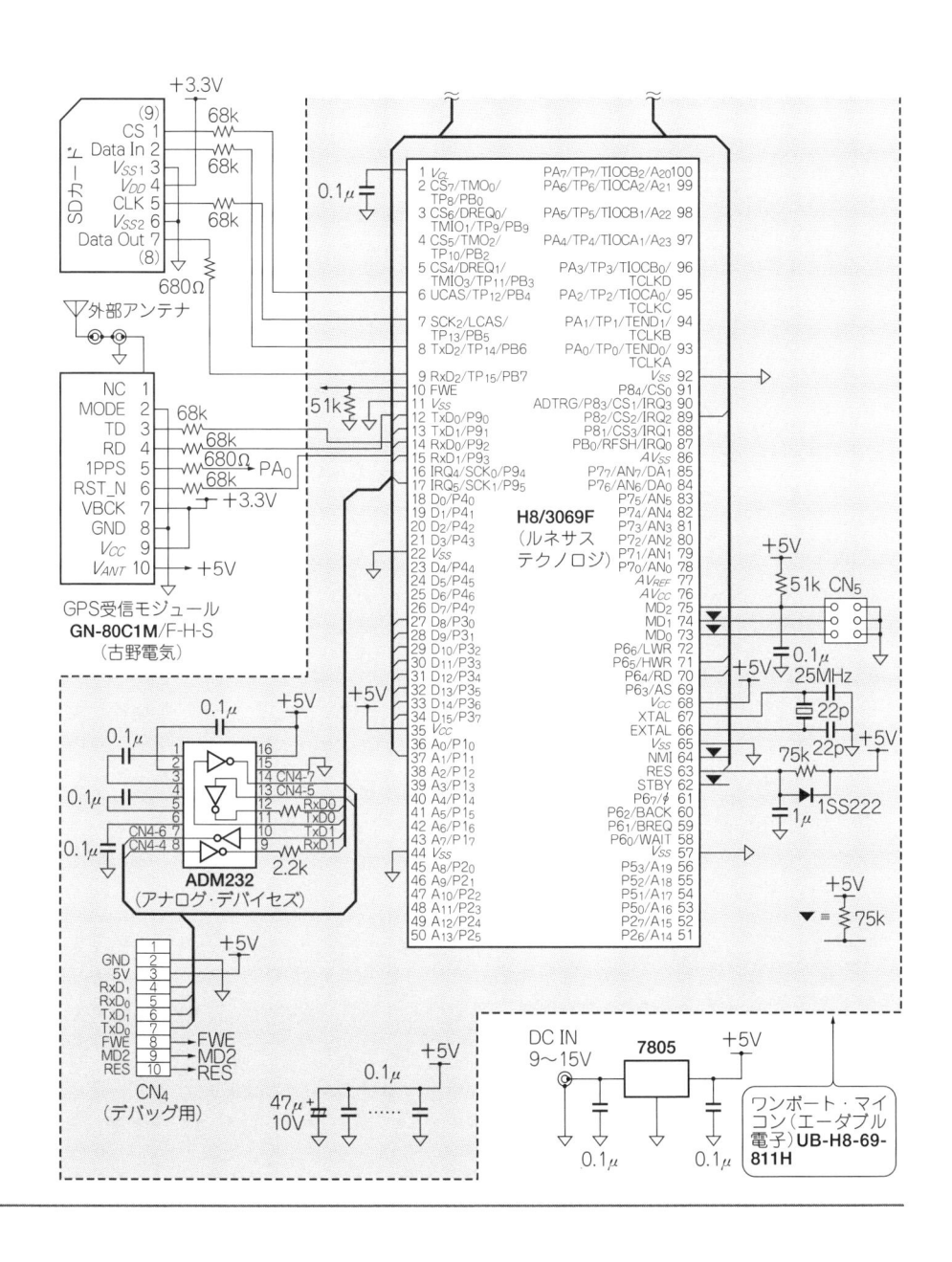

を直結することはできません．5Ｖ系から3.3Ｖ系に接続する場合，過電流防止用に68 kΩの抵抗を直列に入れました．3.3Ｖ系から5Ｖ系に接続する場合直結可能ですが，安全を考えて680 Ωの抵抗を直列に入れました．

◆ GPS受信機とマイコンの接続

　GPS受信機の1 PPS端子はマイコンのPA0端子に，RST_N端子はP94端子に，SDカードのCS端子はPB4端子に，それぞれ接続しました．SDカードはSCIモジュールをクロック同期式モードで使用するので，マイコンのRXD2，TXD2，SCK2端子への配線が必要です．

◆ USBホスト機能を搭載

　将来，携帯電話を使ったリアルタイムのデータ・ロガーも計画しているので，携帯電話制御用にUSBホスト機能をつけています．ここではサイプレス セミコンダクタのSL811HSTを使います．

9-4　GPSロガーの制御ソフトウェア

　制御ソフトウェアは大きく分けてGPS受信機制御，SDカードの制御，USBホスト制御の三つがあります．ここでは前の二つを説明します．

◆ GPS受信機の制御ソフトウェア

　製作したシステムではGPS受信機からの出力データをデフォルトで使うので，GPS受信機側へ設定用のデータを送る必要はありません．したがって受信側だけのデータ処理となり，ソフトウェアを簡単に制作できました．

　図9-7に測位データの受信処理ソフトウェアのフローチャートを示します．データ受信は割り込みを使ってもよいのですが，受信終了後にデータ処理，SDカードへの書き込みなど，連続的な処理が必要なので，今回はポーリングでデータ受信を行いました．

　場合によってはこのように割り込みを使わないほうが簡単にソフトウェアを組め，全体の流れを把握しやすいこともあります．ただし，携帯型とする場合，消費電流を小さくするために割り込み処理が必要でしょう．

◆ 測位時間，緯度，経度，高度の情報を保存する

　受信したデータのうち，必要なのは測位時間，緯度，経度，高度だけです．したがって，GPGGA，GPZDAのデータだけを保存し，他のデータは無視しました．

◆ 保存するデータ量を小さくする

　SDカードに保存するデータ量を小さくするために，以下のような工夫をしてい

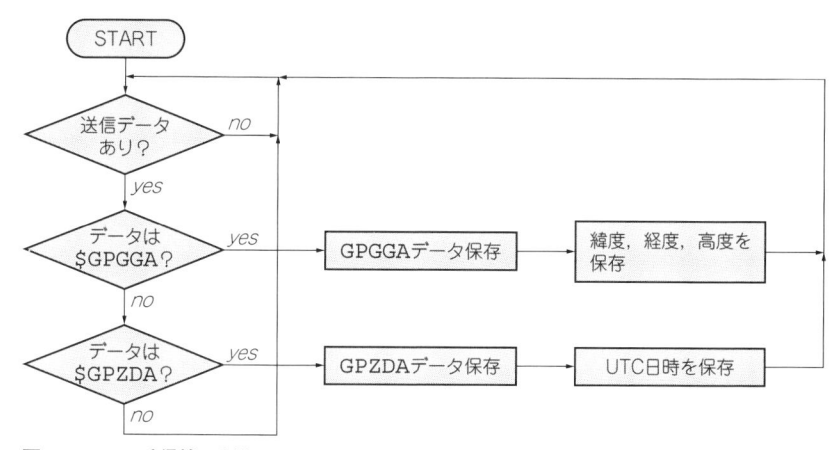

図9-7 GPS受信機の制御ソフトウェアの処理
GPSからの測位データの受信の流れ

ます．
▶測位時間のデータを部分的に省略する
　測位できている状態では，測位周期は1秒と決まっています．したがって，測位するたびにその時刻を保存する必要はありません．
　ただし，トンネルなどで測位ができないと，時間の連続性が失われます．そこで，1セクタ(512バイト)の先頭にUTC測位時間を保存しておき，そのあとは緯度，経度，高度だけを保存していきます．
　保存フォーマットはGPS受信機のASCIIデータを使いました．ただしGPSの時間はUTC時間なので，日本時間に対し9時間遅れています．この遅れの補正はパソコンに取り込んだ後に行いました．
▶緯度，経度のデータを8バイトにする
　緯度と経度の有効桁数は8～9桁なので，有効桁数7桁のfloat型変数では扱えません．そこでdouble型変数を使うことになりますが，これにはデータを8バイトにする必要があります．
　緯度については，GPSから出力されるASCII形式の数値データのピリオドを取ってしまえば，必要なバイト数は8バイトになります．
　経度の場合，日本で使うかぎり100°以上なので，100°の単位のデータは必要ありません．これを取ってしまえば緯度同様，8バイトでデータを保存できます．同じバイト数であれば，ASCII形式でデータ保存したほうがはるかに便利です．　SD

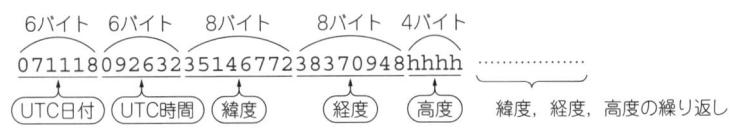

```
  6バイト 6バイト  8バイト   8バイト  4バイト
  ┌──┴─┐┌──┴─┐┌───┴──┐┌───┴──┐┌─┴─┐
  071118 092632 3514677２ 38370948 hhhh ················
  └─┬─┘ └─┬─┘ └┬─┘  └┬─┘  └┬┘   緯度，経度，高度の繰り返し
  UTC日付 UTC時間 緯度   経度   高度
```

図9-8　SDカードに保存されるGPS受信データの形式

カードのデータをエディタなどで見たときに，経度と緯度の値を直接知ることができるというメリットも生まれます．

▶ **高度のデータをわかりやすくする**

高度の最大値は3000.0 m程度と考えられるので，float変数を使えば十分です．しかし，緯度と経度をASCII形式の直感的にわかりやすい表現にしたので，高度も同様に工夫します．GPS受信機から得られた高度を10倍にして整数化し，long型変数でデータ保存します．このデータをバイナリ形式で見れば，高度がすぐにわかります．

SDカードに保存するセクタ・データの内容を図9-8に示します．緯度と経度にASCII形式を使ったので，見やすくなっています．

9-5　SDカードにデータを保存するには

SDカードはSPIインターフェースなのでマイコンに直結できます．

SDカードのデータの取り扱いはセクタ（512バイト）単位で行います．単にデータを書き込む，読み出すだけならば，自分でセクタ番号を管理すれば十分です．しかし，パソコンでSDカードを認識し，ファイルとしてデータを取り扱う場合，データはFATというフォーマットに従って保存されていなければなりません．

◆ **FATフォーマットでデータを保存**

図9-9にフォーマット後のFAT構造を示します．あるファイル名のデータがどのセクタに保存されているかは，次の順序で調べられます．

① セクタ0のMBRを読み込み，BPBのセクタ番号を調べる
② BPBを読み出し，FAT領域のセクタ番号，ルート・ディレクトリ・エントリのセクタ番号，ユーザ・データ領域のセクタ番号を調べる．クラスタ・サイズを確認する．なお，FATではファイルのデータをクラスタ単位で扱います．1クラスタの大きさは2^nセクタ（$n=0\sim$）となります．
③ ルート・ディレクトリ・エントリを読み出し，ファイル名を検索し，ファイル

```
セクタ番号
   0    ┌─────────────────────────────┐
        │ MBR (Master Boot Record)    │
        │   1C6h=First Sector Numbers │
        ├─────────────────────────────┤
        │ BPBのセクタ番号を指す       │
  65h   ├─────────────────────────────┤
        │ BPB (BIOSパラメータ・ブロック)│
        │   予約セクタ数：8セクタ     │
  6Dh   ├─────────────────────────────┤
   ～   │ FAT(その1)                  │
  160h  │   FATセクタ数：244セクタ    │
  161h  ├─────────────────────────────┤
   ～   │ FAT(その2)(その1と同じ内容) │
  254h  │   FATセクタ数：244セクタ    │
  255h  ├─────────────────────────────┤
   ～   │ ルート・ディレクトリ・エントリ│
  274h  │   32セクタ                  │
  275h  ├─────────────────────────────┤
   ～   │ ユーザ・データ領域          │
        │   (先頭クラスタ番号は2)     │
        │            ⋮                │
```

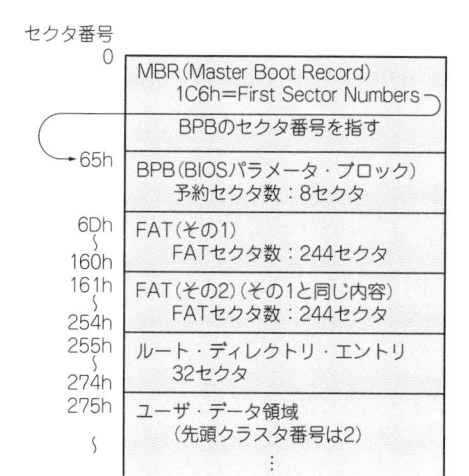

図9-9 FATフォーマットでのデータ保存
セクタ番号はSDカードの種類によって異なる

情報を得る．
④ ファイル情報から，そのファイルのデータがある先頭クラスタの位置を調べる．
⑤ ④で調べた先頭クラスタ番号を元に，読み書きしようと考えているデータがあるセクタ番号を調べ，データを読み書きする．
⑥ 1クラスタのデータを読み書きしたら，そのファイルの次のデータがどのクラスタ番号にあるかを，FAT領域を読み込み，調べる．

　パソコンで何回もファイルの作成と削除を繰り返すと，ファイルのデータが保存されているクラスタが順序どおりにならず，クラスタの並びが分断されます．そうなると⑥の作業は非常に重くなります．

　このような一連の操作をFAT操作と呼びますが，自分で作るとなると非常に手間がかかります．H8マイコンなら，フリーのOSなどもあるので，それを使うのも一つの手です．

　今回は，SDカードのフォーマット後に，データ保存に必要なファイルをあらかじめ作ってしまいます．今回使用したSDカードの容量は256Mバイトなので，256Mバイト/1.8Mバイト(1ファイルの大きさ)＝142.2，したがって，100日分以上のロギング・データを保存することができます．そこで，SDカードに100個のファイルをあらかじめ作ることにしました．

　あらかじめファイルを設定しておくことで，それらのファイルのデータが，どこのセクタ番号に保存されているかが確定します．したがって，①〜④，⑥の作業を

省くことができます．

　この方法でファイルを作成しておけば，ファイルのデータはユーザ・データ領域の先頭から順序よく保存されています．複数のファイルを作った場合でも，データが保存されているセクタ番号は連続的に順序よく並んでいます．読み書きしたいデータの位置を簡単に求められます．

◆ ファイル・データのセクタ番号の取得

　ファイル・データのセクタ番号を取得するために関数を作成しました．用意した関数名はunsigned short get_user_area(void)です．これをコールすると，ユーザ・データ領域の先頭セクタ番号が返されます．

◆ ファイルのデータ形式

　ロギング・データをどのような形式で保存していくか説明します．

　保存するデータの大きさは1サンプリング当たり，

　　8バイト(緯度) + 8バイト(経度) + 4バイト(高度) = 20バイト

です．セクタの最初には測位UTC日時(12バイト)を保存します．すると1セクタには，次式のように25サンプリング分のデータを保存できます．

　　20(バイト/サンプリング) × 25(サンプリング) + 12(UTC) = 512バイト

サンプリング周期が1秒なので，1日のデータを保存するのに必要なデータ・サイズは次のようになります．

- 1日当たりのサンプリング総数 = 60秒 × 60分 × 24時間 = 86400サンプリング
- 緯度などのデータ量 = サンプリング総数 × 20バイト = 1728000バイト
- UTC日時のデータ量 = サンプリング総数/25 × 12 = 41472バイト
- 総計 = 1769472バイト = 3456セクタ

◆ データの並びが不連続にならないように

　FATでは，ファイル・データはセクタ単位ではなく，クラスタ単位で管理されています．通常，1クラスタは，2, 4, 8, 16, 32, …セクタとなっています．

　もし，ファイルのクラスタ数が整数でない場合，ディスクで確保されるクラスタの数は切り上げとなり，ファイル・データとは関係ないセクタが生じます．ここでデータの並びに不連続性が生じてしまいます．

　今回のシステムのクラスタ数はどうなっているのか，ファイル・サイズを確認します．3456セクタは128で割り切れるので，1クラスタが128セクタまで問題ないことが分かります．

◆ 1クラスタ当たりのセクタ数に注意する

　通常，Windowsのフォーマットでは，ディスクのサイズ/65536/512でクラス

の大きさが決まります．SDカードの容量が256 Mバイトの場合，7.6セクタ/クラスタとなり，実際には，1クラスタは8セクタとなります．カードの容量が変わったり，他のOSでフォーマットすると，8セクタ/クラスタになるとはかぎりません．図9-9のBPBを調べ，1クラスタ当たりのセクタ数を確認しておく必要があるでしょう．

◆ データを記録する処理の流れ

GPSロガーがデータを取得し記録するまでの流れを**図9-10**に示します．

まず，GPS受信機をリセットすると，GPS受信機は動作状態となり，NMEAデ

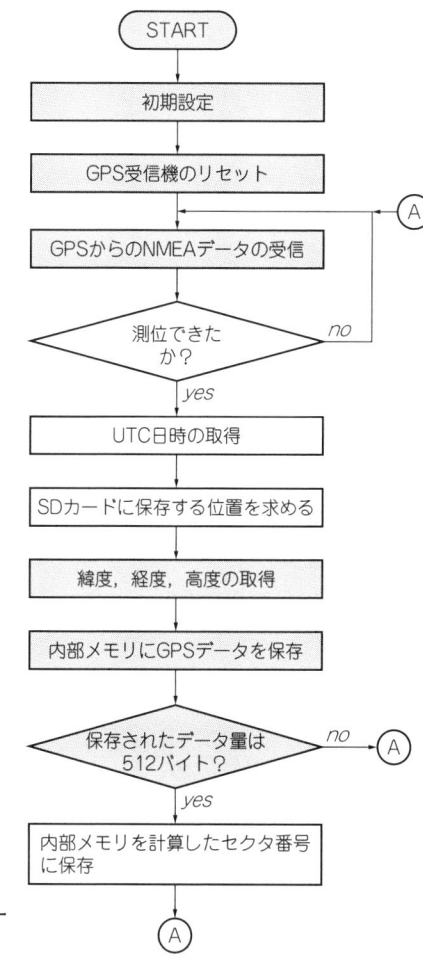

図9-10 データ取得・記録のフローチャート

9-5 SDカードにデータを保存するには

ータを送信してきます．

　測位できるようになると，図9-4のようなデータが1秒ごとに送信されます．

　測位できたらUTC日時を取得します．その日時から，データをSDカードに保存する位置を求めます．保存できるデータ量は100日分なので，それを超える場合は過去のデータ領域を書き換えます．

　データを保存する位置が決まったら，実際にGPS受信機からの測位データを取得していき，時間，緯度，経度，高度だけを抽出して，内部メモリに保存します．

　メモリに25サンプリング分，すなわち1セクタのデータを保存できたら，そのデータを先ほど求めたSDカードのセクタ番号に保存します．UTCの日時がずれていた場合，それは未測位の状態があったことを意味するので，新たに保存すべきセクタ位置を求めます．あとはループします．

9-6　Googleマップ上に移動ルートをシームレス表示

　Googleマップを使って，GPSで取得した位置情報をパソコンのウェブ・ブラウザ上に表示します．

　Ajaxという技術を使うと，無料で，比較的手軽にGoogleマップ上にルート表示，マーカの表示などさまざまな機能を追加できます．ちょうど自分のオリジナルな地図を使える感じです．

　これを利用して，GPSロガーに記録した移動の軌跡をGoogleマップに表示します．

◆ Googleマップでシームレスに地図を表示

　図9-11は，従来のHTTP（Hypertext Transfer Protocol）を使った地図情報の表示方法です．

　ユーザが地図の表示位置を変更したい場合，ウェブ・ブラウザ上で操作を行います．すると，そのリクエストはウェブ・サーバに送られ，そのサーバ上で，位置を変更した新たな地図データが用意されます．それをウェブ・ブラウザがダウンロードして表示し直します（リロード）．

　このようにして，ユーザが希望する新たな位置でのマップが表示されます．このリロードの時間が非常に短ければ，ユーザはストレスなく地図の表示位置を変更できます．しかし通常，リロードの時間は長く，地図の表示位置を変えるという簡単な操作でも，シームレスに結果を表示することはできません．

◆ バック・グラウンドでデータをダウンロードする

　Googleマップはウェブ・ブラウザ上で動作するスクリプトを使っています．地

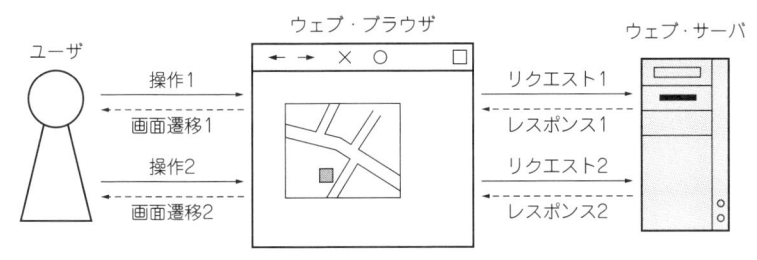

図9-11　ウェブ・ブラウザに地図を表示する（ウェブ・サーバを介した場合）
サーバからのレスポンスが遅いと，地図はスムーズに表示されない

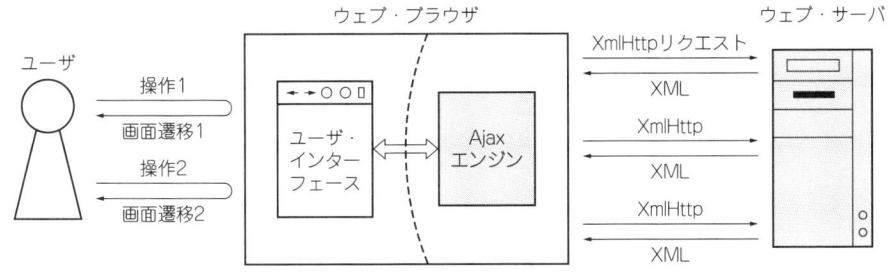

図9-12　Ajaxを使ってシームレスに地図を表示する

　図データは随時バック・グラウンド動作でウェブ・ブラウザにダウンロードされています．ユーザが地図の位置を変更した場合，変更したあとの地図データがすでにダウンロードされていれば，そのデータをウェブ・ブラウザに表示すればよいことになります．このようにしてGoogleマップではシームレスな地図の表示が可能となっています．
　また，サーバではなく，ウェブ・ブラウザで動作するスクリプトを使うので，地図上へのルートの表示，マーカの表示などを簡単に行えます．これにはAjax（Asynchronous JavaScript + XMLの略）という技術を使います．

◆ **Ajaxはユーザ操作を待たずに必要なデータをダウンロードしておいてくれる**
　図9-12にAjaxを使った動作の流れを示します．
　ウェブ・サーバ上にはXML形式のデータが用意されています．
　Ajaxエンジンは，サーバからこのXMLデータを随時ダウンロードしています．Asynchronous（非同期）の意味は，このようにユーザの操作とは同期せずに，随時XMLデータのダウンロードなどをAjaxエンジンが行っているということです．
　ユーザが何らかの操作，例えば表示位置の変更をした場合，変更したあとの表示

データがあらかじめダウンロードされていれば，ウェブ・ブラウザ上にすぐにそのデータを表示できます．

また，表示データに新たな表示，例えばルートなどを付け加えたければ，ウェブ・ブラウザ上のJavaScriptですぐに表示させることができます．

9-7　　Google Maps APIを使ってみよう

GoogleマップはGoogleが提供するサーバ側にあります．このGoogleの地図サーバとユーザのJavaScriptアプリケーションとの通信を仲介するためにGoogle Maps APIが提供されています．その動作の概要を図9-13に示します．このGoogle Maps APIは図9-12で説明したAjaxエンジンに相当します．

Google Maps APIは登録すれば無料で使えます．

▶ Googleアカウントの取得

Google Maps APIを使うためには，まずGoogleアカウントを取得しなければなりません．GoogleアカウントはのURLから取得できます．

　　　https://www.google.co.jp/accounts/NewAccount

アカウントの取得画面を図9-14に示します．Googleアカウントの作成ページでは，電子メール・アドレスとパスワード（確認のため2回），認証コード（中央付近のゆがんだ文字；図ではblesdi）を入力します．**場所：**で日本を選択し，利用規約を読んでから，［同意して、アカウントを作成します］ボタンをクリックします．

アカウントが無事に取得できると，登録電子メール・アドレスに通知メールが送られてくるので，そのメール内にある通知リンク先を開き，アカウントを開設してください．

▶ Webサイトの用意，HTMLのアップ・ロード

Googleマップはウェブ・サイト上に表示されます．ウェブ・サイトをもっていない場合，新たに開設する必要があります．Infoseekを始めさまざまな所から，個人が無料で使えるウェブ・サイトが提供されています．ここではサイトの開設方法は省略します．

ウェブ・サイトが開設できたら，そこに自分が行いたいスクリプトのHTMLファイルをアップ・ロードします．さまざまなアップ・ロード・ツールがありますが，私はWS_FTPというFTPクライアントを使っています．インストールの方法などは省略しますが，http://www.cnet.ne.jp/UserFAQ/FTP/WS_FTP/などが参考になると思います．

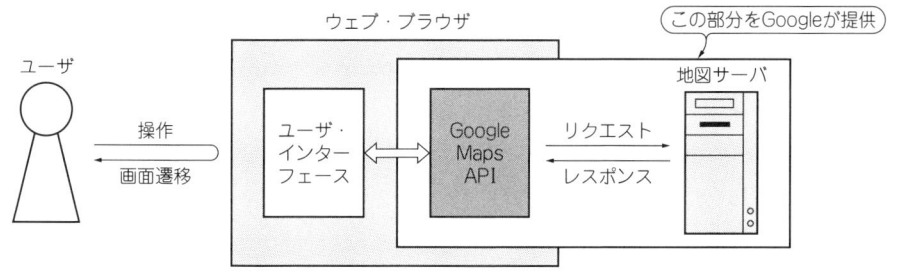

図9-13 Google Maps APIにおけるデータの流れ

図9-14 Googleアカウントを取得する

▶ Google Maps API Keyの取得

　Google Maps APIで，Googleのサーバにアクセスするには特別なキーが必要なので，それを取得します．

　まず，サインインした状態でGoogle Maps APIのホームページ(http://www.google.com/apis/maps/)を開きます．画面が表示されたら，**Sign up for a Google Maps API key**をクリックします．すると，**Google Maps API Key**取得ページが表示されます．使用条件を読んだ後，**I have read and agree with the terms and conditions**にチェックを入れます．次に，**My web site URL:**欄にGoogle Maps APIを利用するコンテンツを置くウェブ・サイトのURL（例えば*****.hp.infoseek.co.jp）を入力します．最後に，[Generate API Key]ボタンをクリックします．

　取得できたキーなどが表示されたら，このページを保存しておきましょう．今後Google Maps APIを使うために必ず必要となるキーなので大切に保管してください．また，取得したキーは登録URL専用なので，他のURLで使いたい場合は，新たにキーを取得する必要があります．

◆ サンプル・プログラムでGoogle Maps APIの動作を確認

　キーの下には簡単なサンプル・プログラムがあります．これを例えばsample01.htmlという名前をつけて保存してください．次に，WS_FTPなどを使い，登録したウェブ・サイトにsample01.htmlを転送してください．このURLをインターネット・エクスプローラなどのブラウザに打ち込んで表示すれば（例えば*****.hp.infoseek.co.jp/sample01.html），**図9-15**のように米国（図の場合はスタンフォード大学付近）の地図が表示されるはずです．これで，正常にキーを取得できたことを確認できます．

▶ Sample01.htmlの説明

　htmlファイルについて簡単に説明しておきます．**リスト9-1**にsample01.htmlを示します．HTML文書では<HTML>，<HEAD>，<BODY>の3種類のタグで文書の構造を定義します．<HTML>〜</HTML>（3，23行目）はその文書がHTML文書であることを宣言するタグで，文書の最初と最後に記述します．<HEAD>〜</HEAD>（4，19行目）の間には，文書のタイトルなどのヘッダ情報を記述します．そして<BODY>〜</BODY>（20，22行目）の間には，実際にブラウザに表示される文書の本体を記述します．

▶ 1行目；DOCTYPEの宣言．HTMLはW3C(The World Wide Web Consortium)の文法，XHTML 1.0 Strictに従っていることを示しています．公開識別子と呼ば

リスト9-1　sample01.htmlの内容

```
01: <!DOCTYPE html PUBLIC "-//W3C//DTD XHTML 1.0 Strict//EN"
02:   "http://www.w3.org/TR/xhtml1/DTD/xhtml1-strict.dtd">
03: <html xmlns="http://www.w3.org/1999/xhtml">
04:   <head>
05:     <meta http-equiv="content-type" content="text/html; charset=utf-8"/>
06:     <title>Google Maps JavaScript API Example</title>
07:     <script src="http://maps.google.com/maps?file=api&amp;v=2&amp;key=取得したキー"
08:       type="text/javascript"></script>
09:     <script type="text/javascript">
10:     //<![CDATA[
11:     function load() {
12:       if (GBrowserIsCompatible()) {
13:         var map = new GMap2(document.getElementById("map"));
14:         map.setCenter(new GLatLng(37.4419, -122.1419), 13);
15:       }
16:     }
17:     //]]>
18:     </script>
19:   </head>
20:   <body onload="load()" onunload="GUnload()">
21:     <div id="map" style="width: 500px; height: 300px"></div>
22:   </body>
23: </html>
```

（14行目）地図の中心座標
（21行目）地図の大きさを指定

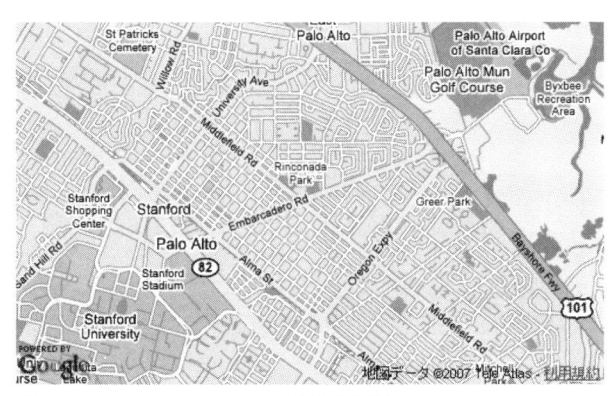

図9-15　Google Maps APIの動作を確認
sample01.htmlによって表示された地図

れます．

▶2行目；この W3C XHTML 1.0 の文法を定義しているDTD（Document Type Definition）の場所です．システム識別子 と呼ばれます．

▶3行目；XMLSネーム・スペースの宣言です．ネーム・スペースはXML ドキュメントで使用する名前を一意に区別するためのメカニズムです．

▶5行目；文字コードなどの初期情報の設定です．
▶6行目；表示されるタイトルの設定です．
　Google Maps APIはJavaScriptのクラス・ライブラリとして動作します．自分のウェブ・サイトでGoogleマップを利用するためには，このクラス・ライブラリを読み込んでおく必要があります．
▶7，8行目；ロードするクラス・ライブラリのパスを指定します．ここで取得したキーが必要です．
▶9行目；JavaScriptであることを示します．
▶10，17行目；XMLの「CDATAセクション」を示すタグです．
▶12行目；GbrowserIsCompatible()はGoogle Mapsが利用できるブラウザかどうかを返します．trueであれば利用可能，falseであれば利用できないことになります．
▶13行目；New演算子でGmap2(後述)オブジェクトを生成します．
▶14行目；地図の中央座標を設定します．詳しくは後述します．
▶20行目；文書読込みが完了した時に地図を表示します．文書が閉じられる時に地図をアンロードします．
▶21行目；Gmap2の引き数であるコンテナのdiv要素を指定します．まず，mapという名のdiv要素を指定します．次に500×300ピクセルの大きさの地図を指定します．

9-8　Googleマップ上にロガーの記録を表示する

　sample01.htmlを利用し，地図を表示できました．その上でGoogle Maps APIを使い，地図上にGPSロガーに記録した移動の軌跡を表示します．
　主なGoogle Maps APIを**表9-6**に示します．Google Maps APIの種類は非常に多いので，ここでは移動ルートを表示するのに必要なものを選んで説明します．実際にサンプルを使って，Google Maps APIの使い方をマスタしましょう．

◆ 日本を表示
　例として静岡県富士宮市付近を適当なズーム・レベルで表示させてみます．サンプル・プログラムを**リスト9-2**に示します．
① 地図の大きさを500×400ピクセルに設定
② 地図の中心座標を138.615132, 35.258607に変更；静岡県富士宮市付近が表示される．ズーム・レベルは"2"

③ GSmallMapControlオブジェクトの追加

　sample02.htmlを，ウェブ・サイトにアップ・ロードし，そのURLをブラウザで表示すると，静岡県富士宮市付近が適当なズーム・レベルで表示されます．

　左上にGsmallMapControlオブジェクトが表示されているはずです．ここでズームを変更するために［＋］ボタンを1回クリックしてください．地図の縮尺が大きくなるはずです．このとき，ズーム・レベルの設定値は1段階小さくなり"1"になります．さらに［＋］ボタンを1回クリックすると，ズーム・レベルは0，－1，－2となり，それ以上はズームできません．

　次に［－］ボタンをクリックしていくと，地図の縮尺が小さくなっていき，やがて世界地図となります．最大値は17でしたので，ズーム・レベルは－2～17の範囲で設定できます．

　GsmallMapControlをGlargeMapControlに変更すると，先ほどのズーム・ボタンの間にズーム用スライダが表示されるはずです．これを使うと，瞬時に希望のズーム・レベルを設定できます．

　地図の大きさ，中心座標なども変えてみてください．簡単に希望の地図を表示できることがわかります．

◆ 地図に線を表示

　地図上にラインを表示するにはGPolylineというGoogle Maps APIを使います．**リスト9-2**を見てください．次の3点を追加しました．

- 斜め上への線を描く，太さは10
- 右横への線を描く，太さは7，透過率は0.2
- 下への線を描く．太さは3，透過率は1

　GPolylineの座標はGPoint（138.615132, 35.258607）オブジェクトで指定しました．座標，線の太さ，透過率を変えてみてください．

◆ 地図上にルートを表示

　地図上にGPSロガーに記録した位置情報を表示します．ルートの軌跡は経度と緯度の座標の集合体で表すことができます．**リスト9-2**の方法で座標の集合体を線で結んでいってもよいのですが，ソース・コードは非常に複雑になります．

　そこで，座標の集合体を配列データとして用意して，それをGPolylineで，一気にルート表示する方法を取ります．

　リスト9-3を見てください．追加箇所の説明をします．

④ 座標の配列を用意する

　mapPointsという配列を作り，そこに五つの座標を設定します．

表9-6 主なGoogle Maps API

機　能		Google Maps APIの最も基本的なオブジェクト
構文		GMap(container, mapTypes, width, height);
引き数	container	地図をおくHTMLコンテナ
	mapTypes	表示する地図の初期タイプ．省略時はG_MAP_TYPE（地図）
	width	地図の幅．省略時はHTMLコンテナのサイズ
	height	地図の高さ．省略時はHTMLコンテナのサイズ
メソッド	enableDrraging()	地図のマウス・ドラッグ操作を可能にする．初期状態はON
	enableInfoWindow()	吹き出し(InfoWindow)の使用を有効にする．初期状態はON
	addControl(control)	地図にcontrolを貼り付ける
	removeControl(control)	地図から指定したcontrolを取り去る
	getCenterLatLng()	現在の地図の中心の経度と緯度をGpointオブジェクトで返す
	getBoundsLatLng()	現在の地図の表示範囲をGBoundsオブジェクトで返す
	getZoomLevel()	現在のズーム・レベルを返す
	centerAtLatLng(latLng)	指定した緯度，経度に地図の中心を動かす
	centerAndZoom (latLng, zoomlevel)	地図のズーム・レベルと中心座標の設定
	addOverlay(overlay)	指定したoverlayを地図に追加する
	removeOverlay(overlay)	指定したoverlayを地図から削除する
	clearOverlays()	地図上の全てのoverlayを取り去る
	その他	(省略)
プロパティ		なし
イベント GEventでリスナを設定できるイベント	click	マウス・クリックで発生するイベント，クリックした位置で引数が異なる overlayオブジェクト：第1引き数にオブジェクトが渡される それ以外：第2引き数に位置の緯度と経度が渡される
	move	地図がドラッグやZOOM操作により動いている間，発生し続けるイベント
	zoom	地図のZOOMレベルが変化したときに発生するイベント 渡される引き数は，oldZoomLevel, newZoomLevel
	maptypechanged	マップ・タイプが切り替わったときに発生するイベント
	infoWindowopen	吹き出しが開くと発生するイベント
	その他	(省略)

(a) GMap

⑤ GPointオブジェクトの配列を作成する

mapPointsの位置配列データからGPoint(経度，緯度)の配列を作ります．座標の数はmapPoints.length で取得できます．

機能	地図上に置くパン・ズーム・コントロール．4方向の矢印， ＋と－が地図上に表示される
構文	GSmallMapControl()
引き数，メソッド，プロパティ，イベントはなし	

(b) GSmallMapControl

機能	地図上に置くパン・ズームコントロール．GSmallMapControlに， ズーム・スライダなどを追加
構文	GLargeMapControl()
引き数，メソッド，プロパティ，イベントはなし	

(c) GLargeMapControl

機能	2次元座標を保持するオブジェクト．地図上の位置を表す場合は， 経度，緯度，アイコンなどピクセル画像で使用する場合はピクセル座標	
構文	GPoint(x, y)	
引き数	x	経度，またはピクセル単位の X 座標
	y	緯度，またはピクセル単位の Y 座標
プロパティ	x	このGPointオブジェクトが表す X 座標
	y	このGPointオブジェクトが表す Y 座標
メソッド，イベントはなし		

(d) GPoint

機能	ベクタ・グラフィックによる多点を結合したラインを 地図に重ねられるオブジェクト	
構文	Gpolyline(points, color, weight, opacity)	
引き数	points	ベクタ・ラインを描くためのGPointの配列
	color	ラインの色をRGB形式(赤：ff0000h)で渡す．省略時は青
	weight	ラインの太さをピクセル単位で渡す．省略時は5
	opacity	ラインの透過率を0～1の数で渡す．省略時は0.45
メソッド，プロパティ， イベントはなし		

(e) GPolyline

⑥ 描画する

座標のGPointオブジェクト配列はpointsで用意されています．このpointsをGpolylineオブジェクトに渡すだけで，mapPointsの各座標が線で結ばれ表示されます．

リスト9-2 地図上に表示すべき座標どうしを線で結んでいく

```html
<!DOCTYPE html PUBLIC "-//W3C//DTD XHTML 1.0 Strict//EN"
  "http://www.w3.org/TR/xhtml1/DTD/xhtml1-strict.dtd">
<html xmlns="http://www.w3.org/1999/xhtml">

  <head>
    <meta http-equiv="content-type" content="text/html; charset=utf-8"/>
    <title>Google Maps JavaScript API Example</title>
    <script src="http://maps.google.co.jp/maps?file=api&v=1&key=取得したキー"
      type="text/javascript"></script>
  </head>

  <body>
    <div id="map" style="width: 500px; height: 400px"></div>     // ①地図の大きさ
    <script type="text/javascript">
    //<![CDATA[
      var map = new GMap(document.getElementById("map"));
      map.centerAndZoom(new GPoint(138.615132, 35.258607), 2);   // ②富士宮付近の座標、ズームレベルは2
      map.addControl(new GSmallMapControl());                    // ③GMapにGSmallMapControlオブジェクトの追加


      var polyline = new GPolyline([new GPoint(138.615132, 35.258607), // ④斜め上への線を描く、太さは10
      new GPoint(138.616132, 35.259607)],"#ff0000", 10);
      map.addOverlay(polyline);
      var polyline = new GPolyline([new GPoint(138.616132, 35.259607), // ⑤右横への線を描く、太さは7、透過率は0.2
      new GPoint(138.619132, 35.259607)],"#ff0000", 7, 0.2);
      map.addOverlay(polyline);
      var polyline = new GPolyline([new GPoint(138.619132, 35.259607), // ⑥下への線を描く、太さは3、透過率は1
      new GPoint(138.619132, 35.257607)],"#ff0000", 3, 1);
      map.addOverlay(polyline);

    //]]>
    </script>
  </body>

</html>
```

地図に表示する内容を設定

◆ 多点の座標で構成されるルートを描く

　リスト9-3のように5点程度の表示はまったく問題ありませんが，表示する点の数が1000，10000…と増えていくと，縮尺を小さくしたときに非常に多くの点の線を描画しなければならず，ブラウザの負担が重くなります．最悪では描画ができずに，ブラウザが固まってしまう場合があります．

　その対策として，Google Maps APIにGPolyline.fromEncodedがあります．これは，地図の縮尺にしたがい，描画に使う座標の数を変えるというものです．縮尺が小さい広域地図では，描画する点を少なくします．いっぽう，縮尺が大きい場合は，すべての座標を描画します．

　今回，実際に1500点ほどの座標によりルートを表示させた結果，特に操作性に

リスト9-3　座標の配列を利用して移動ルートを表示

```html
<!DOCTYPE html PUBLIC "-//W3C//DTD XHTML 1.0 Strict//EN"
  "http://www.w3.org/TR/xhtml1/DTD/xhtml1-strict.dtd">
<html xmlns="http://www.w3.org/1999/xhtml">

  <head>
    <meta http-equiv="content-type" content="text/html; charset=utf-8"/>
    <title>Google Maps JavaScript API Example</title>
    <script src="http://maps.google.co.jp/maps?file=api&v=1&key=取得したキー"
      type="text/javascript"></script>
  </head>

  <body>
    <div id="map" style="width: 500px; height: 400px"></div>     // ①地図の大きさ
    <script type="text/javascript">
    //<![CDATA[
        var map = new GMap(document.getElementById("map"));
        map.centerAndZoom(new GPoint(138.615132, 35.258607), 2);      // ②富士宮付近の座標、ズームレベルは2
        map.addControl(new GSmallMapControl());            // ③GMapにGSmallMapControlオブジェクトの追加

    // ④座標の配列を用意する
    var mapPoints = [
    [ 138.615132, 35.258607 ],
    [ 138.616132, 35.259607 ],        ←── 位置データ
    [ 138.618132, 35.259607 ],
    [ 138.618132, 35.257607 ],
    [ 138.617132, 35.256607 ]
    ];

    // ⑤GPoint の配列を作成する
    var points = [];
    for (var i = 0, len = mapPoints.length; i < len; ++i) {
        points.push(new GPoint(mapPoints[i][0], mapPoints[i][1]));
    }

    // ⑥描画する (map は GMap のオブジェクト)
    map.addOverlay(new GPolyline(
        points,      // 座標値
        '#ff0000',   // 線の色
        2,           // 線の太さ
        1.0          // 不透明度
    ));

    //]]>
    </script>
  </body>

</html>
```

不満はなかったので，よりわかりやすいGPolylineを使った方法を採用しました．もし，遅いと感じる場合は，GPolyline.fromEncodedを使ってください．

9-9 Visual Basicによるhtmlソース・コードの自動作成

パソコン上での地図の表示，ルートの描画はできるようになりましたが，ルートの座標の数が非常に増えてくると，ソース・コードをいちいち作っていたのでは，とても対応できません．そこで，Visual Basicでhtmlソース・コードを自動的に作ることにします．

作業内容は以下となります．
- SDカードから座標データを読み込む
- 経度，緯度の配列を作成
- html用の配列データに変換する

GPSからの経度緯度のデータは「xx度yy.zzzzz分」というフォーマットですが，Googleマップはxx.uuuuu度というデータの形式を要求します．そこで以下の式を使いGPSの経度緯度を度に変換します．

xx.uuuuu = xx + yy.zzzzz / 60

次に説明する速度の表示フォームで，[htmlの自動作成，速度の表示]ボタンをクリックすると，実行ディレクトリにHTMLファイルが自動的に出力されるようにしました．このHTMLファイルをウェブ・サイトに転送して結果を表示してください．実際に走行して測定した結果を図9-1(p.180)に示します．ほとんど道にそってルートが表示されており，GPSが非常に高精度になっていることを実感できます．

プログラムの詳細は省略しますが，サンプルGPSMon.frmを，本書のホームページからダウンロードできるようにする予定です．

◆ Visual Basicによる速度表示

今回製作したGPSロガーでは，SDカードには緯度，経度，高度，時間の情報しか保存されていません．その中には速度データは入っていないので，Visual Basicで計算して求めることにします．計算式は次の通りです．

$$v = \frac{\sqrt{\Delta_{Lat}^2 + \Delta_{Log}^2}}{360} \times \pi \times L_{earth} \times 3600$$

ただし，v：速度[m/s]，Δ_{Log}：経度の変化，Δ_{Lat}：緯度の変化，L_{earth}：地球の直径12721.9 km．

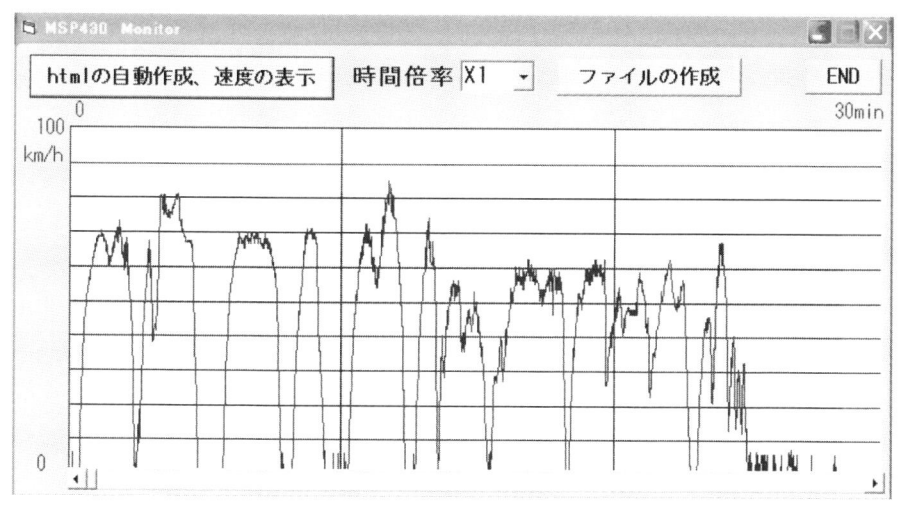

図9-16 GPSロガーに記録した走行データから速度を計算して表示

3600を掛けているのはGPSのサンプリング周期が1秒なので，それを時速に変換するためです．

実際に走行した結果を**図9-16**に示します．［htmlの自動作成，速度の表示］ボタンをクリックすると表示されます．データが非常にばらつくのは位置情報から速度を求めたためと考えられますが，それほど精度は必要ないので，現状でよしとしました．高精度で求めたい場合は，GPS受信機が出力する速度データを使うのがよいでしょう．

さいごに

瞬時に位置や速度が分かるGPSの応用範囲は非常に広いと感じました．また，今回のように市販のGPS受信機を使うと，自分が必要とする機能をもつシステムが簡単にできます．皆さんも1台作ってみてはいかがでしょうか．参考に，GPSモジュールの一覧を**表9-7**に示します．

■プログラムの入手方法
この記事の関連プログラムはCQ出版社ウェブ・ページからダウンロードできます．
http://shop.cqpub.co.jp/hanbai/books/45/45451.html

表9-7 市販のGPSモジュール（2009年8月調査）

他にCF（コンパクト・フラッシュ），Bluetooth，SDカード対応などがあるが，省略した．測位精度は条件など複雑であり，各社同条件での比較は困難なため省略した

型　名	メーカ名	インターフェース	通信速度[bps]	衛星の数
#88001	Strawberry Linux	RS-232-C/TTL	4800	12
GPS16LVS	GARMIN	RS-232-C	300〜19200	12
GPS18USB	GARMIN	USB	−	12
GU-20(USB)	Globalsat	USB	−	20
GR213(USB)	HOLUX	USB	−	20
FV25RS	I.D.A	RS-232-C	2400〜115200	16
FV25USB-W	I.D.A	USB	−	16
GM-158	I.D.A	USB	−	32
イオ111wUSBs	SPA	USB	−	12
イオ111wUDB9s	SPA	RS-232-C	4800	12
コメットUSB/3	SPA	USB	−	20
USBGPS2/WS	アイ・オー・データ機器	USB	−	12
GPS15-W	GARMIN	TTL	4800	12
GPS15L-W	GARMIN	RS-232-C	300〜19200	12
GPS15H-W	GARMIN	TTL	300〜19200	12
GPS-08266	Strawberry Linux	RS-232-C	38400	32
GT-730F/L	秋月電子通商	USB	38400	65
GT-720F	秋月電子通商	RS-232-C	9600	54
GPS16xHVS	GARMIN	RS-232-C	300〜19200	12
GPS18xLVC	GARMIN	RS-232-C/TTL	300〜38400	12
GPS18xUSB	GARMIN	USB	−	12
GPS18x-5Hz	GARMIN	RS-232-C/TTL	19200	12
FVM-11	GARMIN	RS-232-C/TTL	4800〜115200	32
TK-1315LA	GARMIN	RS-232-C/TTL	4800〜11520	20

感度 [dBm]	測位周期 [Hz]	大きさ [mm]	重さ [g]	形態	電圧[V]	電流 [mA]	参考価格 [円]
−	1	32 × 32 × 9	18	一体	5	80	8,000
−135	1	φ 86 × 42	322	一体	3.3 〜 6 V	65 mA	21,000
−135	1	φ 61 × 20	100	一体	バス・パワー	55	15,750
−159	1	φ 53 × 19	69	一体	バス・パワー	80	10,500
−159	1	65 × 42 × 18	84	一体	バス・パワー	−	9,923
−146	4	48 × 58 × 14	20	一体	5	110	19,950
−146	4	φ 56 × 28	85	一体	バス・パワー	−	19,950
−158	5	φ 46 × 38 × 16	70	一体	バス・パワー	−	19,000
−139	1	41 × 41 × 18	128	一体	バス・パワー	80	10,000
−139	1	41 × 41 × 18	128	一体	5	80	14,800
−159	1	φ 53 × 19	69	一体	バス・パワー	80	10,500
−	1	53 × 24 × 11	18	一体	バス・パワー	<100	オープン
−135	1	23 × 41 × 7	8.5	アンテナ別体	3.3	80 mA	10,290
−135	1	34 × 45 × 7	8.5	アンテナ別体	3.3 〜 5.4	100 mA @3.3 V	11,025
−135	1	34 × 45 × 9	14.5	アンテナ別体	8 〜 40	30 mA @12 V	11,676
−158	5	30 × 30 × 8.5	15	一体	3.3 〜 5	60	12,600
−160	1	73.5 × 27 × 10	18	一体	バス・パワー	42	3,500
−	1	34 × 34 × 5	−	一体	3.3 〜 8	180	3,200
−155	1	φ 86 × 24	332	一体	8 〜 40	65 mA @12 V	20,265
−155	1	φ 61 × 19.5	160	一体	4 〜 5.5	90	14,700
−155	1	φ 61 × 20	105	一体	バス・パワー	110	16,275
−155	5	φ 61 × 20	165	一体	4 〜 5.5	100	36,960
−158	5	35.4 × 35.4 × 8.6	15	一体	4 〜 5.5	68	13,892
−159	1	42 × 14 × 9.2	8	一体	4 〜 5.5	58	4,095

GPSのしくみと応用技術

第10章

現在地と目的地を表示する誘導システムの製作

ノートPC，補助ディスプレイ
そしてGPSモジュールを組み合せて作る

現在地から仮想の目的地への距離と方向を求め，液晶ディスプレイに表示するGPS付き誘導装置を製作します．特にGPSモジュールから得た緯度と経度の情報を平面に誤差なく展開・表示するプログラムについて解説します．計算や表示のためのプログラムは無償で提供されているVisualC# ExpressEditionで開発します．

◆ フォックス・ハンティング・ゲーム機の製作

　GPS受信機は携帯電話に標準で搭載されるようになりました．また，GPSモジュールを内蔵したパソコンもあります．マイコンに接続して使用するTTLレベルの出力や，RS-232-Cレベルを出力する品種もありますが，パソコンと接続して使用するにはUSB接続品が便利です．SSD(Solid State Drive)内蔵のミニ・ノート・パソコンを使用すれば，従来，マイコンでコントロールしていた携帯型のシステムも容易にパソコン・ベースに置き換えられると思います．

　本章では，GPSモジュールから得られる現在位置と目標地点までの距離を，パソコンに接続したグラフィック液晶にリアルタイム表示し，その距離データを基に目標地点にたどり着く「フォックス・ハンティング・ゲーム機」の製作事例を紹介します．開発環境は米国マイクロソフト社のVisualC# 2008 ExpressEditionを使用しました．

　本製作を通じて次の方法をマスタできます．
（1）USB接続されたGPSモジュールからNMEA-0183フォーマットのデータを取得し，現在地の緯度と経度を求める方法
（2）2地点の緯度と経度から測量法に規定された直角座標(平面直角座標)を用い

て距離を求める方法
(3) USB-パラレル変換モジュールを使用してグラフィック液晶をパソコンと接続しVisualC#からコントロールする方法

10-1　システムの構成

製作したシステムを**写真10-1**に，ブロック図を**図10-1**に示します．使用した部

写真10-1 フォックス・ハンティング機として利用するGPSモジュールとグラフィック液晶ディスプレイ・モジュールおよびパソコン

品を**表10-1**に示します．乱数を使ってキツネ（フォックス：fox）の隠れている場所を決めておき，グラフィック液晶モジュールに表示される距離情報からキツネを見つけるというものです．アマチュア無線で行われるフォックス・ハンティングの

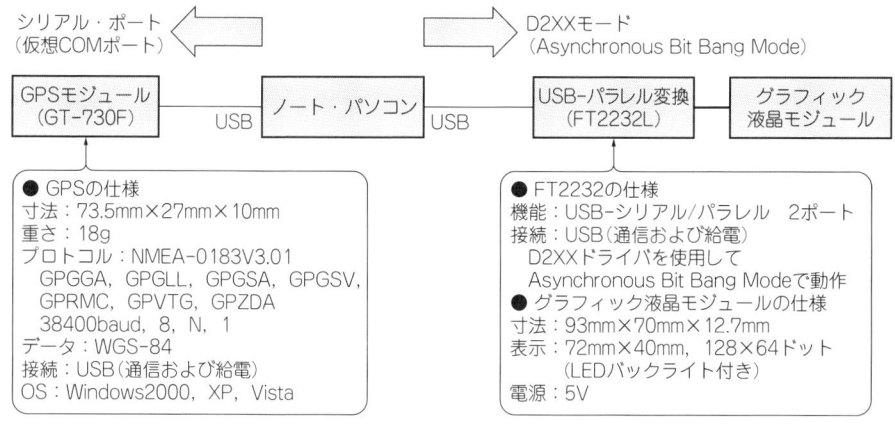

```
シリアル・ポート                              D2XXモード
（仮想COMポート）  ⇐                  ⇒  (Asynchronous Bit Bang Mode)

┌─────────┐       ┌─────────┐       ┌─────────┐   ┌─────────┐
│GPSモジュール│       │         │       │USB-パラレル変換│   │グラフィック│
│ (GT-730F) │─ USB ─│ノート・パソコン│─ USB ─│ (FT2232L) │   │液晶モジュール│
└─────────┘       └─────────┘       └─────────┘   └─────────┘
```

● GPSの仕様
　寸法：73.5mm×27mm×10mm
　重さ：18g
　プロトコル：NMEA-0183V3.01
　　GPGGA，GPGLL，GPGSA，GPGSV，
　　GPRMC，GPVTG，GPZDA
　　38400baud，8，N，1
　データ：WGS-84
　接続：USB（通信および給電）
　OS：Windows2000，XP，Vista

● FT2232の仕様
　機能：USB-シリアル/パラレル　2ポート
　接続：USB（通信および給電）
　　D2XXドライバを使用して
　　Asynchronous Bit Bang Modeで動作
● グラフィック液晶モジュールの仕様
　寸法：93mm×70mm×12.7mm
　表示：72mm×40mm，128×64ドット
　　（LEDバックライト付き）
　電源：5V

図10-1 製作したフォックス・ハンティング機の概要

表10-1 製作に必要な部品やツール

部品名称	メーカ名/型名　ほか	個　数
USB接続GPSモジュール	GT-730F	1

(a) GPSモジュール

部品名称	メーカ名/型名　ほか	個　数
USB-パラレル変換IC	FT2232L（FTDI）	1
ピン・コネクタ	2.54 mmピッチ×1列×20端子（ML-5-20P）	3
変換基板	Q048（ダイセン電子工業）	1
グラフィック液晶モジュール	SG12864ASLB-GB-R01	1
半固定ボリューム	10 kΩ×1	1
積層セラミック・コンデンサ	33 nF(333)×1，0.1μF(104)×6	
抵抗(1/6 W)	10 kΩ×5，27Ω×3，1.5 kΩ×2，2.2 kΩ×1，470Ω×1	
タクト・スイッチ	12 mm角	3
フェライト・ビーズ	BL02RN2R1M2B（村田製作所）	1

(b) メイン基板

開発ソフト名称	備　考	使用バージョン
Visual C#2008	Microsoft	ExpressEdition

(c) 開発ツール

GPS版で，キツネにたどり着くまでの軌跡の表示と，キツネとの距離が一定の距離以内に近づいた場合は画面で知らせるという簡単なものです．

アマチュア無線のフォックス・ハンティングは，発信機をもって逃げ回るキツネ役と，特定周波数の電波の強さと方向からキツネを捜すハンター役に分かれて行う競技です．ハンターたちは受信機やアンテナを独自にチューニングしてその技術を競います．キツネ役の行動パターンを読むことも重要です．

製作したGPS版では，キツネの位置は最初に乱数で決めて固定としました．方向は表示されないので自分が歩き回ってキツネとの距離が短くなる方向を探ります．

画面表示は図10-2のようにしました．あらかじめWindowsのペイントで128×64ドットのビットマップ・データを作成しておき，そのデータに距離と軌跡の情報を追加してグラフィック液晶モジュールに表示します．

キツネに近づけた場合は，キツネのビットマップ画像を表示してゲーム終了です．ゲームとは関係ありませんが，お気に入りの画像を呼び出すプッシュ・スイッチも付けてみました．

◆ USB接続のGPSモジュールを利用した

使用したGPSモジュールは，台湾CanMore Electronics社のUSB接続品「GT-730F」で，同社からはBluetooth接続品も発売されています．本モジュールは専用のドライバをインストールすると，仮想COMポート（シリアル・ポート）として認識されます（図10-3）．通信速度は38,400 bpsです．

COMポート番号はドライバによって割り振られ，システムのプロパティで確認

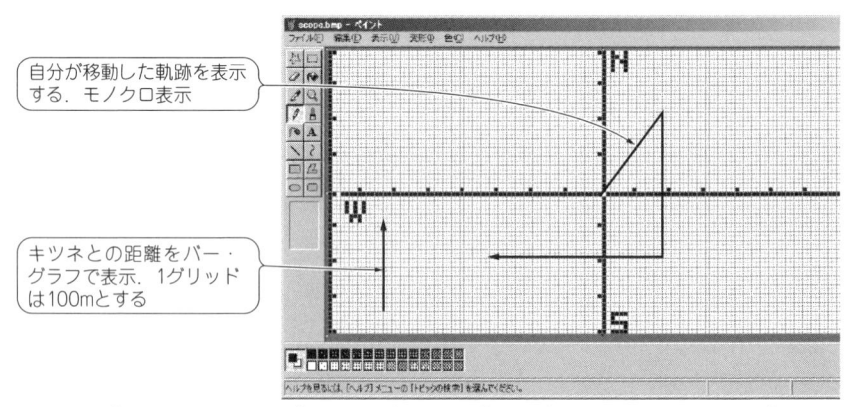

図10-2 グラフィック液晶モジュールに表示するデータ（自分が移動した軌跡）をビットマップで作成した例

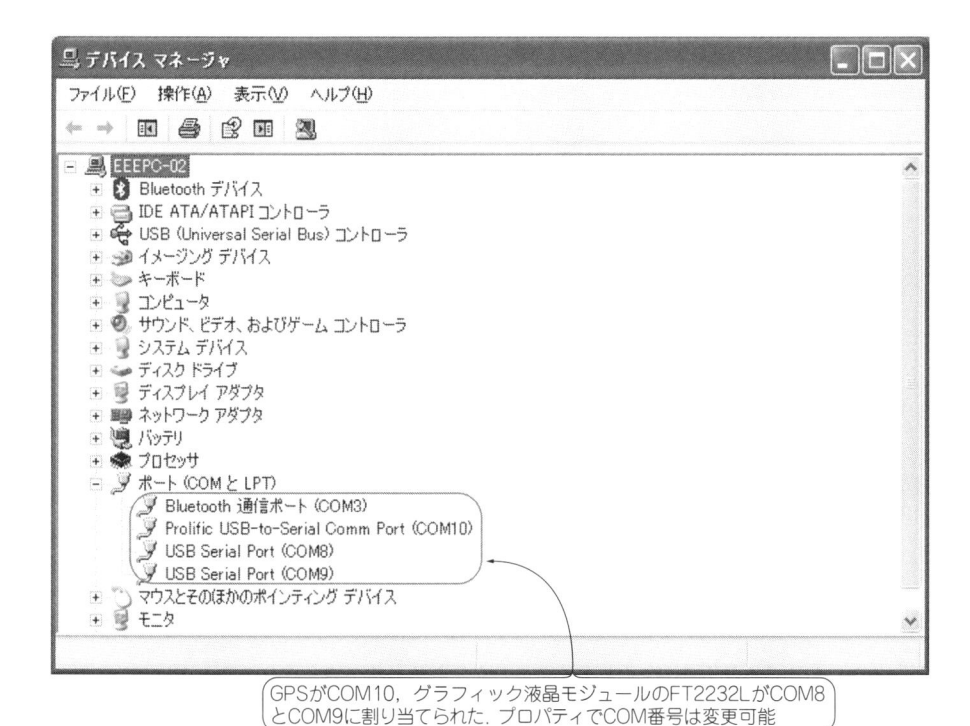

> GPSがCOM10，グラフィック液晶モジュールのFT2232LがCOM8
> とCOM9に割り当てられた．プロパティでCOM番号は変更可能

図10-3 パソコンにGPSモジュールとグラフィック液晶モジュールを接続したときのデバイス・マネージャ画面

> $GPGGA，$GPVTG，$GPRMC，$GPGSAから始まる1行のデータのうち，今回は$GPGGAのみを使用した

図10-4 GPSモジュールから位置データを受け取りパソコン上に表示させたところ

10-1 システムの構成 | 第10章 | **219**

し変更も可能です．接続してターミナル・ソフトウェアなどでGPSモジュールのCOMポートに接続すると，1sごとにGPSモジュールからのメッセージが出力されているのを確認できます．

　テスト・プログラムのGPSデータ表示機能を使用した例を図10-4に示します．文字コードは1バイトのASCII形式です．C#の文字型（char型）は2バイトですが，自動変換されます．各メッセージ行は$GPで始まります．これらのメッセージはNMEA‑0183と呼ばれる標準化されたフォーマットで，例えば$GPGGAは表10-2のような構成となっています．

　GPSモジュールをパソコンに接続するタイミングによっては，「マウスとそのほかのデバイス」などに誤認識される場合もあり，その場合はUSB端子からはずして，しばらくしてから再接続します．

◆ VisualC#でGPSモジュールからのデータをパソコンに取り込む

　Microsoft VisualC#2008 ExpressEditionは，SerialPortコンポーネントを標準でサポートしているので，フォームに張り付けてプロパティを設定すれば，簡単にシリアル・ポートに接続された機器にアクセスできます．

　GPSモジュールからのデータをそのまま表示するモードと，フォックス・ハンティング・モードを切り替えて使用します．そのまま表示する処理はシリアル・ポートの受信割り込みを使用します．フォックス・ハンティング・モードではタイマ割り込み処理内で，1行ずつGPSモジュールからのデータを読み込んで処理を行っ

表10-2　GPSモジュールから送られてくる$GPGGAのフォーマット

$GPGGA,(1),(2),(3),(4),(5),(6),(7),(8),(9),(10),(11),(12),(13) <CRコード><LFコード>

(1)	世界協定時；hh時mm分ss.ss秒（日本では＋9時間）
(2)	緯度；dd度mm.mmmm分
(3)	N；北緯　S；南緯
(4)	経度；ddd度mm.mmmm分
(5)	E；東経　W；西経
(6)	0；測位不能　1；単独測位　2；ディファレンシャルGPS
(7)	利用した衛星数；00〜12
(8)	水平精度低下率；00.0〜99.9
(9)	標高；−9999.9〜17999.9
(10)	ジオイド高；−999.9〜9999.9
(11)	ディファレンシャルGPSの経過時間；ssss秒
(12)	ディファレンシャルGPSのステーションID；0000〜1023
(13)	チェックサム

注▶標高＋ジオイド高＝楕円体高

ています（図10-5）．

　SerialPortコンポーネントを二つ使用し，受信割り込み処理ではSerialPort1を，タイマ割り込み処理ではSerialPort2を使用しました．どちらもGPSモジュールが接続されたCOMポートです．COMポート番号は同じでも同時にオープンしなければ問題ありません．グラフィック液晶モジュールとの接続に使用したFT2232LもUSBに接続すれば，2チャネルのCOMポートとして認識されますが，ここではCOMポートとしては使っていません．

◆ GPS受信機から送られてくるデータの処理

　シリアル・ポートから送られてくる文字列を1行ごとに読み出すには，ReadLine()を用います．各行データはcsv形式なので，必要とする値を取り出すにはcsvの各要素を分解し，文字配列に入れておき，必要な個所のデータを抜き出します．よく使うのは\$GPGGAの世界協定時，緯度，経度，標高，ジオイド高です．

　緯度のデータ・フォーマットはddmm.mmmm，経度のデータ・フォーマットはdddmm.mmmmです．ここでdは度，mは分なので「dd度mm.mmmm分」となり

```
private void serialPort1_DataReceived(object sender,
System.IO.Ports.SerialDataReceivedEventArgs e)
{
    textBox1.Text = serialPort1.ReadLine() + Environment.NewLine
    + textBox1.Text;
}
```

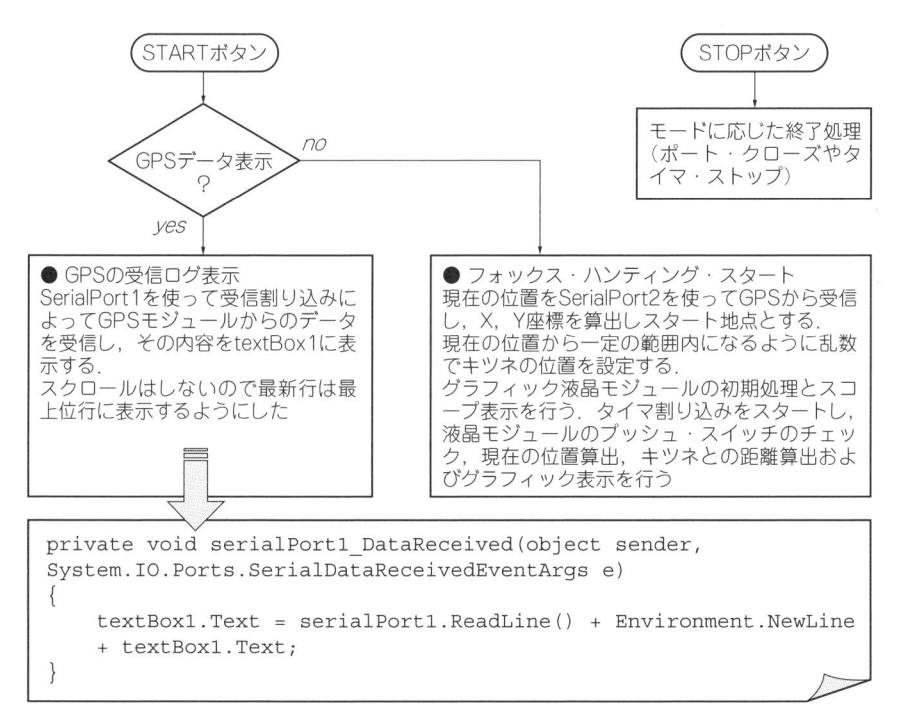

図10-5　フォックス・ハンティング機のプログラムの処理

```
serialPort2.Open();
GPS_data = serialPort2.ReadLine();
GPS_csv = GPS_data.Split(',');
while (GPS_csv[0] != "$GPGGA")
{
    GPS_data = serialPort2.ReadLine();
    GPS_csv = GPS_data.Split(',');
}
```
> GPSから$GPGGA行を読み込み，各要素を取り出す処理例．
> 1行読み込んで"，"で分割したあと，先頭の配列データを調べる

```
dd = GPS_csv[2].Substring(0, 2);
mm = GPS_csv[2].Substring(2, 7);
gpsdata.Ltt = (Convert.ToDouble(dd) + Convert.ToDouble(mm) / 60.0);//
ddmm.mmmm => dd.dddddd
dd = GPS_csv[4].Substring(0, 3);
mm = GPS_csv[4].Substring(3, 7);
gpsdata.Lgt = (Convert.ToDouble(dd) + Convert.ToDouble(mm) / 60.0);//
dddmm.mmmm => ddd.dddddd
```
> GPSからの文字データを数値データに変換する処理例．
> "ddmm.mmmm"を"dd"と"mm.mmmm"に分割し，そのあと数値に変換する（緯度の場合），
> "dddmm.mmmm"を"ddd"と"mm.mmmm"に分割し，そのあと数値に変換する（経度の場合）

図10-6 GPSモジュールから送られてくる文字列データを浮動小数点型の数値データに変換するプログラム

ます．実際に計算で使用する場合には「dd.dddd度」のような10進数に変換し，その後，度からラジアンに変換して使用しました．データは位置情報が正常に取得できていない場合でも，緯度は「.」を含めて9文字，経度は10文字なので文字列操作で度の部分と分の部分を切り分け，それぞれの文字列をConvert機能で浮動小数点（double）型に変換します（**図10-6**）．本器では，緯度と経度のデータを平面直角座標というX-Y軸のデータに変換してから，2点間の距離を算出するという方法をとりました．

10-2 曲面データを平面に展開して2点間の距離を求める

GPSモジュールから取得した緯度と経度のデータは地球表面上の座標データです．地球表面は曲面なので地図などの平面に展開するとひずみが生じます．このひずみの影響を軽減するために定められた座標系，およびその座標系を用いた2点間の距離の具体的な計算方法について説明します．

表10-3 準拠楕円体で使用される係数

準拠楕円体	ITRF座標系GSR80楕円体[注]
長半径	6,378,137m
扁平率	1/298.257222101

注▶GPSから送られるデータはWGS84座標系であるがITRF座標系とほぼ同じ

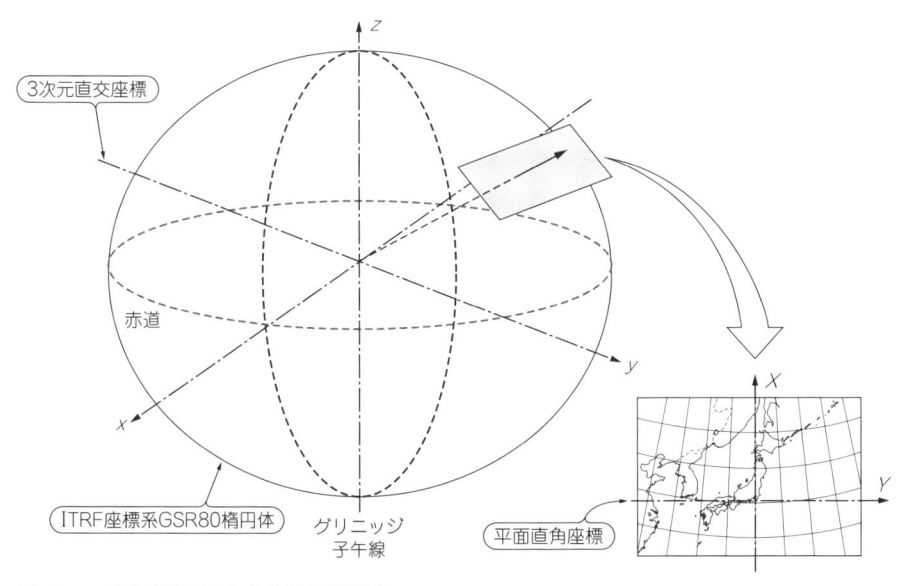

図10-7 GPSで使用される地球の座標系
GPSモジュールから取得した緯度と経度のデータは地球表面上の座標データ．地球表面は曲面であるため，地図などの平面に展開するとひずみが生ずる

◆ GPSで用いる座標についての基礎知識

　地球の形状は回転だ円体で近似されるのですが，準拠するだ円体によって長半径と偏平率が違います．現在はITRF座標系GSR80だ円体が採用されていて，長半径と偏平率は**表10-3**のようになります．一般にGPSモジュールから送られてくる緯度や経度などのデータは，WGS84座標系と呼ばれるものですが，実用的にはITRF座標系と差はないようです．

　だ円体表面のある点を表す場合，極座標で表す場合と直交座標で表す場合があります．直交座標で表す場合は**図10-7**のようにx，y，z軸が決められます．ただし地図で表現される場合はこの直交座標を用いるのではなく，平面直角座標が用いられます．これは南北をX軸，東西をY軸にしたもので，それぞれ北と東をプラス

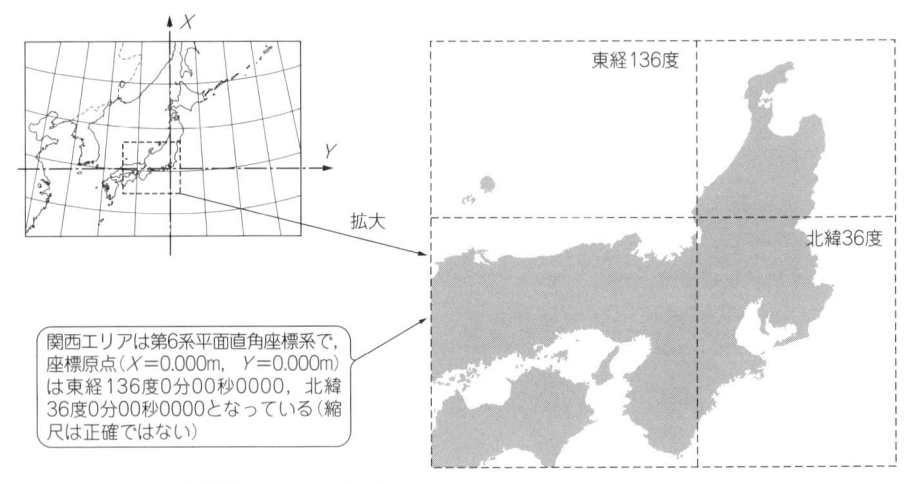

図10-8 平面直角座標系でのエリア分割

> 関西エリアは第6系平面直角座標系で，座標原点($X=0.000$m，$Y=0.000$m)は東経136度0分00秒0000，北緯36度0分00秒0000となっている(縮尺は正確ではない)

にします(図10-8).

　曲面を平面に投影して利用するためひずみが生じますが，その影響を抑えるために国内を19のエリアに分割し，それぞれのエリア内に座標原点を決めて，その座標原点からの距離に応じて補正することで，平面への投影による距離の誤差を1/10000以下に抑える工夫が施されています．具体的には座標原点の縮尺を0.9999，その原点から90 km離れた場所を1.0000，130 km離れた場所を1.0001にしています．この補正は東西方向だけで南北方向には用いられていません．詳細については国土地理院のWebページなどを参照してください．

　2点間の距離を求める場合，まず緯度と経度のデータから19に分割されたエリアの，どのエリアなのかを判断します．それから2点をそれぞれ平面直角座標に変換して距離を求めました．2点間の距離が130 kmを超える場合や，エリア境界では，誤差の影響が懸念されます．大阪在住の場合は，東経136.0000°，北緯36.0000°が座標中心であるエリア9に固定することにし，距離も数kmとします．

◆ VisualC#を用いた座標変換

　次にGPSモジュールから得られた緯度，経度の情報から，直角座標系 X，Y(直交座標系 x，y，zでない)を求める方法について説明します．これらの計算式は国土地理院のWebページに掲載されています．

　リスト10-1～リスト10-3に，緯度と経度から直角座標 X，Y の値および2点間の距離を求めるクラスGPSxyを示します．GPSxyクラスの緯度フィールド(`GPSxy.Ltt`)

リスト10-1　緯度と経度から直角座標X, Yおよび2点間の距離を求めるGPSxyクラスのフィールド部

```
//GPSで求めた緯度，経度から平面直角座標および2点間の距離を求めるクラス
public class GPSxy
{
    public double XX, YY;
    public double Ltt;//Latitude　緯度[rad]
    public double Lgt;//Longitude　経度[rad]
    public double XX1, XX2;//平面直角座標のX[m]
    public double YY1, YY2;//平面直角座標のY[m]
    public double Dist;//2点間の測地線長[m]
    double Ltt0 = 36.0 * 6.2831853072 / 360.0;//関西エリアの座標系原点（緯度）
    double Lgt0 = 136.0 * 6.2831853072 / 360.0;//関西エリアの座標系原点（経度）
    double E;//第一離心率
    double ES;//第二離心率
    double N;//卯酉線（ぼうゆうせん）
    double A = 6378137.0;//長半径[m]
    double F = 298.257222101;//扁平率の逆数
    double AA, BB, CC, DD, EE, FF, GG, HH, II;//子午線弧長を求めるための係数
    double E2, E4, E6, E8, E10, E12, E14, E16;//上記係数を求めるための補助計算
    double B0, B1, B2, B3, B4, B5, B6, B7, B8, B9;//子午線弧長を求めるための係数
    double DLgt, TT, TT2, NN1, NN2, EE2;//上記係数を求めるための補助計算
    double SS, SS0;//赤道からの子午線弧長
    //緯度と経度から平面直角座標を求めるメソッド
    public void XY()
    {
******リスト10-2につづく******
    }
    //2点の平面直角座標から距離を求めるメソッド
    public void DIST()
    {
******リスト10-3につづく******
    }
}
```

リスト10-3　GPSxyクラスのDISTメソッドの処理部

```
public void DIST()
{
    //XX1 = 1点目のX座標(キツネの位置)
    //YY1 = 1点目のY座標(キツネの位置)
    //XX2 = 2点目のX座標(現在の位置)
    //YY2 = 2点目のY座標(現在の位置)
    //Dist = 1-2点間の距離
    Dist = Math.Sqrt((XX2 - XX1) * (XX2 - XX1) + (YY2 - YY1) * (YY2 - YY1))
        / (0.9999 * (1.0 + (YY2 * (YY2 + YY1) + YY1 * YY1)
        / (6.0 * 6370000.0 * 6370000.0 * 0.9999 * 0.9999)));//2点間の距離計算
}
```

と経度フィールド(GPSxy.Lgt)に，緯度と経度の情報をラジアンで入力し，メソッド(GPSxy.XY())を実行すれば，X値フィールド(GPSxy.XX)およびY値フィールド(GPSxy.YY)に計算結果が出力されます．

リスト 10-2　GPSxy クラスの XY メソッドの処理部

```
public void XY()
{
    E = Math.Sqrt(2.0 * F - 1.0) / F;
    ES = Math.Sqrt(2.0 * F - 1.0) / (F - 1.0);
    E2 = E * E;      E4 = E2 * E2;     E6 = E2 * E4;    E8 = E2 * E6; E10 = E2 * E8;
    E12 = E2 * E10; E14 = E2 * E12; E16 = E2 * E14;
    N = A / Math.Sqrt(1.0 - E * E * Math.Sin(Ltt) * Math.Sin(Ltt));
    AA = 1.0 + 3.0 / 4.0 * E2 + 45.0 / 64.0 * E4 + 175.0 / 256.0 * E6 + 11025.0 /
        16384.0 * E8 + 43659.0 / 65536.0 * E10 + 693693.0 / 1048576.0 * E12 + 19324305.0
        / 29360128.0 * E14 + 4927697775.0 / 7516192768.0 * E16;
    BB = 3.0 / 4.0 * E2 + 15.0 / 16.0 * E4 + 525.0 / 512.0 * E6 + 2205.0 / 2048.0 *
        E8 + 72765.0 / 65536.0 * E10 + 297297.0 / 262144.0 * E12 + 135270135.0 /
        117440512.0 * E14 + 547521975.0 / 469762048.0 * E16;
    CC = 15.0 / 64.0 * E4 + 105.0 / 256.0 * E6 + 2205.0 / 4092.0 * E8 + 10395.0 /
        16384.0 * E10 + 1486485.0 / 2097152.0 * E12 + 45090045.0 / 58720256.0 * E14
        + 766530765.0 / 939524096.0 * E16;
    DD = 35.0 / 512.0 * E6 + 315.0 / 2048.0 * E8 + 31185.0 / 131072.0 * E10 +
        165165.0 / 524288.0 * E12 + 45090045.0 / 117440512.0 * E14 + 209053845.0 /
        469762048.0 * E16;
    EE = 315.0 / 16384.0 * E8 + 3465.0 / 65536.0 * E10 + 99099.0 / 1048576.0 * E12
        + 4099095.0 / 29360128.0 * E14 + 348423075.0 / 1879048192.0 * E16;
    FF = 693.0 / 131072.0 * E10 + 9009.0 / 524288.0 * E12 + 4099095.0 / 117440512.0
        * E14 + 26801775.0 / 46972048.0 * E16;
    GG = 3003.0 / 2097152.0 * E12 + 315315.0 / 58720256.0 * E14 + 11486475.0 /
        939524096.0 * E16;
    HH = 45045.0 / 117440512.0 * E14 + 765765.0 / 469762048.0 * E16;
    II = 765765.0 / 7516192768.0 * E16;
    B0 = A * (1.0 - E2);
    B1 = B0 * AA;            B2 = B0 * BB / -2.0; B3 = B0 * CC / 4.0;    B4 = B0 * DD /
        -6.0; B5 = B0 * EE / 8.0;
    B6 = B0 * FF / -10.0; B7 = B0 * GG / 12.0; B8 = B0 * HH / -14.0; B9 = B0 * II / 16.0;
    DLgt = Lgt - Lgt0;
    SS0 = B1 * Ltt0 + B2 * Math.Sin(2.0 * Ltt0) + B3 * Math.Sin(4.0 * Ltt0) + B4 *
        Math.Sin(6.0 * Ltt0) + B5 * Math.Sin(8.0 * Ltt0) + B6 * Math.Sin(10.0 * Ltt0)
        + B7 * Math.Sin(12.0 * Ltt0) + B8 * Math.Sin(14.0 * Ltt0) + B9
        * Math.Sin(16.0 * Ltt0);
    SS = B1 * Ltt + B2 * Math.Sin(2.0 * Ltt) + B3 * Math.Sin(4.0 * Ltt) + B4 *
        Math.Sin(6.0 * Ltt) + B5 * Math.Sin(8.0 * Ltt) + B6 * Math.Sin(10.0 * Ltt)
        + B7 * Math.Sin(12.0 * Ltt) + B8 * Math.Sin(14.0 * Ltt) + B9 * Math.Sin(16.0 * Ltt);
    NN1 = Math.Cos(Ltt) * DLgt; NN2 = NN1 * NN1;
    TT = Math.Tan(Ltt);         TT2 = TT * TT;
    EE2 = ES * ES * Math.Cos(Ltt) * Math.Cos(Ltt);
    XX = ((SS - SS0) + N * NN2 * TT * (0.5 + NN2 * ((5.0 - TT2 + EE2 * (9.0 + 4.0 * EE2)
        / 24.0 + NN2 * ((-61.0 + TT2 * (58 - TT2 + 330.0 * EE2) - 270.0 * EE2) / -720.0
        + NN2 * (-1385.0 + TT2 * (3111.0 + TT2 * (-543.0 + TT2))) / -40320.0))))) * 0.9999;
    YY = (N * (NN1 + NN2 * (NN1 * ((-1.0 + TT2 - EE2) / -6.0
        + NN2 * (-5.0 + TT2 * (18.0 - TT * TT + 58.0 * EE2) - 14.0 * EE2) / -120.0
        + NN2 * (-61.0 + TT2 * (479.0 + TT2 * (-179.0 + TT2)) / -5040.0))))) * 0.9999;
}
```

ここで得られるXとYの座標(X, Y)は，各エリアの座標原点(エリア9では東経136度，北緯36度)を(0, 0)としたときの値となります．さらに2点の位置フィールド(GPSxy.XX1, GPSxy.YY1, GPSxy.XX2, GPSxy.YY2)から距離(測地線長)を求めるには，DISTメソッド[GPSxy.DIST()]を実行します．

各計算式においては三角関数やべき乗計算の回数を削減するために，共通項でくくるなどといった式の変形を行っています．計算精度の確認は十分とはいえませんので業務用には使用しないでください．

10-3　PCを閉じたままもち運べるように補助ディスプレイを追加

◆ 128×64ドットの液晶モジュールを利用する

ノート・パソコンは小型軽量ですが，やはりディスプレイを開いた状態よりも，閉じた状態で持ち運ぶほうが便利です．ノート・パソコンの多くは，ディスプレイを閉じるとサスペンド・モードになるように標準設定されていますが，電源オプションの設定で何もしない(サスペンドにならない)状態にできます．また本体のディスプレイが利用できたとしても，表示領域が十分でない場合もあります．そこでモノクロで128×64ドットの表示領域しかありませんが，安価で扱いが簡単なグラフィック液晶モジュールをサブディスプレイとして利用しました．

使用したのは台湾Sunlike Display Tech社のSG12864ASLB-GB-R01で，バックライト付きです．回路図を図10-9に示します．

◆ 定番USBブリッジICとドライバ・ソフトウェアでUSB接続を実現

液晶モジュールとパソコンとの接続には，英国FTDI(Future Technology Devices International Limited)社のFT2232LというUSB-パラレル変換ICを使用しました．FT2232Lは2チャネルの仮想シリアル・ポートとして利用できるだけでなく，専用のD2XXドライバを用いた8ビット×2チャネルの入出力パラレル・ポートとしても利用できます．

以前は仮想COMポート用ドライバ(VCP)とD2XXドライバは別々に提供されていましたが，Windows用の最新バージョンでは一つに統合されています．使用した液晶モジュールは8本のデータ・バスと6本のコントロール・バスで接続できます．残りの2本はプッシュ・スイッチ入力として使用しました．

FT2232Lの各端子の標準設定は表10-4のようになっており，液晶モジュールのデータ・バスが出力になってしまった場合，FT2232Lの出力とぶつかる端子があるかもしれません．念のため電源投入時は液晶モジュールのデータ・バスがハイ・

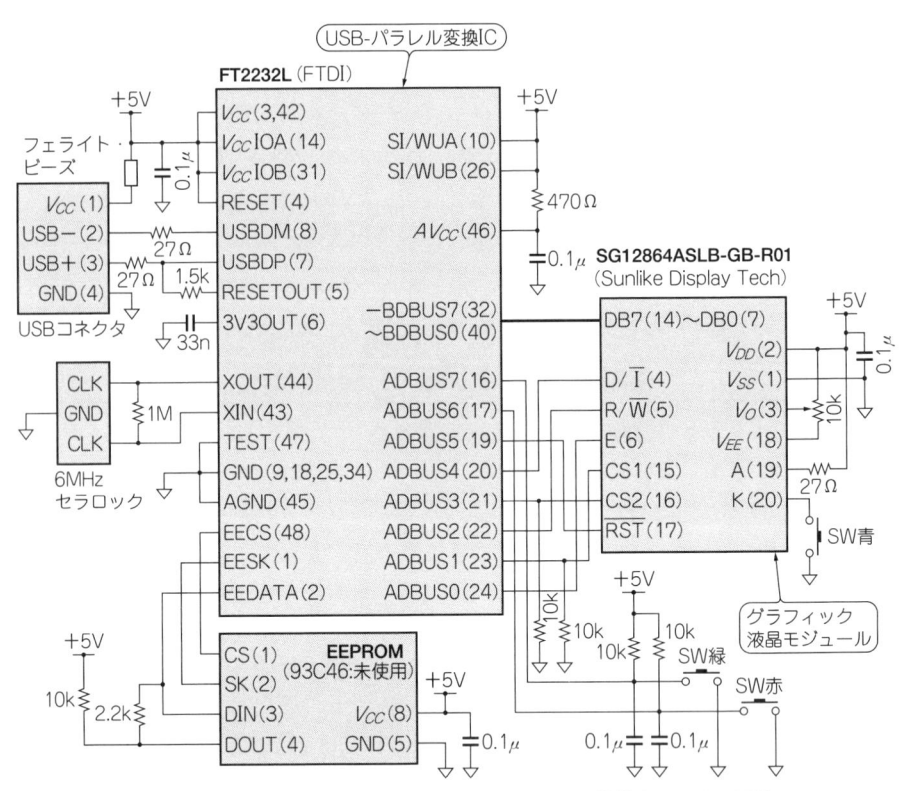

図10-9 グラフィック液晶モジュールをパソコンのUSB端子に接続するための回路
USB-パラレル変換ICを利用した

表10-4 USB-パラレル変換IC「FT2232L」の端子の割り当て

Channel A	初期設定		使用モード		Channel B	初期設定		使用モード	
	232UART		Asynchronous Bit-Bang Modes			232UART		Asynchronous Bit-Bang Modes	
ADBUS0	TXD	OUT	D0	OUT	BDBUS0	TXD	OUT	D0	OUT
ADBUS1	RXD	IN	D1	OUT	BDBUS1	RXD	IN	D1	OUT
ADBUS2	RTS#	OUT	D2	OUT	BDBUS2	RTS#	OUT	D2	OUT
ADBUS3	CTS#	IN	D3	OUT	BDBUS3	CTS#	IN	D3	OUT
ADBUS4	DTR#	OUT	D4	OUT	BDBUS4	DTR#	OUT	D4	OUT
ADBUS5	DSR#	IN	D5	OUT	BDBUS5	DSR#	IN	D5	OUT
ADBUS6	DCD#	IN	D6	IN	BDBUS6	DCD#	IN	D6	OUT
ADBUS7	RI#	IN	D7	IN	BDBUS7	RI#	IN	D7	OUT

インピーダンスになるようにチップ・セレクト（CS1，CS2）をプルダウンしておきました．FT2232Lの外付けEEPROMは使っていません．途中にマイコンなどを介さずに接続しているのでVisualC#だけを用いた開発が可能です．

◆ VisualC#でUSBブリッジICのドライバ・ソフトD2XXを使用する方法

　FTDI社のウェブページで，VisualC#から（.NET Frameworkから）D2XXドライバを使用するためのFTD2XX_NET.dllがダウンロードできますので，これを利用します．このDLLを開発環境から参照設定し，さらにUsingディレクティブに追記すれば利用可能です（図10-10）．

　D2XXドライバで利用するのはAsynchronous Bit-Bang Modeで，FT2232Lの内部にあるボー・レート・ジェネレータのクロックで入出力のタイミングが決まります．標準設定は9600ボーです．また次の出力命令が来るまでは端子の状態は保持されます．入力の場合もこのボー・レート・ジェネレータのクロックで読み取られてバッファに入るので，プッシュ・スイッチの状態など最新の値をすぐに読み出したいときには，リード・バッファをクリアしてから読み出しました．

◆ 液晶ディスプレイに図形を表示させるには

　液晶モジュールに図形を表示する方法を説明します．本液晶モジュールは内部に

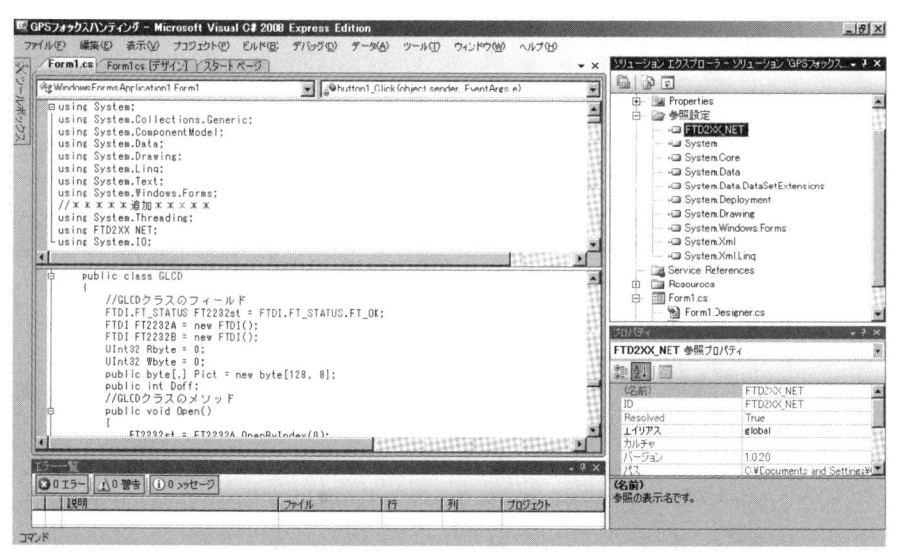

図10-10　VisualC#でUSBブリッジICのドライバ・ソフトを使用する（FTD2XX_NET.dllの参照）

二つのコントロールICがあり，それぞれCS1とCS2のチップ・セレクト信号で切り替えます．図10-11のように，左半分がCS1，右半分がCS2です．それぞれ8ドット×64列のページが8ページ分あります．行や列，ページのアドレスが0から始まっていないのは，先頭の数ビットはあらかじめ決められているためです．

使用するコマンド一覧を表10-5に示します．FT2232LのポートBをデータ用，ポートAをコントロール用にしました．動作はポートBにインストラクションまたはデータを出力しておいて，ポートAの各端子の出力設定値を変えていくものです．一連の動作は液晶モジュールのE端子（FT2232LのADBUS0端子）を"L"から"H"にして，"L"に戻すことで完了するので，ポートAからの出力は2バイトずつの連続した処理になります．

例えば液晶全体（CS1のエリアとCS2のエリア）の表示をOFFにする場合，ポー

(a) メモリ配置

(b) アクセス・タイミング

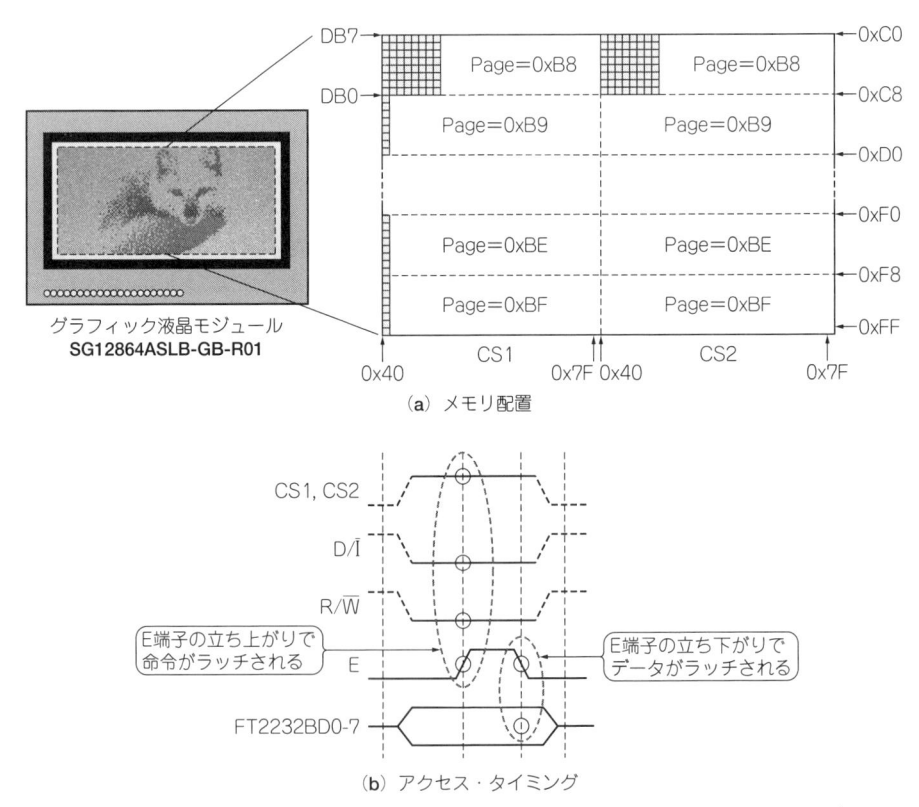

図10-11 グラフィック液晶モジュールに搭載されたメモリの配置とアクセス・タイミング

トBを0x3E(2進で0011 1110)にした状態で，ポートAを0x2Aの状態から0x2B，0x2Aと連続して変更することでE端子だけを"H"および"L"に変化させます．この端子の変化タイミングはC#側のプログラムとFT2232Lのボー・レート設定で決まります．

初期化はリセット端子を"L"から"H"にしてリセットした後，表示をOFFにしてスタート・ラインを設定します．表示はONの状態でもデータ更新は可能で，その場合は更新の過程が確認できます．

次に列アドレス，ページ・アドレスを設定します．D/Ī端子(¯は負論理を表す)の状態を読み出し，命令なのかデータなのかを判断しています．表示データを書き込むアドレスを指定したのちデータを書き込みますが，各ページ内では8ビットの

表10-5 グラフィック液晶モジュールのコマンド一覧

コマンド	FT2232ポートA					
	$\overline{\text{RST}}$	D/Ī	CS2	R/W̄	CS1	E
リセット	'0' → '1'	'0'	'0'	'0'	'0'	'0'
表示ON/OFF	'1'	'0'	'1'	'0'	'1'	'1' → '0'
表示開始ライン	'1'	'0'	'1'	'0'	'1'	'1' → '0'
ページ・アドレス	'1'	'0'	'1'	'0'	'1'	'1' → '0'
列アドレス	'1'	'0'	'1'	'0'	'1'	'1' → '0'
ステータス読み出し	'1'	'0'	'1'	'1'	'1'	'1' → '0'
データ書き込み	'1'	'1'	'1'	'0'	'1'	'1' → '0'
データ読み出し	'1'	'1'	'1'	'1'	'1'	'1' → '0'

注1▶ステータス読み出しおよびデータ読み出しは使用せず

(a) FT2232ポートA

コマンド	FT2232ポートB							
	DB7	DB6	DB5	DB4	DB3	DB2	DB1	DB0
リセット	X	X	X	X	X	X	X	X
表示ON/OFF	'0'	'0'	'1'	'1'	'1'	'1'	'1'	'1'/'0'
表示開始ライン	'1'	'1'	表示開始ライン('0'-63)					
ページ・アドレス	'1'	'0'	'1'	'1'	'1'	ページ('0'-7)		
列アドレス	'0'	'1'	列アドレス('0'-63：CS'1'と2で128列)					
ステータス読み出し	BSY	'0'	DSP	RST	'0'	'0'	'0'	'0'
データ書き込み	X	X	X	X	X	X	X	X
データ読み出し	X	X	X	X	X	X	X	X

注2▶BSY '1' = 内部処理中，'0' = レディ
　　　DSP '1' = 表示OFF，'0' = 表示ON
　　　RST '1' = リセット，'0' = ノーマル

(b) FT2232ポートB

データを書き込んだ後は列アドレスが自動でインクリメントされますので，64列分のデータは連続して書き込めます．CS1の0ページにデータを書き込んだあとCS2に切り替えて，CS2の0ページの0列から63列までデータを書き込み，その後CS1に戻して1ページの0列からデータを書き込みます．これをCS2の7ページ63列まで繰り返せば1画面分のデータが書き込まれるので，その後表示をONにすれば液晶画面にグラフィック・データを表示できます．このグラフィック液晶モジュールの状態や現在表示しているデータを読み出すこともできますが，表示データをすべてパソコン内で管理しているので，読み出し機能については使っていません．

◆ グラフィック液晶をVisualC#で操作するためのGLCDクラス

このグラフィック液晶モジュールを操作するクラスをリスト10-4〜リスト10-6に示します．まず，Openメソッド[GLCD.Open()]でFT2232Lの二つのポートを

リスト10-4 グラフィック液晶ディスプレイを操作するGLCDクラスのフィールド部とCloseメソッド，SWメソッド部

```
//グラフィック液晶ディスプレイ制御クラス
//FTD2XX_NETを参照設定しているのでFTDIクラスが使用できる
public class GLCD
{
    //GLCDクラスのフィールド
    FTDI.FT_STATUS FT2232st = FTDI.FT_STATUS.FT_OK;
    FTDI FT2232A = new FTDI();
    FTDI FT2232B = new FTDI();
    UInt32 Rbyte = 0;
    UInt32 Wbyte = 0;
    public byte[,] Pict = new byte[128, 8];
    //GLCDクラスのメソッド
    public void Open()
    {
******リスト10-5につづく******
    }
    public void Close()
    {
        FT2232A.Close();
        FT2232B.Close();
    }
    public void Paint()
    {
******リスト10-6につづく******
    }
    public byte SW()
    {
        byte[] swt = new byte[1];
        FT2232A.Purge(0x3F);//パージしてバッファをクリアしてから読む
        FT2232A.Read(swt, 1, ref Rbyte);
        return (byte)(swt[0] >> 6);
    }
}
```

オープンし，モードをAsynchronous Bit-Bang Modeに設定します．そのあとグラフィック液晶モジュールをリセットしておきます．

データの描画はPictフィールド(GLCD.Pict[,])に128×64ドット分(128×8バイト)のデータを入れておき，Paintメソッド[GLCD.Paint()]を実行すれば画面描画が行われます．mapというBitmapクラスに座標軸データのあるpictureBox1のビットマップ・データを読み出しておき，そのmapに距離と軌跡を追加してPictフィールドにセットすることで，液晶モジュールの表示データを更新していきます．プッシュ・スイッチが押された場合はその値に応じてpictureBox2～4のデータが表示されます．キツネに近づいた場合には4段目のpictureBox4のデータを表示しました．処理の詳細はリストのコメント部分を参照してください．

グラフィック液晶モジュールへの表示はこのPaintデータだけで，テキストをディスプレイに表示するためのフォント・データや，線および円を描画するグラフィック・コマンドなども実装していません．描画切り替えの時間は約2sだったので，フォックス・ハンティングで使用するタイマ割り込みは5sに設定しています．二つのプッシュ・スイッチの状態はスイッチ・メソッド[GLCD.SW()]で調べます．

リスト10-5　グラフィック液晶ディスプレイを操作するGLCDクラスのOpenメソッドの処理

```
public void Open()
{   //ポートA(0)，ポートB(1)をそれぞれオープン．FT2232stはエラー・ステータス．
    FT2232st = FT2232A.OpenByIndex(0);
    if (FT2232st != FTDI.FT_STATUS.FT_OK)
    {
        MessageBox.Show("FT2232A Err!");
        return;
    }
    FT2232st = FT2232B.OpenByIndex(1);
    if (FT2232st != FTDI.FT_STATUS.FT_OK)
    {
        MessageBox.Show("FT2232B Err!");
        return;
    }
    //ポートA, BをAsynchronous Bit-Bang Modeに設定
    //ポートBの割り当て：BDBUS7 - 0 => DB7 - DB0
    FT2232B.SetBitMode(0xFF, 0x01);//ポートBは全て出力
    //FT2232_ADBUS5 - 0 => nRES, D/nI, CS2, R/nW ,CS1, E
    //FT2232RESET
    //0010 0000 RESET Hi    0000 0000 RESET Lo
    byte[] a = { 0x20, 0x00, 0x00, 0x20 };//nRES Hi-Lo-Lo-Hi
    //ポートAの割り当て
    //ADBUS7 - 0 => SWred(in), SWgreen(in), nRES, D/nI, CS2, R/nW ,CS1, E
    FT2232A.SetBitMode(0x3F, 0x01);//ポートAはADBUS6,7が入力(0011 1111)
    FT2232A.Write(a, 4, ref Wbyte);
    Thread.Sleep(1);//1msec wait
}
```

リスト10-6　GLCDクラスのPaintメソッドの処理部

```
public void Paint()
{
    byte Page = 0xB8;//ページ0
    byte[] b = { 0x3E };//ポートBにDisplay OFF インストラクションをセット  0011 1110
    //CS1, CS2のE信号をLO-Hi-Lo コードはインストラクション 0010 1010 -> 0010 1011 ->0010 1010
    byte[] a = { 0x2A, 0x2B, 0x2A };
    if (Doff == 1)//Doffが1のときは表示を消してグラフィックの更新を行う
    {
        FT2232B.Write(b, 1, ref Wbyte);
        FT2232A.Write(a, 3, ref Wbyte);
    }
    b[0] = 0xC0;//ポートBにStart Lineをセット    1100 0000
    FT2232B.Write(b, 1, ref Wbyte);
    a[0] = 0x2B; a[1] = 0x2A;//E Hi-Lo
    FT2232A.Write(a, 2, ref Wbyte);
    for (int i = 0; i < 8; i++)//8ページ分の繰返し
    {
        b[0] = 0x40;//ポートBにColumn Addresをセット    0100 0000
        FT2232B.Write(b, 1, ref Wbyte);
        a[0] = 0x2B; a[1] = 0x2A;//E Hi-Lo
        FT2232A.Write(a, 2, ref Wbyte);
        b[0] = Page;//ポートBにPageをセット    1011 1000
        FT2232B.Write(b, 1, ref Wbyte);
        a[0] = 0x2B; a[1] = 0x2A;//E Hi-Lo
        FT2232A.Write(a, 2, ref Wbyte);
        //E信号をHi-LOと繰り返す．書込み時のアドレス・インクリメントは自動
        //CS1とCS2の領域を個別にアクセスする
        a[0] = 0x32;//CS1
        FT2232A.Write(a, 1, ref Wbyte);
        a[0] = 0x33; a[1] = 0x32;//コードはデータなのでD/nI端子をHi 0011 0011 ->0011 0010
        for (int j = 0; j < 64; j++)//CS1 64列の繰り返し
        {
            b[0] = Pict[j, i];//ポートBにデータをセット
            FT2232B.Write(b, 1, ref Wbyte);
            FT2232A.Write(a, 2, ref Wbyte);
        }
        a[0] = 0x38;//CS1からCS2へ切替える
        FT2232A.Write(a, 1, ref Wbyte);
        a[0] = 0x39; a[1] = 0x38;
        for (int k = 64; k < 128; k++)//CS2 64列の繰り返し
        {
            b[0] = Pict[k, i];//ポートBにデータをセット
            FT2232B.Write(b, 1, ref Wbyte);
            FT2232A.Write(a, 2, ref Wbyte);
        }
        a[0] = 0x2A;
        FT2232A.Write(a, 1, ref Wbyte);
        Page++;//次のページへ
    }
    b[0] = 0x3F;//ポートBにDisplay ON インストラクションをセット   0011 1111
    FT2232B.Write(b, 1, ref Wbyte);
    a[0] = 0x2B; a[1] = 0x2A;
    FT2232A.Write(a, 2, ref Wbyte);
}
```

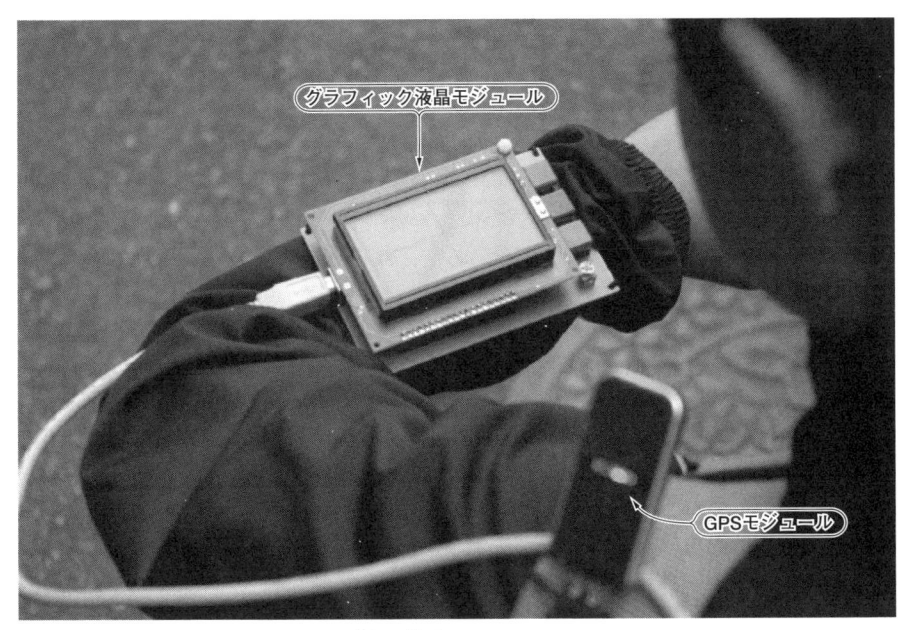

写真10-2 フォックス・ハンティング中の様子

終了はCloseメソッド[GLCD.Close()]でFT2232Lの各ポートをクローズします．

◆ 実際に使ってみた

実験のようすを**写真10-2**に示します．マイコンを使っていないのでプログラム容量の制約や計測データの保存処理などを気にすることなく製作できました．実験中に偶然にもロシアとアメリカの人工衛星の衝突事故があり，GPSデータが収集できなくて，なぜなのか不思議に思ったという経験もしました．

地図情報とのリンク（第9章参照）など高度な機能は備えていませんが，ウォーキングを楽しむ用途やウェアラブル・コンピューティングへの応用など，拡張していきたいと思います．

■プログラムの入手方法
　この記事の関連プログラムはCQ出版社ウェブ・ページからダウンロードできます．
　http://shop.cqpub.co.jp/hanbai/books/45/45451.html

第10章 Appendix
GPSモジュールの メーカとキー・ワード

カタログやデータシートを読むために

◆ GPSモジュールの主なメーカ

表10A-1に示すのは，主なGPS受信モジュールのメーカです．

ここでユニットとは筐体に入っていて表示機能付きの装置のことです．モジュールはプリント基板にアンテナや信号処理用半導体が実装されています．チップは，GPS処理回路が組み込まれた半導体です．

◆ GPS特有のキー・ワード

表10A-2に示すのは，Sirf Technology社の「GSC3LT」のデータシートの一部です．

上から3行目に受信感度が載っています．4行目は設計上，捕足可能な衛星の数です．通常は12個で，それ以上はファームウェアで対応します．5行目は位置計算の更新頻度です．1秒ごとに計算し，出力します．7行目は供給する電源に求められるリプル値の上限です．100 kHz以上の周波数では3 mV_{P-P} までのリプルしか許されません．8行目は消費電力で，動作時でも90 mWです．9行目は待ち受けモード時の消費電力で，65 μW になります．

その他，データシートなどに登場するGPS特有の用語を下記にまとめておきます．

アルマナック；全衛星の概略軌道情報

エフェメリス；自己衛星の軌道情報など

オールイン・ビュー測位；今捕捉している衛星をすべて使って位置を計算する方式

コールド・スタート①；エフェメリスおよびアルマナックの記憶なしからの起動，時間がかかる

表10A-1 主なGPS受信チップ，モジュールのメーカ

本章では，ユニット；筐体に入っていて表示機能付き装置．モジュール；プリント基板にアンテナや信号処理用半導体が実装されている状態．チップ；GPS処理が組み込まれた半導体としている

製造会社名	URL	主たる製品		
		チップ	モジュール	ユニット
古野電気	http://www.furuno.co.jp/	○	○	○
ポジション	http://www.posit.co.jp/company/index.html		○	○
米国 Byonics	http://www.byonics.com/		○	
台湾 CanMore Electronics	http://www.canmore.com.tw/		○	
米国 Deluo	http://www.deluogps.com/		○	
米国 Garmin	http://www.garmin.com/		○	○
米国 USGlobalSat	http://www.usglobalsat.com/		○	○
カナダ Hemisphere GPS	http://www.hemispheregps.com/		○	
台湾 HOLUX Technology	http://www.holux.com/	○	○	
米国 JAVAD GNSS	http://www.javad.com/		○	
米国 Magellan Navigation	http://www.magellangps.com/			○
台湾 MediaTek	http://www.mtk.com.tw/	○		
スイス NemeriX	http://www.nemerix.com/JP/	○		
カナダ NovAtel	http://www.novatel.com/		○	○
米国 Sirf Technology	http://www.csr.com/	○		
米国 Trimble	http://www.trimble.com/index.asp			○
スイス u‐blox	http://www.u-blox.com/	○	○	
トプコン	http://www.topcon.co.jp/		○	○
ソニー	http://www.sony.jp/gps/			○
日本無線	http://www.jrc.co.jp/		○	○

ウォーム・スタート②；エフェメリスなし，アルマナックの記憶ありからの起動．①より速い

ホット・スタート；エフェメリスおよびアルマナックの記憶がある状態からの起動．②より速い

CA code(Coarse Access Code)；衛星までの距離を求める符号．疑似ノイズ符号(PRN)を使用．これでL_1波は位相変調(PSK)されている

DGPS；Differential GPS．基準点からの補正情報を利用し位置を計算する方式

DOP；Dilution of Precision．天空における衛星の配置状況．値が小さいほうがよい

GNSS；Global Navigation Satellite Systemの略．GPSおよびGLONASS，GALILEO，BeiDou，QZSSなどの総称

表10A-2[(2)] GPSモジュールGSCLT(Sirf Technology)のデータシートに登場する特有の用語

項 目	内 容	説 明
Receiver	GPS L1 C/A - code SPS	受信電波 L_1 C/Aコードによる測位計算
Chipset	SiRF GSC3LT	仕様GPSチップ型名.
Navigation sensitivity	−159 dBm	受信感度が−159 dBm, 非常に高感度
Channels	20 physical (12 in tracking firmware limited)	設計上捕捉可能な衛星数だが, 通常12個以外はファームウェアによる
Update Rate	1 Hz default	位置計算(測位)の更新頻度. 左の例では1sごとに計算・出力する
Supply voltage V_{DD}	+3.25 V ~ +5.5 V	供給電源電圧が3.2 V ~ 5.5 V
Supply voltage ripple max	300 mV_{pp}@f<10 kHz & 3 mV_{pp}@f>100 kHz	電源のリプル
Power consumption	90 mW typical@3.3 V (without Antenna bias)	電源消費電力(アンテナへの供給は除く)
Power consumption	65 μW typical@3.3 V (during Hibernate state)	待ち受けモード時消費電力
Antenna net gain range	0 ~ 25 dB (+10 ~ +20 dB suggested)	アンテナ増幅度. 10 ~ 20 dBを推奨. 大きいと飽和する可能性がある
Antenna bias voltage	+2.7 V (+0.3/−0.5 V)	アンテナ供給電圧
Antenna bias current	15 mA max	アンテナ消費電流(最大)
Storage temperature	−40℃ ~ +85℃	保存温度
Operating temperature	−30℃ ~ +85℃	動作温度
Serial port configuration	NMEA (configurable to SIRF binary)	出力規格NMEA. ただしSirf社独自のバイナリ形式も設定可
Serial data format	8 bit, no parity 1 stop bit	上のシリアル・フォーマット(RS-232-C)
Serial data speed	4800 baud(configurable)	上の出力転送速度. 設定可とあるが, できない場合が多い
I/O signal level VCC = 1.8 V	CMOS compatible low state 0 ~ 0.25 × V_{CC} ; high state 0.75 ~ 1.0 × V_{CC}	チップ端子の電気仕様
I/O sink/source	±2 mA max	I/O端子の電流吸い込み値
PPS output	±1 μs accuracy	時間パルス(1s間隔)が出力可能の場合の時間精度

RTCM; Radio Technical Commission for Maritime Serviceの略. ここで補正情報標準を作成している

SPS; Standard Positioning Serviceの略. 通常の測位. 精度は5 ~ 10 m

TTFF; Time To First Fixの略. 衛星を捕捉し位置が求まるまでの時間. 起動時間

WAAS; アメリカの静止衛星利用補正情報放送システム. 日本はMSAS, 欧州はEGNOS

WGS84；アメリカがGPSのために地球の形および大きさなどを決めた地球中心座標系の名称．GPSはこれを基準に位置を計算する．ほかにITRFという座標系もある．両者はほぼ同じ

参考・引用*文献

第3章

(1) Global Positioning System, The Institute of Navigation, 1980, 米国航海学会発行.
(2)* Navstar GPS Space Segment / Navigation User Interfaces, ICD‐GPS‐200C, 2003.1.14更新.

第4章

(1) 日本航海学会GPS研究会；精説GPS基本概念・測位原理・信号と受信機, 2004年, 正陽文庫.
(2)* 土屋 淳, 辻 宏道；GNSS測量の基礎, p.178 図6.7, 日本測量協会, 2008年.
(3) 増成友宏, 清水則一；GPSによる地盤変位計測における気象の影響の補正方法の検討, 土木学会論文集F, Vol.63, No.4, pp.437‐447, 2007.
(4) 増成友宏, 武地美明, 田村尚之, 船津貴弘, 清水則一；GPS変位計測における上空障害物の影響とその低減法, 土木学会論文集F, Vol.64, No.4, pp.394‐402, 2008.
(5)* 準天頂衛星システムユーザインタフェース仕様書(IS‐QZSS), p.21, 宇宙航空研究開発機構.
http://qzss.jaxa.jp/is-qzss/IS-QZSS_10_J_RH.pdf
(6)* 電子基準点配点図, 国土交通省国土地理院.
http://terras.gsi.go.jp/gps/gps-based_control_station.html
(7) 日本GPSソリューションズ株式会社のWebページ.
http://www.ngsc.co.jp/index.htm
(8) 異機種GPS受信機の組み合わせによる基線解析誤差源の調査, 国土地理院, 平成6年3月.
(9)* 電子基準点データ提供サービス, 国土交通省国土地理院.
http://terras.gsi.go.jp/ja/index.html

第5章

(1) ALM‐1106データシート, アバゴ・テクノロジー.
(2) ALM‐1412データシート, アバゴ・テクノロジー.
(3) MGA‐635T6データシート, アバゴ・テクノロジー.
(4) MC13820データシート, フリースケール・セミコンダクタ.
(5) NJG1130KA1データシート, 新日本無線.
(6) MAX2659データシート, MAXIM.
(7) NE3509M04データシート, NECエレクトロニクス.
(8)* NE34018データシート, NECエレクトロニクス.
(9) NESG2031M05データシート, NECエレクトロニクス.
(10) NESG3031M05データシート, NECエレクトロニクス.
(11) μPC8211TKデータシート, NECエレクトロニクス.
(12) μPC8215TUデータシート, NECエレクトロニクス.
(13) μPG2311T5Fデータシート, NECエレクトロニクス.
(14) RF2373データシート, RF Micro Devices.
(15) SGL‐0622Zデータシート, Sirenza Microdevices.
(16) Constantine A. Balanis；Antenna Theory Analysis and Design Second Edition, John Wiley & Sons, 1997.
(17) 市川 裕一；トランジスタのバイアス条件を一定に保つ, トランジスタ技術, 2008年2月号, CQ出版社.

第9章

(1) MMCカードのOEMマニュアル．
http://www.sandisk.com/Assets/File/OEM/Manuals/ProdManRS-MMCv1.3.pdf
(2) トランジスタ技術，2007年2月号，特集　実験研究！大容量メモリ・カード，CQ出版社．
(3) トランジスタ技術，2007年1月号，特集　高性能アナログ搭載マイコンの世界へ．CQ出版社．
(4) 米田 聡；Googleマップ＋Ajaxで自分の地図をつくる本，ソフトバンク クリエイティブ．

第10章

(1) 筆者（Neo‐Tech‐Lab）のウェブ・ページ（プログラムのダウンロードなど）
http://www.neo-tech-lab.com/
(2) FTDI社のウェブ・ページ
● D2XXドライバのダウンロード・ページ
http://www.ftdichip.com/Drivers/D2XX.htm
● FTD2XX_NET.dllのダウンロード・ページ
http://www.ftdichip.com/Projects/CodeExamples/CSharp.htm
(3) 液晶ディスプレイSG12864ASLB‐GB‐R01付属のマニュアル，㈱秋月電子通商．
(4) 国土地理院のウェブ・ページ
●座標系に関しての詳細
http://vldb.gsi.go.jp/sokuchi/datum/tokyodatum.html
●座標変換式について
http://vldb.gsi.go.jp/sokuchi/surveycalc/algorithm/

第10章 Appendix

(1) 土屋 淳，辻 宏道；GNSS測量の基礎，日本測量協会，2012年3月．

索　引

【数字・アルファベット】

1pps ·· 44
$A^{1/2}$ ·· 87
almanac data ·· 79
C/Aコード ·· 33, 34, 76
C/N値 ··· 159
C_{ic} ·· 88
C_{is} ·· 88
control segment ·· 24
C_{rc} ·· 88
CR/LF ··· 67
C_{rs} ·· 88
C_{us} ·· 88
e ·· 87
ephemeris data ··· 79
FATフォーマット ·· 194
Galileo ··· 14
GEONET ··· 44
Global Navigation Satellite System ············· 110
GLONASS ··· 14
GN-80 ··································· 49, 181
GNSS ································· 13, 110
Google Maps API ·· 199
Googleマップ ··· 197
GPDTM ··· 188
GPGGA ··· 188
GPGSV ··· 189

GPRMCセンテンス ······································· 61
GPS ·· 13
GPS-72 ·· 153
GPSVP ·· 156
GPS衛星 ·· 14
GPS衛星の軌道情報 ······································ 40
GPSカウンタ ··· 164
GPS周波数発生器 ·································· 44, 163
GPS受信機 ······························ 15, 186, 187
GPS信号のトラッキング ····························· 59
GPSの応用 ·· 15
GPS搬送波の位相 ·· 91
GPSモジュールの主なメーカ ····················· 236
GPSモジュールの簡素化 ······························ 71
GPSモジュールの小型化 ······························ 69
GPS用薄型アンテナ ··································· 138
GPVTG ··· 189
GPZDA ·· 189
GT-730F ··· 218
Hand Over Word ··· 79
HOW ··· 79
i_0 ··· 87
IDOT ··· 87
IODC ··· 83
IODE ·· 86
ITRF座標系 ·· 223
ITRF座標系GSR80だ円体 ··························· 223
L1搬送波 ·· 32

| LNA ··· 55, 113
| M_0 ·· 87
| National Marine Electronics Association ······ 61
| NAV メッセージ ···························· 33, 40
| NAV メッセージの管理 ··························· 60
| NAV メッセージのデコード ························ 60
| NF ··· 114
| NMEA ··· 65
| NMEA‐0183 ·· 61
| Proprietary Sentence ··························· 67
| P センテンス ··· 67
| Realtime Clock ····································· 61
| Receiver Independent Exchange ············· 108
| RINEX ··· 108
| S/A ·· 20
| SAW 型バンドパス・フィルタ ····················· 54
| SD カード ·· 194
| Selective Availability ···························· 20
| space segment ······································ 24
| SPS ·· 49
| Standard Positioning Service ··················· 49
| TCXO ·· 56
| TEC ··· 105
| TeLemetry Word ·································· 79
| Temperature Compensated Crystal Oscillator
| ················ 56
| TGD ·· 83
| Time To First Fix ·································· 57
| TLM ·· 79
| t_{oe} ··· 86
| Total Electron Content ························· 106
| TTFF ··· 57

user segment ·· 24
USNO ·· 27
UTC ·· 16, 27
UTC 補正パラメータ ······························· 88
VCO ·· 56
Voltage Controlled Oscillator ·················· 56
WGS84 測地系 ······································· 82
WGS84 座標系 ···································· 223
WN ··· 83
Δn ··· 87
$\dot{\Omega}$ ·· 87
ω ·· 87
Ω_0 ·· 87

【あ・ア行】

アクティブ・アンテナ ····························· 51
アドレス・フィールド ····························· 66
アルマナック・データ ····················· 79, 89
アンテナ ·· 147
アンテナ・ゲイン ································ 135
アンテナ特性 ······································ 133
アンテナの基礎知識 ····························· 135
アンテナの要件 ·································· 133
アンテナを解析 ·································· 143
位相比較器 ·· 56
位置算出の方法 ···································· 80
ウォーム・スタート ······················ 60, 158
右旋円偏波 ··· 136
衛星時刻補正データ ······························· 83
衛星時計の補正データ ···························· 79
衛星の健康情報 ························ 79, 83, 89
衛星予測計算 ······································· 60

液晶モジュールに図形を表示する方法 ……229	サブフレーム2, 3 ……………………83
エフェメリス・データ …………… 21, 79	サブフレーム4, 5 ……………………88
オンザフライ方式 ………………………100	残差 ………………………………………104
温度補償水晶発振器 ………………………56	地すべり測定 ……………………………97
	受信感度 ………………………………159
【か・カ行】	受信状態をチェックできるモニタ・ツール…156
ガリレオ ……………………………………14	出力データ ……………………186, 187
簡易ナビゲーション ……………………151	人工衛星が送出する推定軌道データの誤差…105
疑似距離 ……………………………………81	人工衛星の時計誤差 ……………………105
基準周波数源 ………………………………56	信号処理ブロック ………………………58
疑似ランダム・コード ……………………76	スタティック方式 ………………………93
キネマティック方式 ………………………93	スペース・セグメント ………14, 24, 105
給電 ………………………………………140	セシウム …………………………………16
協定世界時 ……………………………16, 27	選択有用性 ………………………………20
曲面データを平面に展開 ………………222	総電子量 ………………………………106
偶然誤差 ……………………………………96	挿入損失 ………………………………127
グローナス …………………………………14	測位計算 …………………………………60
クロック源 ………………………………163	測位結果が得られるまでの時間 ………158
系統誤差 ……………………………………96	測位データの算出方法 …………………102
ケプラー ……………………………………21	測位のしくみ ……………………………27
減衰特性 …………………………………127	測位ロガー ……………………………179
高精度測位 …………………………91, 99	
航法メッセージ ……………………………77	【た・タ行】
航法メッセージ・データ …………………83	多数の位置候補から真値を絞り込む …100
コールド・スタート …………………60, 158	短期安定性 ………………………………57
コントロール・セグメント ……………14, 24	チェックサム ……………………………67
	地上管制 …………………………………14
【さ・サ行】	地図上にルートを表示 …………………205
サイクル・スリップ ……………………102	追尾感度 ………………………………159
雑音指数 …………………………………114	通過帯域 ………………………………127
サブフレーム …………………………41, 79	低雑音増幅回路 …………………………113
サブフレーム1 ……………………………83	データの復調 ……………………………75

データ・フィールド ……………………66
電圧制御発振回路 ………………………56
電子基準点 ………………………………94
電離層 ……………………………………18
電離層の影響 …………………………106
電離層補正パラメータ …………………88
電離層マップ …………………………106
電離層や大気の影響 ……………………99
特殊相対性理論 …………………………21

【は・ハ行】

パッシブ・アンテナ ……………………51
パッチ・アンテナ ………………………51
反射特性 ………………………………127
フォックス・ハンティング・ゲーム機 ……215
プリスケーラ ……………………………56
フロントエンド ………………………113
米国海軍天文台 …………………………27
ベースバンドIC …………………………57

ベースバンド・ブロック ………………57
捕捉感度 ………………………………159
ホット・スタート ………………60, 158

【ま・マ行】

マイクロストリップ・アンテナ ……135
マップ・マッチング …………………151
ミキサ ……………………………………55

【や・ヤ行】

ユーザ・セグメント ……………15, 24, 30
ユーザ・セグメントでの誤差要因 …106
ユニバーサル・カウンタ ……………164

【ら・ラ行】

リアルタイム・クロック ………………61
ループ・フィルタ ………………………56
ルビジウム ………………………………16

執筆者一覧

- イントロダクション
  古野 直樹(ふるの なおき)
  　古野電気㈱ システム機器事業部でGPS機器営業

- コラム「電離層の状態調査への応用も」,「GPSモジュール開発物語」
  鳥居 勇人(とりい ゆうと)
  　古野電気㈱ システム機器事業部でGPS機器開発, 主任技師

- 第1章
  池田 平輔(いけだ へいすけ)
  　古野電気㈱ システム機器事業部でGPS機器開発, 次長

- 第1章 Appendix
  田中 清治(たなか きよはる)
  　古野電気㈱ システム機器事業部でGPS機器開発, 主幹技師

  池田 平輔

- 第2章
  久山 敏史(くやま としふみ)
  　古野電気㈱ システム機器事業部でGPS機器開発

- 第2章 AppendixA
  古野 直樹

- 第2章 AppendixB
  足穂 豊(あしほ ゆたか)
  　古野電気㈱ システム機器事業部でGPS機器営業, 課長

  久山 敏史

- 第3章
  小林 研一(こばやし けんいち)
  　1972年4月　㈱光電製作所入社
  　2001年3月　ポジション㈱勤務
  　現在, ポジション㈱ 執行役員

- 第4章, 第4章 Appendix
  増成 友宏(ますなり ともひろ)
  　古野電気㈱ システム機器事業部でGPS機器開発, 博士(工学), 測量士

  篠原 源太(しのはら げんた)
  　古野電気㈱ システム機器事業部でGPS機器開発, 課長

- 第5章, 第6章
  市川 裕一(いちかわ ゆういち)
  　1963年　群馬県生まれ
  　1984年　群馬大学 電子工学科卒
  　1999年　アイラボラトリー開業
  　2009年　東北大学大学院工学研究科研究員
  　　　　　(非常勤)
  　現在, 高周波回路の開発設計, セミナー講師に従事

  市川古都美(いちかわ ことみ)
  　1977年　神奈川県生まれ
  　2005年　放送大学教養学部卒業
  　2009年　東北大学大学院工学研究科研究員
  　　　　　(非常勤)
  　現在, アイラボラトリー勤務. 高周波回路の設計に従事

- 第7章
  湯浅 明弘(ゆあさ あきひろ)
  　2002年4月　千代田電子機器㈱に入社
  　2002年8月　ポジション㈱勤務
  　現在, ポジション㈱ 開発生産部

- 第8章，第9章

  渡辺 明禎（わたなべ あきよし）

  1955年　静岡県に生まれる
  1973年　㈱ミタチ音響に入社
  　　　　コンデンサ・カートリッジの開発
  　　　　など
  1975年　同社退社
  1980年　名古屋工業大学 工学部電子工学科
  　　　　卒業
  1982年　名古屋大学院 理工学研究科 電気系
  　　　　専攻修了
  1982年　㈱日立製作所に入所
  　　　　化合物半導体の結晶成長の研究など
  1993年　工学博士
  2002年　同社退社

- 第10章

  操田 浩之（ぐりた ひろゆき）

  1963年　広島県生まれ
  1984年　呉工業高等専門学校 電気工学科卒
  1986年　三重大学工学部 電子工学科卒
  1988年　広島大学大学院工学研究科博士課程
  　　　　前期修了
  現在，㈱ネオテックラボにて計測・制御システムを開発

- 第10章 Appendix

  高橋 時雄（たかはし ときお）

  1962年　北海道大学理学部卒
  日本電子測器㈱，㈱測機舎，カールツアイス㈱などで開発部門を担当
  2006年　㈱ヘミスフィア社長就任
  2009年4月　退任
  現在，一般社団法人日本測量機器工業会技術顧問（非常勤）

- ●本書記載の社名，製品名について ── 本書に記載されている社名および製品名は，一般に開発メーカーの登録商標です．なお，本文中では ™, ®, © の各表示を明記していません．
- ●本書掲載記事の利用についてのご注意 ── 本書掲載記事は著作権法により保護され，また産業財産権が確立されている場合があります．したがって，記事として掲載された技術情報をもとに製品化をするには，著作権者および産業財産権者の許可が必要です．また，掲載された技術情報を利用することにより発生した損害などに関して，CQ出版社および著作権者ならびに産業財産権者は責任を負いかねますのでご了承ください．
- ●本書に関するご質問について ── 文章，数式などの記述上の不明点についてのご質問は，必ず往復はがきか返信用封筒を同封した封書でお願いいたします．ご質問は著者に回送し直接回答していただきますので，多少時間がかかります．また，本書の記載範囲を越えるご質問には応じられませんので，ご了承ください．
- ●本書の複製等について ── 本書のコピー，スキャン，デジタル化等の無断複製は著作権法上での例外を除き禁じられています．本書を代行業者等の第三者に依頼してスキャンやデジタル化することは，たとえ個人や家庭内の利用でも認められておりません．

JCOPY 〈(社)出版者著作権管理機構委託出版物〉
本書の全部または一部を無断で複写複製(コピー)することは，著作権法上での例外を除き，禁じられています．本書からの複製を希望される場合は，(社)出版者著作権管理機構(TEL：03-3513-6969)にご連絡ください．

GPSのしくみと応用技術

2009年11月1日　初版発行
2016年 3月1日　第4版発行

© CQ出版株式会社　2009
(無断転載を禁じます)

編集　　トランジスタ技術編集部
発行人　寺前　裕司
発行所　CQ出版株式会社
〒112-8619　東京都文京区千石4-29-14
☎ 03-5395-2123　(編集)
☎ 03-5395-2141　(販売)
振替　00100-7-10665

ISBN978-4-7898-4545-8
定価はカバーに表示してあります

乱丁，落丁本はお取りかえします

DTP・印刷・製本　三晃印刷㈱
編集担当　野村　英樹
Printed in Japan